越南速溶咖啡包装设计　设计者：阮氏秋玄

“老北京”茉莉花茶包装设计　设计者：付腾

普洱茶包装设计　设计者：韩笑

书籍设计图例1

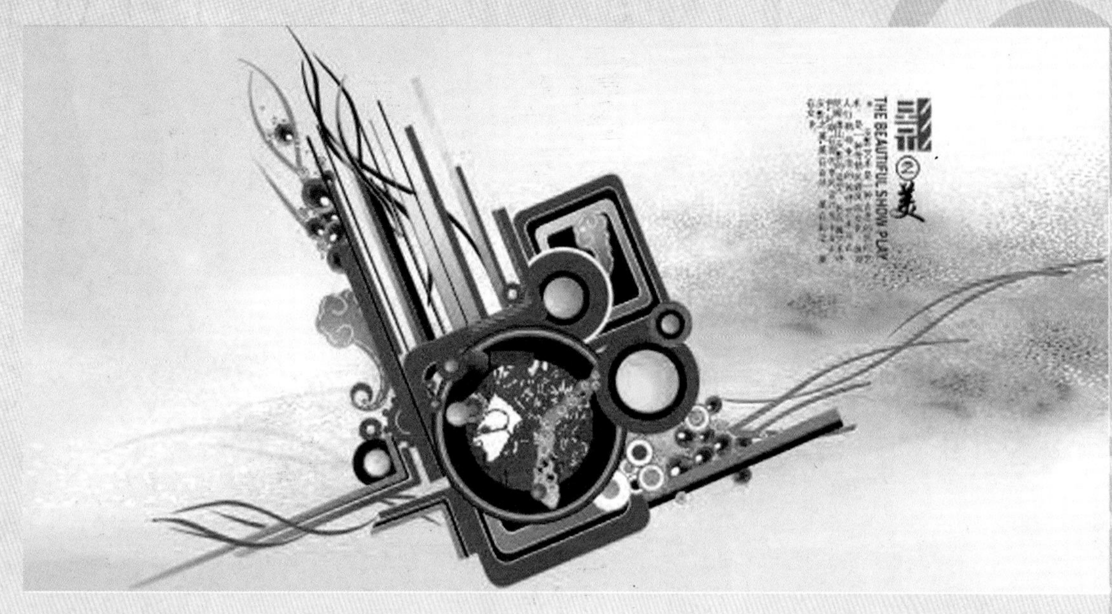

书籍设计图例2

《死树》环保公益招贴

广告设计实例

“杜绝噪音”广告设计　设计者：章允举

“加加酱油”广告设计　设计者：孔喧

“洋酒”海报设计　设计者：曾章柏

印刷设计实例

全国高等院校设计艺术类专业创新教育规划教材

art+design

计算机辅助平面设计

主　编　彭馨弘

副主编　张英杰　张宝荣　赵　平

参　编（以姓氏笔画为序）

冯　雨　李勇成　张　登　彭玉元

主　审　宁绍强

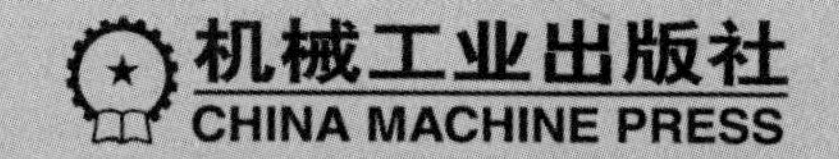

机械工业出版社
CHINA MACHINE PRESS

数字时代，艺术设计教育在教学手段、教学模式等方面发生了巨大的转变。本书将平面设计基础软件进行整合，共分八章，使学生尽快掌握标志、包装、书籍、招贴设计中常用工具的操作技巧、综合运用技巧和印刷技巧。既可有效提高学习质量，又为学生掌握适应社会需求的设计技能提供了学习指导。

各章节设立优秀案例设计方法剖析和思维拓展练习，集计算机辅助设计中常遇到的问题于一体，结合实例进行充分解答，成为学习实用秘籍。

本书实用性强，运用面广，不但可以用作高等院校艺术设计类专业师生教材，还可成为设计人员的工作助手。

图书在版编目（CIP）数据

计算机辅助平面设计/彭馨弘主编. —北京：机械工业出版社，2011.4
全国高等院校设计艺术类专业创新教育规划教材
ISBN 978-7-111-33508-5

Ⅰ. ①计… Ⅱ. ①彭… Ⅲ. ①平面设计—图形软件—高等学校—教材 Ⅳ. ①J524②TP391.41

中国版本图书馆CIP数据核字（2011）第026759号

机械工业出版社（北京市百万庄大街22号 邮政编码100037）
策划编辑：宋晓磊 责任编辑：宋晓磊
责任校对：姜 婷 封面设计：鞠 杨
责任印制：杨 曦
保定市中画美凯印刷有限公司印刷
2011年5月第1版第1次印刷
210mm × 285mm · 13.25印张 · 2插页 · 355千字
标准书号：ISBN 978-7-111-33508-5
定价：45.00 元

凡购本书，如有缺页、倒页、脱页，由本社发行部调换
电话服务
社服务中心：（010）88361066
销 售 一 部：（010）68326294
销 售 二 部：（010）88379649
读者购书热线：（010）88379203
网络服务
门户网：http://www.cmpbook.com
教材网：http://www.cmpedu.com
封面无防伪标均为盗版

本教材编审委员会

出版说明

为配合全国高等院校设计艺术创新型人才的培养和教学模式的改革，提高我国高等院校的课程建设水平和教学质量，加强新教材和立体化教材建设，深入贯彻《教育部、财政部关于实施高等学校本科教学质量与教学改革工程的意见》精神，我们经过深入调查，组织了全国四十多所高校的一批优秀教师编写出版了本套教材。

根据教育部“质量工程”建设的目标和评价标准，创新能力的培养是目前我国高等教育急需解决的问题。本系列教材的编写与以往同类教材相比，突出了创造性能力培养的目标，从教材编写的风格和教材体例上表现出了创新意识、创新手法和创新内容。

本系列教材的编写考虑了环境艺术设计、平面设计、产品设计、服装设计、视觉传达及新媒体设计等专业方向的兼容性和可持续性，突出了艺术设计大学科的特点。有利于学生掌握宽泛的艺术设计学科的基本理论和技能，具有一定的前瞻性。

本系列教材是针对普通高等院校的艺术设计专业而编写的，但是在“普及”的平台上不乏“提高”的成分。尤其是专业理论和基础理论，深入探讨和研究的学术问题在教材中进行了启迪式的介绍。

本系列教材包括22本，分别为《设计素描》、《设计色彩》、《设计构成》、《设计史》、《设计概论》、《人因工程学》、《设计管理》、《形式语言及设计符号学》、《设计前沿》、《图形与字体设计基础》、《计算机辅助平面设计》、《计算机辅助产品造型设计》、《视觉传达设计原理》、《环境艺术设计图学》、《工业设计图学》、《工业设计表达》、《环境艺术设计表达》、《环境艺术设计原理》、《景观规划设计原理》、《产品设计原理》、《计算机辅助动画艺术设计》、《计算机辅助环境艺术设计》。

本系列教材可供高等院校环境艺术设计、平面设计、产品设计、服装设计、视觉传达及新媒体设计等专业的师生使用，也可作为相关从业人员的培训教材。

机械工业出版社

前　言

随着计算机辅助设计软件的使用日趋广泛，利用设计人员的经验和知识，结合计算机高效、快速、准确的计算和绘图能力来表达设计创意已成为完成艺术设计的重要手段。艺术设计教育也在教学手段、教学模式等方面发生了巨大的转变，各大院校纷纷开设计算机辅助设计类课程，以顺应信息化社会对人才的需求。

然而，在实际运用时已不再依赖于某单一基础软件辅助设计的今天，如果我们还是把Photoshop、CorelDRAW等基础软件割裂开来进行教学，将难以适应社会发展的实际需求。为顺应新时代背景下的人才培养需要，多年来，我们积极致力于教学探讨，把综合运用基础软件辅助平面设计的技术手段融合到设计实践之中，使学生在实践中学习理论知识，充分掌握操作方法和技巧，尽快解决设计中的难题，使计算机真正成为辅助设计的工具和得力助手。

本教材是我们结合多年教学实践经验编写而成。其中第1章、第2章、第5章由桂林电子科技大学彭馨弘和桂林电子科技大学彭玉元老师编写，第3章由桂林电子科技大学彭馨弘、桂林旅游高等专科学校李勇成和桂林旅游高等专科学校张登老师编写，第4章、第7章由桂林旅游高等专科学校张登和上海商学院赵平老师编写，第6章由浙江科技学院张宝荣和河南工业大学冯雨老师编写，第8章由北京信息科技大学张英杰老师编写。彭馨弘主编在图书编写过程中做了大量的指导性工作并承担了最后的统稿和课件制作任务。在编写过程中，我们得到了武汉理工大学陈汗青教授、北京工商大学梁珣教授、广西师范大学宁绍强教授、桂林电子科技大学叶军老师的大力支持和帮助，在此一并致谢！

本书出版时，为了满足教材的需要引用了一些图录，由于转录繁琐，个别图例的署名无法确切查证，无法与作者取得联系，并征得许可，在此表示歉意，并向原作者致以衷心的感谢！

由于编写水平所限，不足之处还请各位专家学者批评指正！

编　者

目　录
CONTENTS

第1章 概述

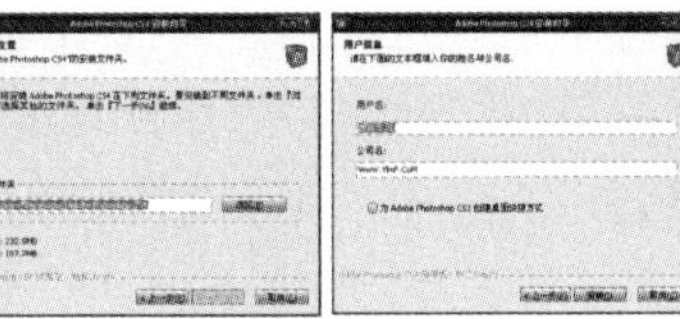

学习目标

（1）了解Photoshop CS4和CorelDRAW X3这两种平面设计软件的概况。

（2）学会安装Photoshop CS4和CorelDRAW X3这两种平面设计软件。

学习重点

（1）掌握计算机辅助设计的基本概念和特点。

（2）了解计算机辅助平面设计基础软件。

学习建议

通过学习了解并掌握基本知识点。

1.1 计算机辅助设计的概念和特点

计算机辅助设计（Computer Aided Design—CAD）指利用计算机及其图形设备帮助设计人员进行设计工作，简称CAD。

在设计中，计算机可以帮助设计人员担负制图、处理图片等项工作。在设计中通常要用计算机对不同方案进行大量的制作、修改、分析和比较，以决定最优方案。设计人员通常从草图开始设计，将草图变为效果图、设计稿的繁重工作则可以交给计算机完成。由计算机自动产生的设计结果，可以快速以图形形式显示出来，使设计人员及时对设计做出判断和修改。利用计算机可以进行对图形的编辑、放大、缩小、平移和旋转等有关的图形数据加工工作，故而CAD能够减轻设计人员的劳动，缩短设计周期和提高设计质量。

计算机辅助设计是人和计算机相结合、各尽所长的新型设计方法。在设计过程中，人可以进行创造性的思维活动，完成设计方案构思，并将设计思想、设计方法经过综合分析，转换成计算机可以处理的程序。一个好的计算机辅助设计软件既能充分发挥人的创造性作用，又能充分利用计算机的快速处理图像的能力，找到人和计算机的最佳结合点。

1.2 计算机辅助平面设计基础软件概述

在整个计算机辅助平面设计过程中，主要使用了Photoshop和CorelDRAW这两种平面绘制软件。CorelDRAW侧重于矢量图形的绘制，而Photoshop侧重于对位图的处理，两种软件的配合使用在平面设计中能发挥更大的作用。

1.2.1 Photoshop概述

Photoshop是美国著名的设计软件开发企业Adobe公司开发的平面图形图像处理软件。Photoshop对图形图像有着优异的处理能力，其特效功能也十分强大。Photoshop毫无疑问成为了摄影师、平面设计师和美术师的得力助手。

Photoshop CS4，如图1-1所示，是目前比较完善的版本。较之Photoshop之前的版本，Photoshop CS4从功能到界面皆有较大改进（具体功能在本书第3章有详细介绍）。

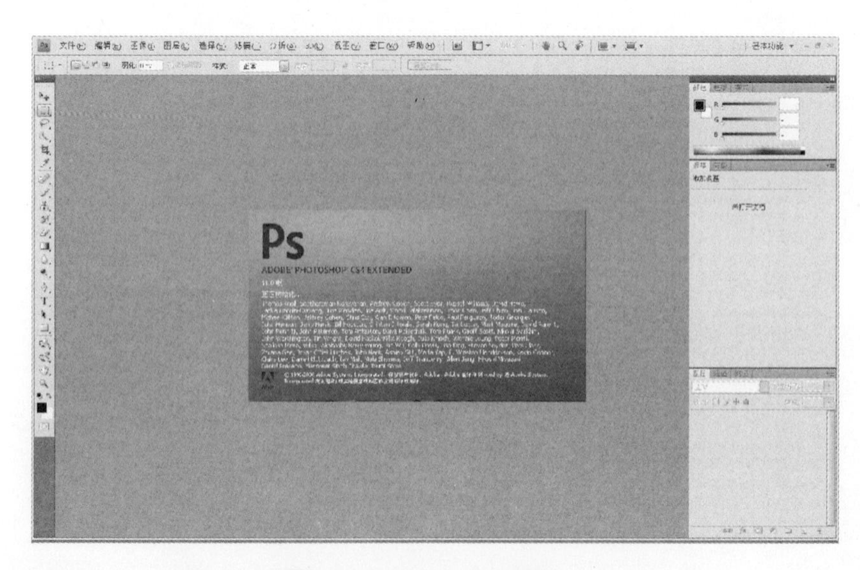

图1-1 Photoshop CS4界面

Photoshop CS4的安装方法如下：

(1) 将Photoshop CS4的计算机光碟放入光驱内，系统将自动播放光碟。启动，如图1-2所示。

(2) 选择安装的位置，点击“下一步”，如图1-3所示。

(3) 填写用户信息，点击“安装”，如图1-4所示。

(4) 完成安装，点击“确定”，如图1-5所示。

图1-2 安装向导窗口1

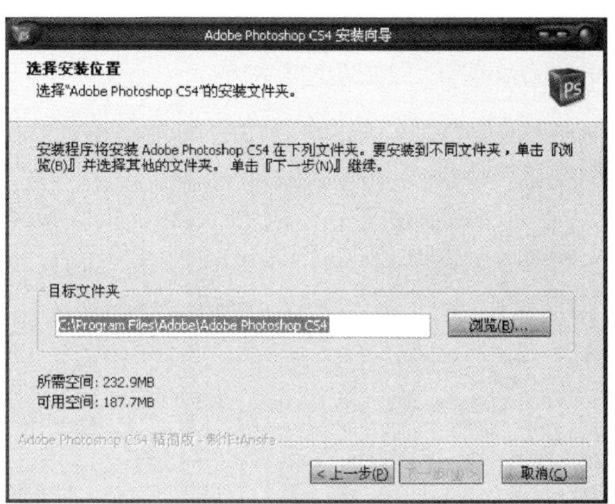

图1-3 安装向导窗口2

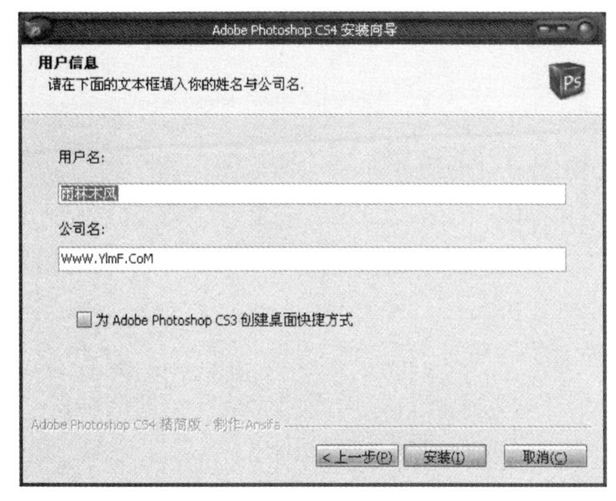

图1-4 安装向导窗口3

图1-5 安装向导窗口4

1.2.2 CorelDRAW概述

CorelDRAW Graphics Suite是一款由世界顶尖软件公司之一的加拿大的Corel公司开发的图形图像软件。其非凡的设计能力广泛地应用于字体设计、POP广告设计、标志设计、包装设计、海报设计、书籍设计、VIS手册设计、排版及分色输出等诸多领域。

CorelDRAW界面设计友好，空间广阔，操作精微细致。它为设计者提供了一整套的绘图工具，包括：圆形、矩形、多边形、方格、螺旋线等等。并可配合塑形工具，对各种基本图形进行圆角矩形，弧形、扇形、星形等变化。同时还提供了特殊笔刷，如：压力笔、书写笔、喷洒器等，以便充分地利用计算机处理信息量大、随机控制能力高的特点来进行绘图。

为便于设计，CorelDRAW提供了一整套的图形精确定位和变形控制方案，这给标志、包装等需要准确尺寸的设计带来极大的便利。

1．CorelDRAW的主要功能

（1）编辑文本　在CorelDRAW中，可以输入两种类型的文本：一种是美术文本，一种是段落文本。

（2）绘制图形　CorelDRAW可以绘制各种各样的矢量图形。

（3）矢量变形　运用CorelDRAW，可以对矢量图形进行各种变形、变换处理，还可以对矢量图形的应用样式进行交互式处理。

（4）获取图形　CorelDRAW可以导入多种软件处理过的文件，例如Photoshop、Illustrator等软件处理过的图像。

（5）填充对象　对于矢量图形及文本，CorelDRAW提供了多种填充方式，例如，交互式填充、网格填充等等，可以满足设计者的各种需要。

（6）转换功能　CorelDRAW提供了多种转换功能，例如：图形与文字之间的转换、图形与符号之间的转换、矢量图形到位图之间的转换。

（7）页面排版　CorelDRAW提供了比较全面的排版功能和多页面功能。

（8）条形码　CorelDRAW可以产生符合各项业界标准格式的条形码。

CorelDRAW X4是其最新版本，相比两年前的CorelDRAW X3加入了大量新功能，总计有50项以上，其中值得注意的亮点有文本格式实时预览、字体识别、页面无关层控制、交互式工作台控制等。

在Windows Vista普及的今天，CorelDRAW X4也与时俱进，整合了新系统的桌面搜索功能，可以按照作者、主题、文件类型、日期、关键字等文件属性进行搜索。此外，CorelDRAW X4还增加了对大量新文件格式的支持，包括Microsoft Office Publisher、Illustrator CS3、Photoshop CS3、PDF 8、AutoCAD DXF/DWG、Painter X等。

2．CorelDRAW X3的安装方法

（1）将CorelDRAW X3的光盘放入光驱内，系统将自动播放。启动，如图1-6所示。

（2）选择第一个项目，选择安装程序的语言。如图1-7所示。

（3）在“我接受许可证协议中的条款”前的方框内打钩，然后单击“下一步”，如图1-8所示。

（4）填写用户姓名、序列号，单击下一步，如图1-9所示。

（5）如图1-10所示，显示了三个选项，第一个是必勾选项目，后面两个是任意勾选项目。点击“更改”，可以选择安装的目录和组件。最后点击“现在开始安装”即可。

（6）点击“完成”，结束安装。

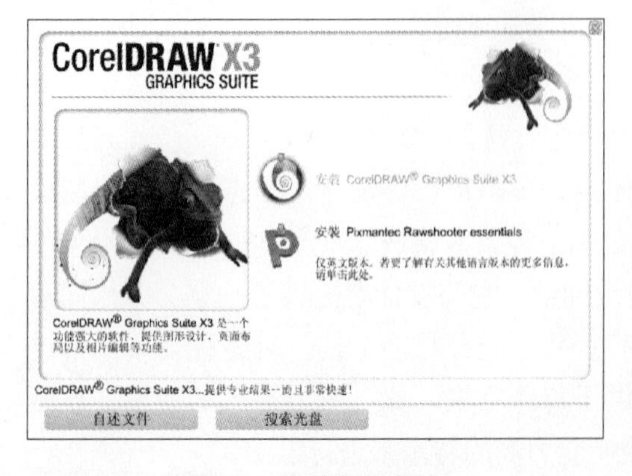

图1-6　安装向导窗口5

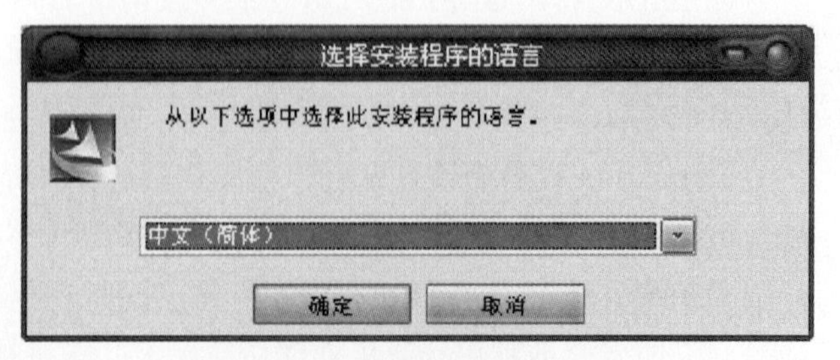

图1-7　选择安装程序的语言

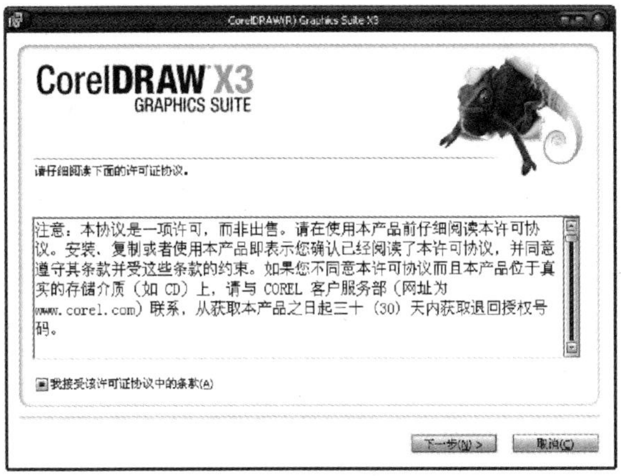

图1-8 安装向导窗口6

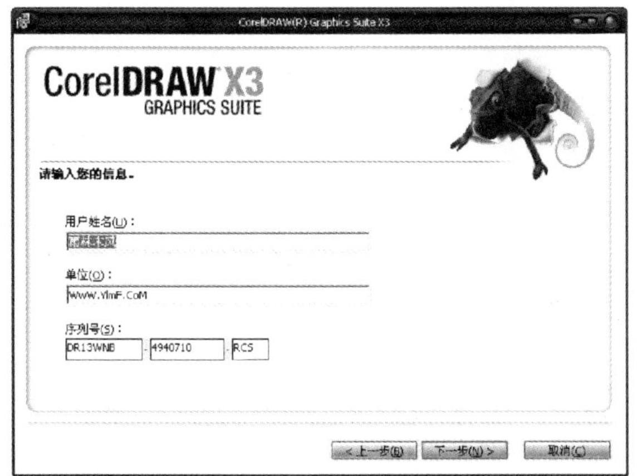

图1-9 安装向导窗口7

图1-10 安装向导窗口8

本章小结

（1）计算机辅助设计指利用计算机及其图形设备帮助设计人员进行设计工作，简称CAD。

（2）在整个计算机辅助平面设计过程中，主要使用了Photoshop和CorelDRAW这两种平面绘制软件，CorelDRAW侧重于矢量图形的绘制，而Photoshop侧重于对位图的处理。

第2章 计算机图形图像基础

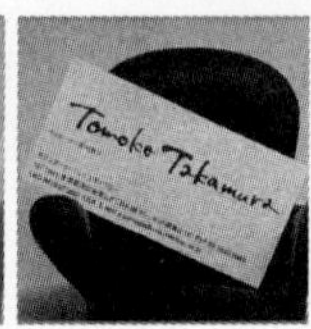

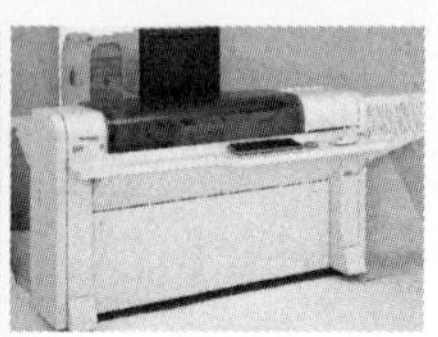

学习目标

（1）了解计算机图形图像技术基础。
（2）熟悉计算机字体字库及应用。

学习重点

（1）掌握图形图像的基本概念和特点。
（2）了解图形图像的文件格式。
（3）了解图像的输入输出设备。

学习建议

通过学习了解图形图像的基础知识点。

2.1 计算机图形图像技术基础

2.1.1 矢量图

矢量图是由各种不同的线段和形状这两种元素组成，每一幅矢量图都是由一些准确的线面相互叠加组成，每一个对象都可独立进行编辑。矢量图只记录生成图的算法和图上的某些特征点（几何图形的大小，形状及其位置、维数等）。我们通常用CorelDRAW来绘制矢量图，这个软件可以产生和操作矢量图形的各个成分，并对矢量图形进行移动、缩放、旋转和扭曲等变换处理。由于矢量图可以自动适应输出设备的最大分辨率，因此无论图形被放大多少倍，矢量图都是均匀和清晰的，这是跟位图相比的一个很大区别。另外，矢量图的文件体积较小。如图2–1所示（瓶子的部分细节被放大之后，依然清晰）。

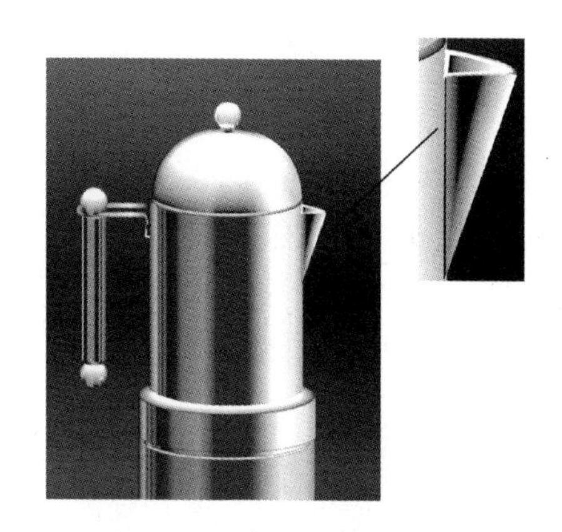

图2–1　局部放大的矢量图

（图片来源：Illustrator CS2经典作品解析）

2.1.2 位图

位图亦称为点阵图或像素图，它是以图像中的每一个像素色块来反映图像的。我们平时看到的数码照片就是位图，位图能非常逼真地表现出自然界的真实景象。Photoshop是以处理位图为主的软件。位图的图像是由固定像素所组成，当放大位图时，可以看见构成整个图像的无数个方形色块，如同马赛克的效果，线条和形状显得参差不齐。然而，如果从稍远的位置观看它，位图图像的颜色和形状又显得是连续的。如图2–2所示（人物的眼睛放大之后，图像模糊，边缘参差不齐）。

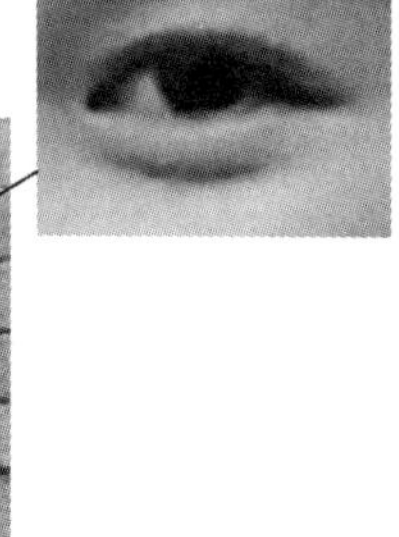

图2–2　局部放大的位图

邓思虹

Photoshop有很多处理图像的工具，使用起来都很简单，可以很轻松地在图像上涂改或制作各种特效，同样也可以轻松地将其还原。由于位图限制了分辨率，在使用图像的时候应根据实际情况进行设置，例如：同样一张图片，如打印尺寸较小时，颜色很均匀，边缘过渡也较平滑。而放大打印就可以看到单个像素，会出现锯齿状的边缘。因此，要根据图像的使用情况来设置分辨率，应用在互联网上，72dpi基本可以满足需要；用于打印，则需要300dpi以上。当然，随着分辨率的提高，文件的体积也会随之增大。

2.1.3 色彩深度与色彩模式

色彩深度本质上是指某台特定计算机所能呈现的色彩总数。其单位是“位（Bit）”，所以色彩深度有时也称为位深度。

图形卡可以支持16位、24位、32位的色彩呈现。如果图形卡支持24位的真色彩呈现，这就意味着它可以显示RGB的全部色彩。32位与24位相比，并没有更广的色彩范围，多出的8位是为了图像的alpha通道；或者只是空白，用来填充图像。这么做是为了与处理以32位为单元数据的计算机保持一致。

16位色彩不能完整地呈现RGB的色谱，它只能相当接近（它有65536种不同的颜色）。

虽然如此，还是丢失了部分人眼可以区分出的色彩变化。如果一幅图像在24位模式可以呈现16700000种色彩，在16位模式下就会发生细节丢失。

为了克服这些局限性，可以使用一种称为Web的安全色（在使用Photoshop的时候，有一项储存为Web所用格式）。Web安全色的优点是它们的平台和浏览器的无关性；缺点是只能限为256种颜色，这就限制了图像颜色的使用。但到底会产生多大的影响呢？认真比较图2-3与图2-4就明白了。

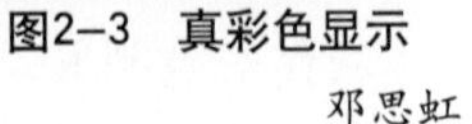

图2-3　真彩色显示

邓思虹

图2-4　Web安全色显示

图2-3用24位真彩色处理并呈现图像。可以看到图中的各种颜色融合得十分细腻、和谐。而图2-4，当把颜色的数量控制在比较少的时候，图像呈现一种色块效果，各种颜色之间的融合比较生硬。

表2-1列出了常见的色彩深度、颜色数量和色彩模式的关系。

表2-1　常见的色彩深度、颜色数量和色彩模式的关系

色彩深度	颜色数量	色彩模式
1位	2（黑白）	位图
8位	256	索引颜色
16位	65536（彩色）	RGB，R、G、B通道分别为5、6、5位色
24位	16.7百万	RGB8位/通道
32位	16.7百万	CMYK
48位	16.7百万	RGB16位/通道

对于设计者来说，把构思正确地表达出来是至关重要的。而色彩在整个作品中起着非常重要的作用，色彩运用得正确与否直接影响到作品的表达以及最终的效果。

要想在软件中创建合适的颜色，在进行色彩校正的时候懂得如何增色和减色，必须先掌握一些与颜色有关的理论知识。

为了在软件中选择理想的颜色，必须先了解色彩模式。有些色彩模式适合显示，有些模式适合打印。常见的色彩模式包括HSB、RGB、CMYK、Lab等。此外，还有一些用于特别颜色输出的模式，如：索引颜色、双色调、灰度、多通道、位图。

（1）RGB模式　众所周知，将红色、绿色、蓝色这三种基本颜色进行混合，可以配置出绝大部分肉眼能看到的颜色，计算机的显示器就是以这种方式混合出各种不同的颜色。

Photoshop将24位RGB图像看作由红、绿、蓝三个颜色通道组成。其中每个通道使用8位颜色信息，该信息由0到255的亮度值来表现。这三个通道通过组合，可以产生1670余万种不同的颜色。可以从不同的通道对RGB图像进行编辑，从而增强了图像的可编辑性。

因此，RGB是最佳编辑图像色彩模式，真彩色。RGB模式一般不用于打印输出图像，它的某些色彩超出了打印的范围，在打印一幅真彩色的图像时就会损失一部分亮度，且比较鲜艳的色彩会失真。

（2）CMYK模式　CMYK色彩模式是一种用于印刷的模式，分别是指青色（Cyan）、品红（Magenta）、黄色（Yellow）和黑色（Black）。该色彩模式对应的是印刷用的四种油墨颜色。

在处理图像时，一般不采用CMYK模式。可以先使用RGB模式进行图像处理，在最后打印时转换为CMYK模式。因为在CMYK模式下，Photoshop提供的很多滤镜都不能使用，而且图像文件占用的存储空间较大，影响图像处理的速度。

（3）Lab模式　Lab模式是由国际照明委员会公布的一种色彩模式。Lab模式既不依赖光线，也不依赖于颜料，它是一种理论上包括了人眼可以看见的所有色彩的模式。它由三个通道组成，一个是表示亮度的通道，为L通道；另两个就是A和B通道。A通道包括的颜色是从深绿色到灰色，再到亮粉红色；B通道则是从亮蓝色到灰色再到黄色。三个通道混合后，就能表示人眼所能看见的所有色彩。

Lab色彩模式是Photoshop内部的色彩模式。由于该模式是目前所有模式中色彩范围最广的色彩模式，它能毫无偏差地在不同系统和平台之间进行交换，因此，该模式是Photoshop在不同色彩模式之间转换时使用的中间色彩模式。

（4）多通道模式　将图像转换为多通道模式后，系统将根据原图像产生相同数目的新通道，但该模式下的每个通道都为256级灰度通道（其组合仍为彩色）。这种显示模式通常用于处理特殊打印。

如果删除RGB、CMYK或Lab色彩模式下的图像中任何一个通道，该图像即会变成多通道色彩模式。如图2-5（删除某个通道之后得到的特殊效果）所示。

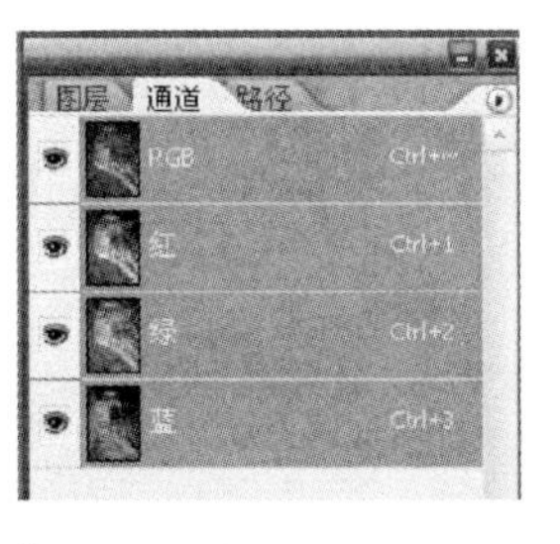

a）

b）　　c）　　d）

图2-5　删除某个通道之后得到的特殊效果　章朝阳

a）RGB模式的图像　b）删除绿通道　c）删除蓝通道　d）删除红通道

（5）索引模式　索引色彩模式又称为映射颜色模式。该模式使用最多256种颜色，即在该模式下只能存储一个8位色彩深度的文件，且这些颜色都是预先定义好的，当文件转换为索引颜色时，Photoshop将构建一个颜色查找表，用以存放并索引图像中的颜色。如果原图像中的某种颜色没有出现在该表中，则程序将选择现有颜色中最接近的一种，或使用现有颜色模拟该颜色。

a）

b）

图2-6　两种模式的对比　邓思虹

a）RGB模式　b）灰度模式

索引模式多用于制作多媒体数据，这种模式可极大地减小图像文件的存储空间（大概只有RGB模式的1/3），同时，这种色彩模式在显示效果上与RGB模式基本相同。

（6）灰度模式　灰度模式图像中只有灰度信息而没有彩色信息。在Photoshop中如果把一个彩色的图像转换成灰度模式，将扔掉图像中的彩色信息，只剩下图像中的灰度信息，如图2-6所示。

（7）双色调模式　双色调模式与灰度模式相似，是由灰度模式发展而来的，要使用双色调模式，必须先把图像转换为灰度模式，然后才能选择双色调模式。在双色调模式中，颜色只是用来表示“色调”而已，彩色油墨是用来创建灰度级的，而不是创建彩色的。通常选择颜色时，都会保留原有的灰色部分作为主色，将其他加入的颜色作为色调，这样的作品才能表现出色调统一又具有丰富的层次感。

运用这种模式可以设计一些特殊的印刷物，例如名片，基本上只需要用两种油墨颜色就可以表现出图像的层次感和质感，从而节约了印刷成本。如图2-7所示。

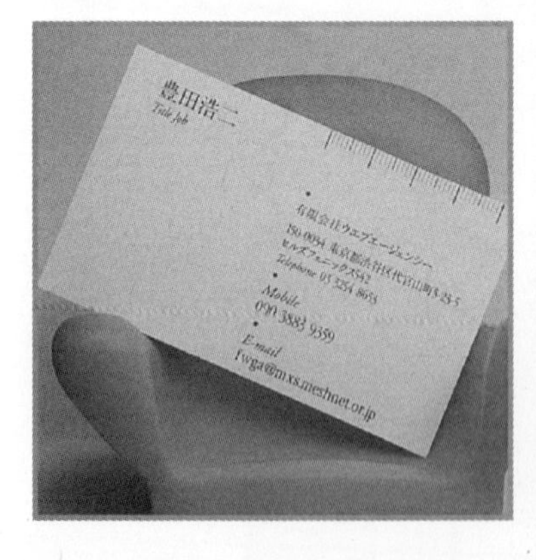

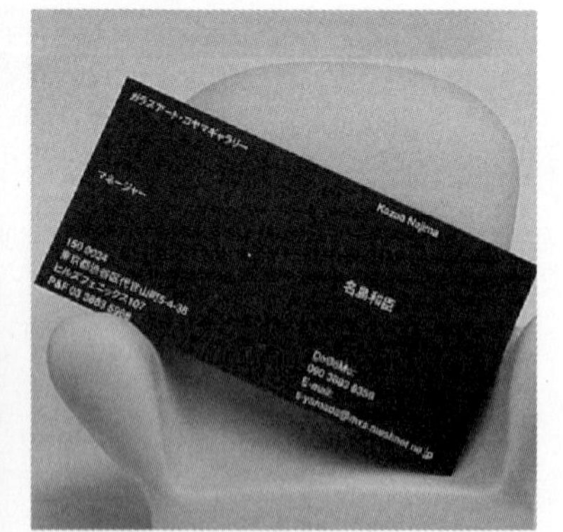

图2-7　日本2008名片设计

（8）HSB模式　在PS的色彩吸取窗口中可以看到，H表示色相，S表示饱和度，B表示亮度。

2.1.4　图形图像的文件格式

无论是矢量图形，还是位图图像，在计算机中都是以文件的形式保存的。文件格式是一种将文件以不同方式进行保存的格式，根据记录图像信息的方式、压缩图像方式的不同，图形图像文件分为多种格式，每种格式的文件都有相应的扩展名。Photoshop可以处理大多数格式的图像文件，但是不同格式的文件可以使用的软件功能会有所不同。

1．常见的图形文件格式

（1）CDR格式　该格式是CorelDRAW中的一种矢量图形文件格式。另外，CDX是所有CorelDRAW应用程序均能使用的图形（图像）文件，是发展成熟的CDR文件。

（2）DWG格式　该格式是AutoCAD中使用的一种图形文件格式。

（3）DXB格式　该格式是AutoCAD创建的一种图形文件格式。

（4）DXF格式　该格式是AutoCAD中的图形文件格式，它以SACII码方式存储图形，在表现图形的大小方面十分精确，可被CorelDRAW、3ds等大型软件调用编辑。

（5）EPS格式　该格式的图像可以同时包含矢量图形和位图图像，并且支持Lab、CMYK、RGB、索引颜色、双色调、灰度和位图颜色模式，但不支持Alpha通道。

（6）AI格式　该格式是Adobe公司所开发的矢量文件格式，是绘图软件Adobe Illustrator的文件格式。

2．常见的图像文件格式

（1）PSD格式　PSD格式是Photoshop的固有格式，PSD格式能很好地保存图层、通道、路径、蒙版，以及压缩方案。

（2）BMP格式　BMP（Windows Bitmap）格式是微软开发的Microsoft Pain的固有格式，这种格式被大多数软件所支持。BMP格式采用了一种叫RLE的无损压缩方式，对图像质量不会产生什么影响。该格式可表现从2位到24位的色彩。该格式在Windows环境下相当稳定，在文件大小没有限制的场合中运用极为广泛。

（3）PDF格式　PDF（Portable Document Format）是由Adobe Systems创建的一种文件格式，允许在屏幕上查看电子文档。PDF文件还可被嵌入到Web的HTML文档中。

（4）JPEG格式　JPEG（由Joint Photographic Experts Group缩写而成）是平时最常用的图像格式，被绝大多数的图形处理软件所支持。该格式支持CMYK、RGB、索引颜色、灰度和位图颜色模式，但不支持Alpha通道。JPEG格式的图像还广泛应用于网页的制作。如果对图像要求不高，但又要求存储大量图片，使用JPEG无疑是一个好办法。但是，对于要求进行图像输出打印，最好不使用JPEG格式，因为它是以损坏图像质量为代价来提高压缩质量的。

（5）GIF（Graphics Interchange Format）的原义是“图像互换格式”，是CompuServe公司在1987年开发的图像文件格式。这是一种压缩位图格式，适用于多种操作系统。主要有两个特点，一是支持透明背景图像；二是能支持简单动画，这种动画其实就是将多幅图像保存为一个图像文件，反复切换图像而形成动画，所以归根到底GIF仍然是图片文件格式。比如网友们经常在QQ中发送的一些动画表情，或者手机彩信等，基本上都是这种GIF格式文件。GIF文件的缺点是只能显示256色。

（6）TGA格式　TGA（Targa）格式是计算机应用最广泛的图像文件格式，它支持32位。VDA、PIX、WIN、BPX、ICB等均属其旁系。

（7）TIFF格式　TIFF（Tag Image File Format，意为有标签的图像文件格式）。该格式用于在不同应用程序和计算机平台之间交换文件，常用的图像软件和扫描仪大都支持该格式。TIFF使用LZW无损压缩方式，大大减少了图像尺寸。另外，TIFF格式可以保存通道，这对于处理图像非常方便，有利于原稿阶调与色彩的复制。该格式有压缩和非压缩两种形式，最大支持的色深为32bit。多用于大幅打印或喷绘。

（8）PNG格式　该格式主要用于在WWW上无损压缩和显示图像，它支持24位图像并能产生无锯齿状边缘的背景透明度。PNG格式支持无Alpha通道的RGB、索引颜色、灰度和位图模式的图像，可以保留灰度和RGB图像中的透明度。PNG综合了GIF与TIFF格式的特点，其目的是企图替代GIF和TIFF文件格式，同时增加一些GIF文件格式所不具备的特性，比如存储彩色图像时，彩色图像的深度可多到48位。

2.1.5　图像的分辨率

图像的分辨率一般以每in含有多少个像素点来表示，其缩写为dpi。

在图像的绘制与处理中，想要得到高质量的图像，我们必须理解图像的像素是如何被测量与显示的，这里主要涉及如下几个概念。

1．像素大小

图像的像素大小是指位图在高、宽两个方向的像素数。

2．图像分辨率

是指每in图像所包含的像素的数量，单位为dpi。比如，一幅分辨率为72的图像表示该图像每in含有72个像素。分辨率越高，图像越清晰，文件也越大，处理图像的时间也越长。在实际处理图像时要根据需要来选择合适的分辨率。

3．显示器分辨率

在显示器上所显示的像素的数量，通常以"点/in"来衡量，也就是dpi。它是指每in能显示多少光点。

4．打印机分辨率

与显示器分辨率类似，打印机分辨率也以"点/in"来衡量。它是指每in的面积上有多少墨点。如果打印机分辨率为300～600dpi，则图像的分辨率最好为72～150dpi；如果打印机分辨率为1200dpi或更高，则图像分辨率最好为200～300dpi。

要根据实际的情况选择合适的分辨率，既不应选择过大的分辨率影响处理图像的速度，也不应选择过小的分辨率造成图像的模糊。一般来说，如果图像仅用于显示，可将其分辨率设置为72dpi或96dpi；如果图像用于印刷输出，则应将其分辨率设置为300dpi或更高，如图2-8所示。

a）

b）

图2-8　两种图像分辨率的对比　邓思虹

a）300dpi　b）72dpi

2.1.6　图像的输入、输出设备

平常用到的图像输入设备有数位板和扫描仪，输出设备则是绘图仪和投影仪。

1．数位板

数位板又叫手绘板，是图像输入设备的一种，通常是由一块板子和一支压感笔组成，如图2-9所示。数位板主要针对从事设计类的人士，用绘画创作来比喻就像画家的画板和画笔。可运用压感笔自由流畅地绘画，这是鼠标无法媲美的。数位板主要面向设计、美术相关专业师生、广告公司与设计工作室以及Flash矢量动画制作者。

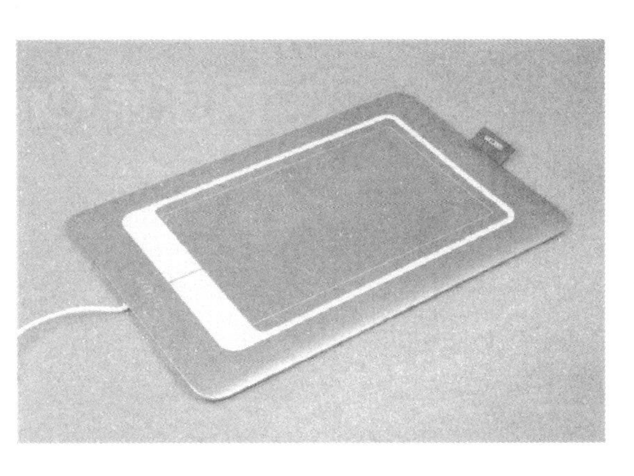

图2-9 数位板

2. 扫描仪

扫描仪属于计算机辅助设计（CAD）中的输入系统，照片、文本、图样、图片、照相底片、菲林软片等对象都可作为扫描对象。扫描仪可以提取原始的线条、图形、文字、照片、平面实物，并将其转换成可以编辑、处理并应用的有效设备。

（1）扫描仪的分类　可分为三大类：滚筒式扫描仪和平面扫描仪、笔式扫描仪、便携式扫描仪，如图2-10所示。

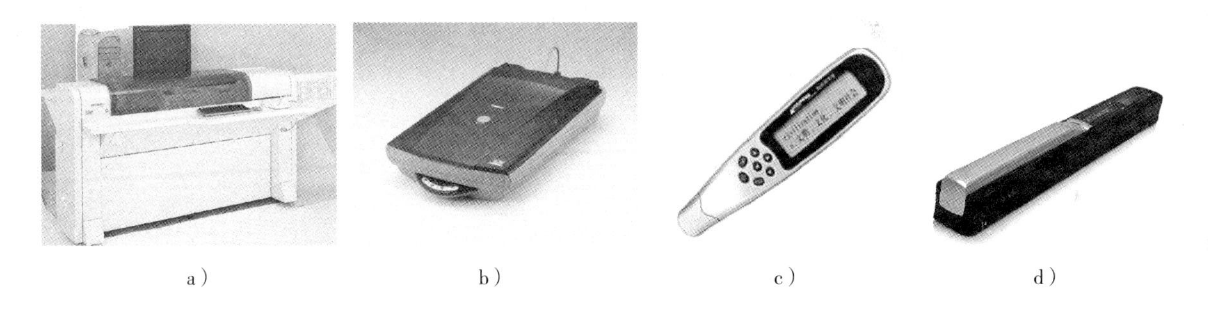

a）　b）　c）　d）

图2-10 不同类型的扫描仪

a）滚筒式扫描仪　b）平面扫描仪　c）笔式扫描仪　d）便携式扫描仪

（2）扫描仪的使用　扫描的过程相当简单，如果是平面扫描仪，只要把扫描的材料放在扫描仪的玻璃台面上，运行扫描软件，并按一下“扫描”键，扫描仪就将图像扫描到图像编辑软件中，而且能以文件格式存贮。

笔式扫描仪分两种，一种是蒙恬的超级扫译笔和思维的“译神5代”扫描笔；还有一种是思维的“手刮式”扫描笔。蒙恬的超级扫译笔主要是扫描文字，用于文字识别。其外形与一支笔相似，扫描宽度大约只有四号汉字大小。使用时，贴在纸上一行一行地进行扫描。而思维的RC700和RC800的扫描幅面是A4大小，既可以扫描文字又可以扫描图片。而近几年为大家熟知的普兰诺可以扫描A4幅度大小的纸张，最高可达400dpi，实现了脱机扫描，方便外出携带扫描。

便携式扫描仪直接接触在原稿表面读取图像数据，移动部分又轻又小，整个扫描仪可以做得非常轻薄。

为了得到最佳的扫描效果，应该选择最佳的扫描分辨率：在设定、选择扫描分辨率时，需要综合考虑扫描的图像类型和输出打印的方式。如果以高的分辨率扫描图像需更长的时间、更多内存和磁盘空间。分辨率越高，扫描得到的图像就越大。因此在保证良好图像质量的前提下应尽量选择最低的分辨率，使文件不至于太大。

3. 绘图仪

绘图仪是一种常见的图形输出设备，能按照我们的要求自动绘制图形。按照其功能可绘制各种管理图表、统计图、大地测量图、建筑设计图、电路布线图、各种机械图与计算机辅助设计图等。其中日常生活中最常用的是X−Y绘图仪。现代的绘图仪由于自身携带微处理器，可以使用绘图命令执行直线和字符演算处理以及自检测等功能，同时还可选配多种与计算机连接的标准接口，其正向智能化功能方向发展。

其中笔式绘图仪可分为平板式和滚筒式两种，如图2−11所示。平板式绘图仪主要由一个放纸的大平面板和绘图笔架的活动托架构成，其托架可以沿平板两边的导轨来回纵向运动，而笔架则能沿托架上的导轨横向滑动，通过托架和笔架的相互配合就可以绘制到平板上的任何位置。滚筒式绘图仪的主要特点是笔架的托架是固定的，绘图纸紧紧地卷在一个滚筒上，可以随滚筒笔架纵向卷动。同时在绘图过程中，滚筒带动绘图纸在绘图笔下纵向滚动，而笔架在托架导轨上横向移动。其主要优点是占地面积较小，使用长纸张，所以大幅面纸张的绘图仪大都是滚筒式。除笔式绘图仪之外，日常使用的还包括喷墨式、静电式、热敏式等绘图仪，其工作原理基本与喷墨打印机相类似，都是通过某些技术以点阵形式生成纸面上的图。

a）　　b）

图2−11　不同类型的绘图仪

a）平板式　b）喷墨式

4. 投影仪

投影仪可分为台式投影仪、便携式投影仪以及落地式投影仪。其主要优点在于能连接在计算机的显示器输出端口上，并把在显示器上显示出来的内容投射到大屏幕甚至一面墙壁上，非常适合于课堂教学以及其他演示活动，如图2−12所示。现阶段数据投影仪可以达到如观看计算机屏幕一样的良好投影效果。

目前使用较多的还有一种与数据投影仪功能相仿的数据投影板，其核心部分就是一块与计算机屏幕差不多大小的平板显示器，只要把它放在普通投影仪上，屏幕显示就可以通过投影仪的光学系统投射到大屏幕或墙面上。由于数据投影板本身体积小，使用和携带都比较方便，所以目前正大力推广。

图2−12　不同类型的投影仪

2.2 计算机字体与字库

2.2.1 计算机字体设计概述

字体设计是随着人类文明的发展而逐步产生并走向成熟的，字体设计在现代生活中有着越来越重要的意义。文字不仅在乎形，也在乎形给人带来的美感。文字不仅是用来记录语言的符号，在现代视觉传达设计中，文字的图形美给人的艺术感染力使其尤为重要。

随着计算机技术不断完善，文字设计走向了更广阔的空间，出现了许多新的表现形式。利用计算机的各种图形处理功能，既可以将字体从结构、边缘、肌理等方面进行种种处理，产生一些全新的视觉效果（如图2−13所示），又可以运用各种方式对字体进行编排组合，使字体在图形化方面走上了新的途径。

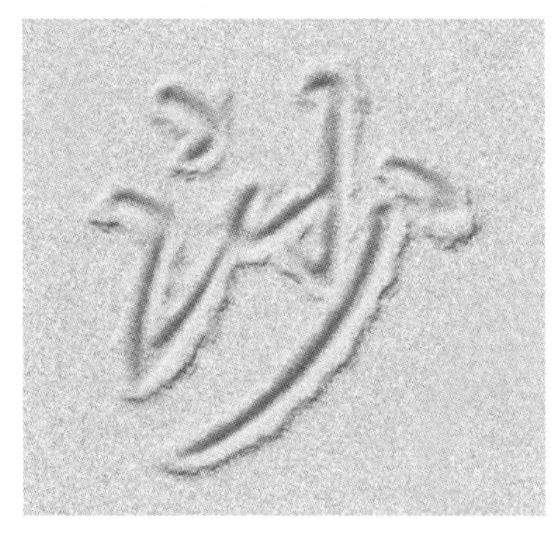

a）

b）

图2−13 不同的文字效果（图片来源：PS特效字教程）

a）沙滩的文字效果 b）生锈的文字

随着计算机辅助设计的发展，人们可以对文字进行更为复杂和抽象的设计，产生了不少独特的设计手法，形成具有强烈冲击力的视觉效果。如：模糊的、动感的肌理效果（如图2−14所示），其色彩互相衬托虚化，对比强烈，极富数码化、信息化的时代特征。还可利用计算机特有的语言进行字形处理，如不同制版印刷、工艺手段形成类似木版印刷、网点、投影、立体构成等效果或形成文与图的组合、群化的汉字组成图形、特殊的材料肌理及影像动感等效果。

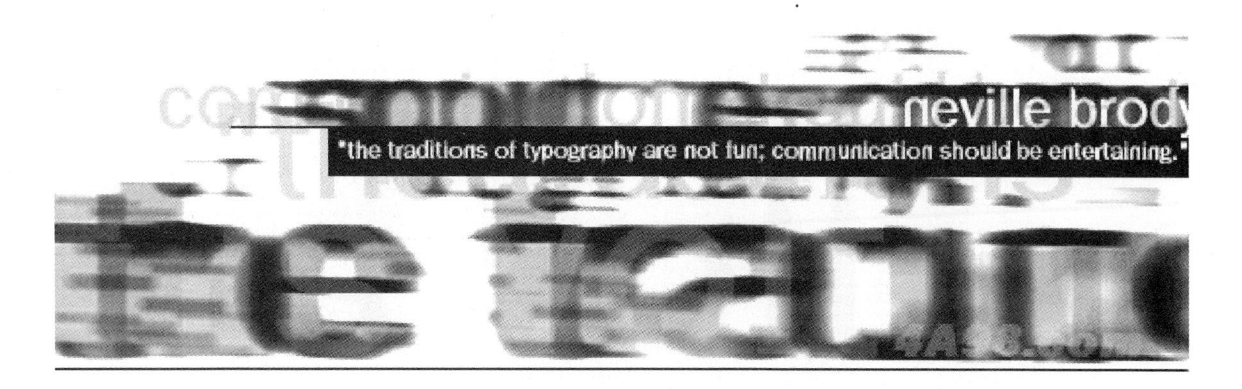

图2−14 计算机辅助设计的文字

2.2.2 计算机字体的应用

字体在各领域的设计中广泛使用，平面设计专业更是离不开字体设计，例如，运用在企业LOGO、书籍、包装、宣传海报等方面。好的字体设计是根据企业或品牌的个性应运而生的、充满内涵的，并不是单纯地追求形式上的美感。好的字体设计所形成的图形语言不仅能完整地表达作品内容，更能提升想象空间，如图2−15～图2−18所示。

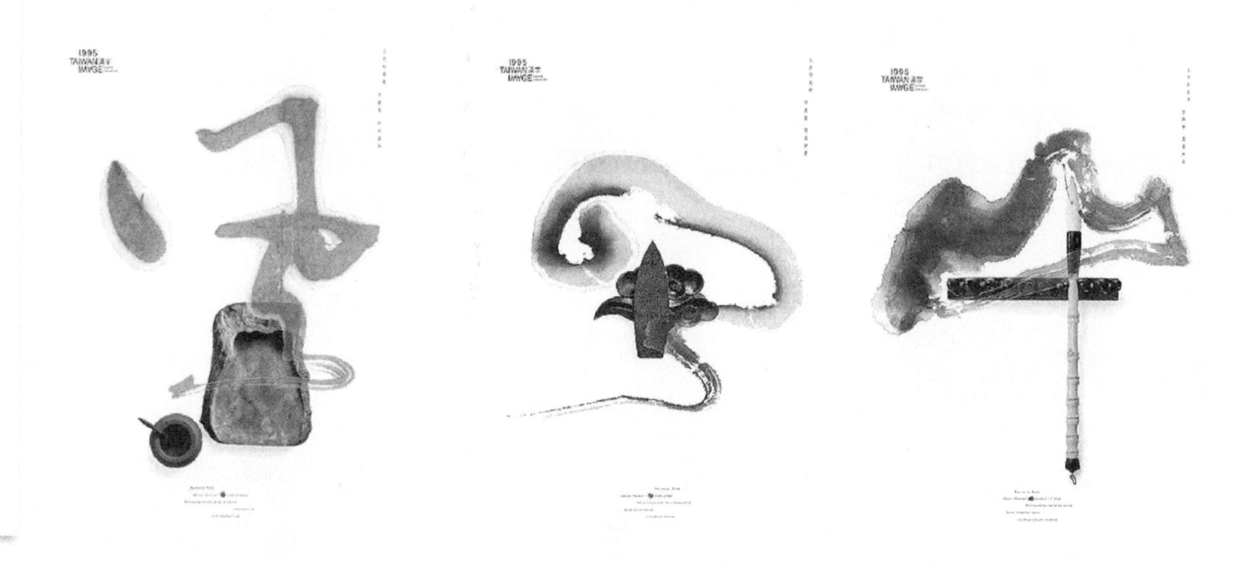

图2−15　平面设计大师靳埭强的字体海报设计

图2−16　字体设计在LOGO中的应用

图2−17　字体设计在包装中的应用

图2–18　字体设计在书籍中的应用

要想设计出好的作品，从计算机字库里调出来的任何一种标准字体都不是最适合的。因为，标准字千篇一律，识别性不强。另外，也不能用来注册LOGO。这就要求设计者根据不同需求、不同的作品氛围，去重新设计具有准确性、关联性、独特性的字体，以传递作品的意思和特征，这也是平面设计中字体设计的关键所在。计算机通过软件可以帮助我们更好的实现字体设计的创作，可以利用CorelDRAW对文字的任意节点进行编辑，从而得到理想的文字外形；Photoshop则可以对文字进行各种特效处理。这两个软件的配合使用，可以很好地实现文字的新设计。

本章小结

（1）不同的色彩模式有不同的使用范围，有些色彩模式适合显示，有些色彩模式适合打印。

（2）不同的文件格式也有不同的使用范围，要根据实际的应用来选择存储的文件格式。

（3）字体设计在视觉传达中应用广泛。

第3章 平面设计常用软件

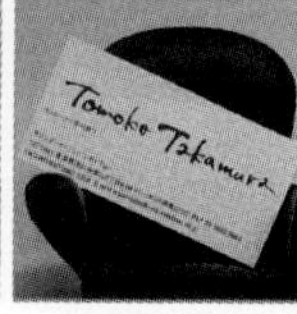

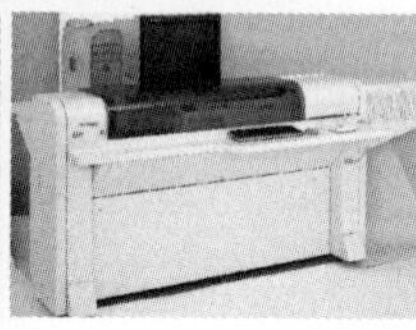

学习目标

（1）了解平面设计中常用的基础软件。

（2）了解平面设计软件Photoshop CS4和CorelDRAW X3的基本操作特性。

（3）了解平面设计软件Photoshop CS4和CorelDRAW X3的基本功能。

（4）掌握Photoshop CS4和CorelDRAW X3等软件在设计中的应用规范。

学习重点

（1）掌握平面设计软件Photoshop CS4的工具运用，工具和工具栏的结合应用，校色调色、滤镜及路径运用等知识。

（2）掌握应用平面设计软件CorelDRAW X3的矢量图形的绘制，重点学习工具箱中各种工具和工具栏的配合使用，如贝塞尔工具、填充工具等，以及菜单栏和绘图区域内图形的配合应用等知识。

学习建议

（1）了解平面设计常用基础软件的性能、特性。

（2）掌握这些软件的工具、操作方法、技巧等等。

（3）多看、多练习。

平面设计（Graphic Design）是泛指具有艺术性和专业性、以“视觉”形象作为沟通和表现的形式，通过多种方式来创造和结合符号、图片以及文字做出用来传达想法或信息的一种视觉表现形式。一般会利用字体排印、视觉艺术、版面（Page Layout）设计等方面的专业技巧来达成创作计划的目的。平面设计通常指制作（设计）的过程，以及最后完成的作品。

通常在学习本课程前，应先学习素描、色彩、构成设计等基础课程。平面设计一般常用基础软件为AutoCAD、Photoshop、CorelDRAW、Freehand、Illustrator等。我们主要学习的是Photoshop、CorelDRAW这两个基础软件。Photoshop是最为著名的图像处理软件之一，是集图像扫描、编辑修改、图像制作、广告创意、图像输入与输出于一体的图形图像处理软件，深受广大平面设计人员和计算机绘图爱好者的喜爱。CorelDRAW非凡的设计能力广泛地应用于商标设计与制作、模型绘制、插图描画、排版及分色输出等等诸多领域。

3.1 平面设计之Photoshop辅助设计

从功能上看，Photoshop可分为图像编辑、图像合成、校色调色及特效制作这几大部分。

图像编辑是Photoshop软件图像处理的基础，它可以对图像做各种变换，如：放大、缩小、旋转、倾斜、镜像、透视等；也可进行复制、去除斑点、修补、修饰图像的残损等。一般运用在照片处理、图像合成、质感模拟、特效制作、创意设计、文字设计、图像绘制、网页设计、包装设计、商业广告设计、摄影人像等方面。在处理制作上，主要是通过软件的应用和操作对图像进行美化加工，得到让人满意的视觉效果。

图像合成则是将几幅图像通过图层操作、工具应用合成完整的、传达明确意义的图像。Photoshop提供的绘图工具让外来图像与创意很好地融合，从而使图像的合成达到天衣无缝的效果。

校色调色是Photoshop中最具威力的功能之一，可方便快捷地对图像的颜色进行明暗、对比度、色差的调整和校正，也可对不同颜色进行切换，以满足图像在不同领域（如网页设计、印刷、多媒体等方面）的应用。

特效制作在Photoshop中主要由滤镜、通道及工具综合应用完成。包括图像的特效创意和特效字的制作，如油画、浮雕、石膏画、素描等常用的传统美术技巧都可由Photoshop特效完成。而各种特效字的制作更是很多设计师热衷于Photoshop的原因。

3.1.1 Photoshop CS4的操作界面认识

1. Photoshop CS4的安装方法

（1）安装Photoshop　现在很多市面上的Photoshop都是简体安装版，直接安装就可以了（本书用的Photoshop是Photoshop CS4中文版本）。

（2）打开Photoshop CS4，认识一下里面的操作界面布局，如图3-1所示。

菜单栏中分别有：文件菜单、编辑菜单、图像菜单、图层菜单、选择菜单、滤镜菜单、分析菜单、3D菜单、视图菜单、窗口菜单、帮助菜单。

2. Photoshop CS4的操作界面特点

打开Photoshop CS4就会发现其界面与过去的Photoshop界面有一些明显变化，菜单栏中增加了很多我们不认识的图标和按钮。Photoshop CS4将这么多的功能提到界面上来十分必要，因为对于一个图像处理软件来说，开阔的设计空间尤其重要。

在菜单栏上，常用的一些功能被作为按钮罗列出来（应用程序工具栏，如图3-2所示）。包括启动Bridge、抓手和缩放工具、显示网格标尺、旋转视图工具（Rotate View

Tool）、显示多联（n-up）等，打开多个文件时也会以“选项卡”的方式出现。

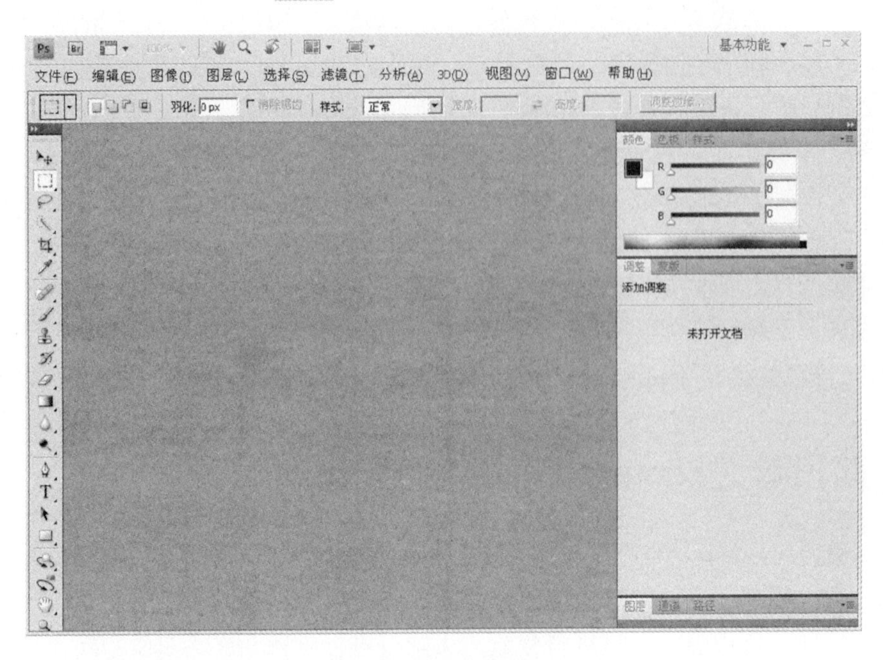

图3-1　操作界面认识

图3-2　应用程序工具栏

新增亮点1：图片浏览方式的多样化

当打开多个页面后，可以使用多联（n-up）下拉面板，控制多个文件在窗口中的显示方式。该功能还包含匹配缩放和位置选项（Match zoom and location），非常适合多个图片的对比，如图3-3所示。

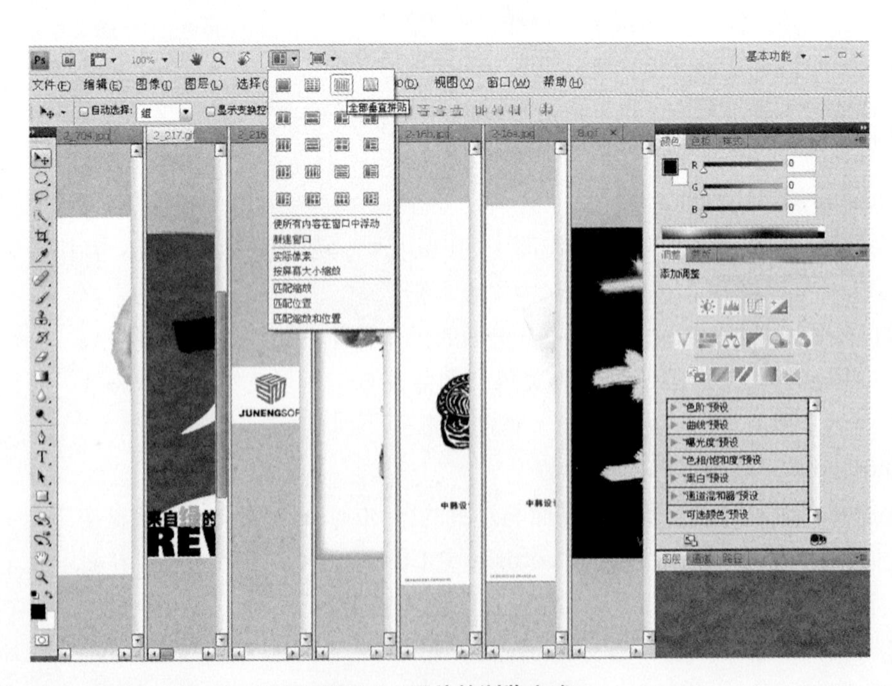

图3-3　图片的浏览方式

不仅如此，按住“Shift”键的时候，还可以对显示的图片同时进行移动或者放大缩小。浏览图片时的效果和速度都有了革命性的变化，如缩放工具一直按下时可连续平滑放大或缩小图片；可使用抓手工具“滑动”查看图片，这些操作在停止时都还包含缓冲效果；按H键不放可在放大图和原图之间切换及导航，另外画布边缘还设计了小阴影，这些都得益于OpenGL的支持。

新增亮点2：画布旋转

Photoshop CS4中还有一个重要的变化是旋转视图工具（Rotate View Tool）可平稳地旋转画布，以便以所需的任意角度进行查看和编辑。

新增亮点3：细节浏览更精准

放大图片进行细节处理，这是大家经常用到的一个操作。在Photoshop CS4中当像素放大到一定程度，其边缘会被加亮描绘出来，这对于像素级别的对齐会起到很好的参照作用，如图3-4所示。

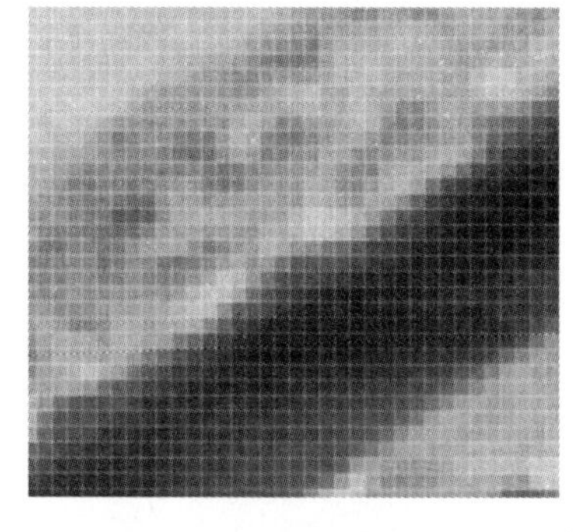

图3-4　精准的细节浏览

新增亮点4：创新的3D绘图与合成

借助全新的光线描摹渲染引擎，现在可以直接实现在3D模型上绘图、用2D图像绕排3D形状、将渐变图转换为3D对象、为层和文本添加深度、实现打印质量的输出并导出到支持的常见3D格式。

新增亮点5：图像自动混合

使用增强的自动混合层命令，可缝合或组合图像，从而在最终复合图像中获得平滑的过渡效果。可混合同一场景中具有不同焦点区域的多幅图像，以获取具有扩展景深的复合图像。

新增亮点6：更平滑地平移和缩放

使用更平滑的移动和缩放功能，可顺畅地浏览到图像的任意区域。在缩放到单个像素时仍能保持清晰度，并且可以使用新的像素网格，轻松地在最高放大级别下进行编辑。

新增亮点7：内容感知型缩放

创新的全新内容感知型缩放功能可以在调整图像大小时自动重排图像，在图像调整为新的尺寸时智能保留重要区域。一步到位制作出完美图像，无需高强度裁剪与润饰。

新增亮点8：层自动对齐

使用增强的自动对齐层命令创建出精确的合成内容。移动、旋转或变形层，从而更精确地对齐它们。也可以使用球体对齐创建出令人惊叹的全景。

新增亮点9：更远的景深

将曝光度、颜色和焦点各不相同的图像（可选择保留色调和颜色）合并为一个经过颜色校正的图像。

新增亮点10：增强的动态图形编辑

借助全新的单键式快捷键更有效地编辑动态图形，使用全新的音频同步控件实现可视效果与音频轨道中特定点的同步，使3D对象变为视频显示区。

新增亮点11：更强大的打印选项

借助出众的色彩管理与先进打印机型号的紧密集成以及预览溢色图像区域的能力，实现卓越的打印效果。Mac OS上的16位打印支持提高了颜色深度和清晰度。

新增亮点12：更好的原始图像处理

使用行业领先的Adobe Photoshop Camera Raw 5插件，在处理原始图像时实现出色的转换质量。该插件现在提供本地化的校正、裁剪后晕影、TIFF和JPEG处理，以及对190多种相机型号的支持。

新增亮点13：与其他Adobe软件集成

可借助Photoshop Extended与依赖的其他Adobe应用程序之间增强的集成来提高工作效率，这些应用程序包括Adobe After Effects®、Adobe Premiere® Pro和Adobe Flash Professional软件。

新增亮点14：业界领先的颜色校正

体验大幅增强的颜色校正功能以及经过重新设计的减淡、加深和海绵工具，现在可以智能保留颜色和色调详细信息。

新增亮点15：改进的 Adobe Photoshop Lightroom 工作流程

在 Adobe Photoshop Lightroom®（单独出售）中选择多张照片，并在 Photoshop CS4 中自动打开它们，将它们合并到一个全景、高动态光照渲染（HDR）照片或多层Photoshop文件，并无缝往返回到Lightroom。

新增亮点16：文件显示选项

使用选项卡式文件显示或n-up视图可轻松使用多个打开的文件。

新增亮点17：GPU加速体验

在新版Photoshop CS4中，软件第一个引入了全新的GPU支持。换句话说，在它的帮助下，原本想要耗费非常长时间的操作，都可非常快地完成。而这其中就包括我们常常运用的照片缩放与照片旋转功能。为验证效果，可用其新建一幅659MB大小的超大体积照片来与另一款Photoshop CS3进行执行操作对比，仅仅是简易的画布旋转操作新版Photoshop CS4（开启GPU加速）也能比老版本有近58%的性能提升。而且，无论是对照片进行缩或放都可通过拉拽鼠标来完成。当开启GPU加速后，整个缩放步骤均加入了平滑动画，再也不是老版本（CPU计算）那一顿一顿的情况。当然，全新的GPU加速并不仅仅作用于这些照片的简易操作，部分滤镜（如“液化”滤镜）也可借助这项功能大幅提升图片的处理速度。

新增亮点18：可扩展性

获得并共享基于Adobe Flash®技术的面板，便于开发人员创建它们来完成自定任务。同时，还可从全新的Adobe 社区在线服务中不断获得更多提示与技巧。

接下来就是经常用到的位于左边的工具栏，如图3-5所示。从上到下工具依次为：“移动工具”、“选框工具”、“套索工具”、“快速选择”/“魔术棒工具”、“裁剪工具”、“吸管工具”、“修复画笔工具”、“画笔工具”、“仿制图章工具”、“历史画笔工具”、“橡皮擦工具”、“渐变”/“油漆桶工具”、“模糊”/“锐化”/“涂抹工具”、“减淡”/“加深”/“海绵工具”、“钢笔工具”、“文字工具”、“路径选择工具”、“形状工具”、“3D旋转工具”、“3D环绕工具”、“抓手工具”、“缩放工具”、“前景色”/“背景色”、“快速蒙版工具”等。

接着就是位于右边的面板，如图3-6所示，依次为：“颜色面板”、“色彩面板”、“样式面板”、“调整面板”、“蒙版面板”，最下面为“图层面板”、“通道面板”、“路径

图3-5 工具栏

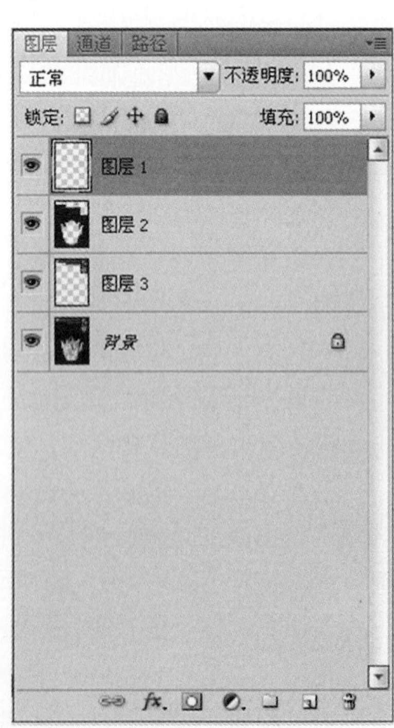

图3-6 图层面板

面板”。其中Photoshop CS4在以前版本的基础上新增了“调整面板”和“蒙版面板”，且里面添加了很多快捷方式，比如：“亮度对比度调整”、“色阶调整”、“曲线调整”、“曝光度调整”、“创建新的自然饱和度调整图层”、“创建新的色相/饱和度调整图层”、“创建新的色彩平衡调整图层”、“创建新的黑白调整图层”、“创建新的照片滤镜调整图层”、“创建新的通道混合器调整图层”、“创建新的反相调整图层”、“创建新的色调分离调整图层”、“创建新的阈值调整图层”、“创建新的渐变映射调整图层”、“创建新的可选颜色调整图层”。在蒙版面板中增加有“添加像素蒙版”和添加“适量蒙版”两种。

3.1.2 Photoshop CS4的基础知识

运行Photoshop CS4程序，直接双击桌面Photoshop CS4图标，进入Photoshop CS4的界面，如图3-7所示。

1. 文件的基础操作

（1）新建文件　点击“文件”下拉式【菜单】→【点击新建】→【进行设置】，如图3-8所示。

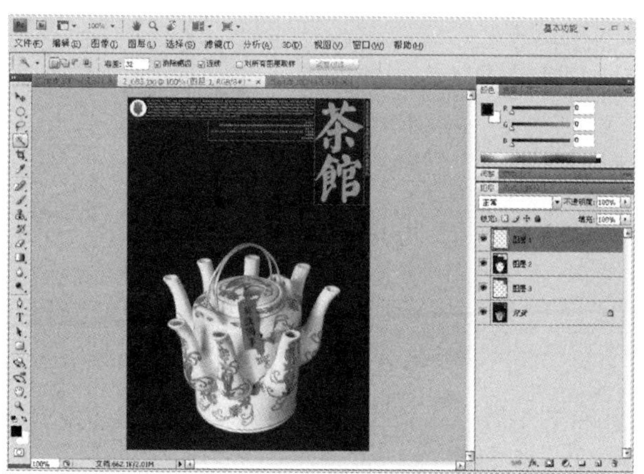

图3-7　Photoshop界面布局

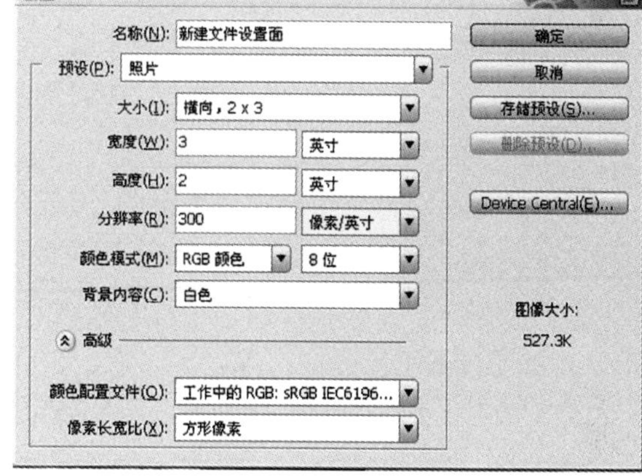

图3-8　新建文件设置

首先确定新建图像名称：图像001，宽度：210mm，高度：297mm，分辨率：300像素/in，颜色模式：RGB/CMYK，背景内容：白色，这样就设定了一个标准A4格式的图像，点击确定。

（2）打开文件　点击【文件】下拉式菜单→点击【打开】→选中所要的图像。

（3）关闭文件　点击【文件】下拉式菜单→点击【关闭】。

（4）存储文件　点击【文件】下拉式菜单→点击【存储】/【存储为】。

2. 图像的相关术语与文件格式

（1）像素和分辨率

1）像素：是展现在屏幕上的点。比如新建图像高度100像素，宽度200像素，这就决定了图像的大小，像素是图像在计算机上展示的最小长度单位。Photoshop处理的是点位图，最小的单位为像素，每个像素块为一个纯色。

2）分辨率：是单位长度上的像素点数量，单位是dpi，就是在打印或印刷时每英寸所能印刷的点数（像素/cm、像素/in，1in=2.54cm）。分辨率越高，打印图像就越精细，常见的分辨率值为72dpi，而打印或印刷的图片分辨率一般为300dpi为宜。

(2) 矢量图和位图

1) 位图：也叫做点阵图、删格图像、像素图。简单地说，就是最小单位由像素构成的图，缩放会失真。

2) 矢量图：可以采用线条和填充的方式，随意改变形状和填充颜色，无论放大或缩小都不会失真。CorelDRAW、FLASH动画大多使用矢量图制作。

不管是位图还是矢量图，都可以叫图形。有位图图形，也有矢量图形。图片、图形和图像没有从属关系，都是指图，只是叫法不同而已。图形重在形，就像工程图；图像重在像，就像效果图。都是图，只是侧重点不同而已。

(3) 图像文件的存储格式　各种图形文件格式的不同之处在于：表示图像数据的方式（作为像素还是矢量）、压缩方法以及所支持的Photoshop功能。要在已编辑图像中保留所有Photoshop功能（图层、效果、蒙版、样式等），最好用Photoshop格式（PSD）存储图像的副本。与大多数文件格式一样，PSD只能支持最大为2GB的文件。在Photoshop CS4中，如果要处理超过2GB 的文件，可以使用大型文件格式（PSB）、Photoshop Raw（仅限拼合的图像）或TIFF（仅限最大4GB）存储图像。

使用“存储为”命令，仅可以按照下列格式存储16位/通道的图像：Photoshop、Photoshop PDF、Photoshop Raw、大型文件格式（PSB）、Cineon、PNG和TIFF。使用“存储为Web和设备所用格式”命令处理16位/通道的图像时，Photoshop自动将图像从16位/通道转换为8位/通道。只能使用“存储为”命令将32位/通道的图像存储为下列格式：Photoshop、大型文件格式（PSB）、OpenEXR、便携位图、Radiance和TIFF。

可以使用以下命令来存储图像：

1) 存储：存储对当前文件所做的更改，按照当前格式存储文件。一般存储源文件为PSD、TIF文件格式，存储图片格式一般为JPG文件格式。

2) 存储为：将图像存储在另一个位置或使用另一文件名存储，“存储为”命令允许用不同的格式和不同的选项存储图像。

3) 签入：允许存储文件的不同版本以及各版本的注释，此命令可用于Version Cue工作区管理的图像。

存储为Web和设备所用格式：存储针对Web和设备优化的图像。

3. 图像调整操作

(1) 设置图像的大小　打开【原始图像】→打开菜单栏【图像】下拉式菜单→点击【图像大小】，如图3-9所示。弹出“图像大小”对话框，如图3-10所示。在不改变图像正常比例的情况下，点击勾选“缩放样式”、“约束比例”、“重订图像像素”三项；在不改变像素的情况下，改变“文件大小”里面的“宽度”和“高度”的数值。一般改变其中的一个即可，因为前面已经勾选了“约束比例”，在后面的操作中就可以等比缩放了。另一种方法就是在不改变“文件大小”的情况下，直接改变图像的“分辨率”，一般印刷用300dpi即可，但是在练习的时候，可以改小到100～200dpi之间。还有一种改变图像大小的方法就是在存储的时候，打开【原始图像】→打开菜单栏【文件】下拉式菜单→点击【存储为】，存储文件格式为“JPEG”，点击“保存”，弹出对话框，如图3-11所示。设置“图像选项”里面的“品质”，拖动滑块就可以设置，小文件到大文件依次为1～12，一般设置为中间数值即可。最后一种就是选择“文件”菜单下的“储存为WEB和设备所用格式”，然后保存即可（此为优化文件，保存后容量自动变小）。

(2) 调整画布的大小　打开【原始图像】→打开菜单栏【图像】下拉式菜单→点击【画布大小】→弹出“画布大小”对话框，如图3-12所示。首先选择定位在从中间向四周延伸（见图3-13），还是向上、下、左、右延伸（见图3-14），设定好所要延伸的长度即可。

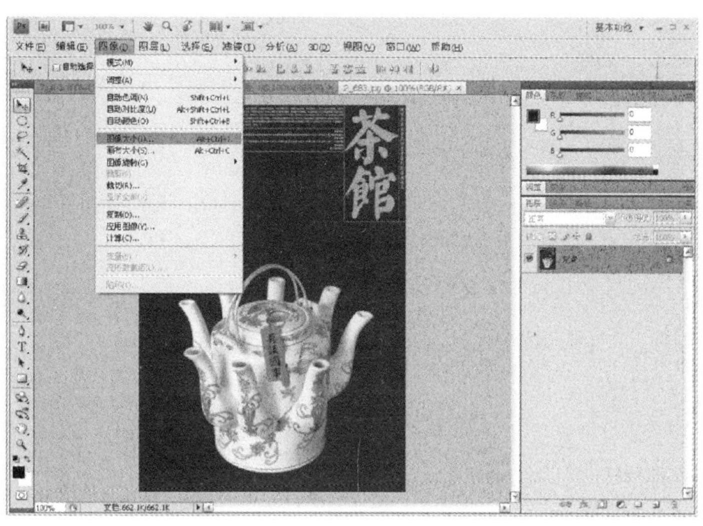

图3-9　菜单栏→图像大小

图3-10　图像大小设置

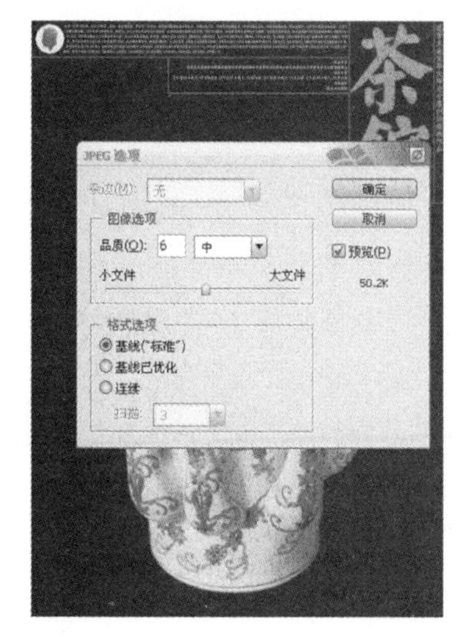

图3-11　存储“JPEG”文件格式设置

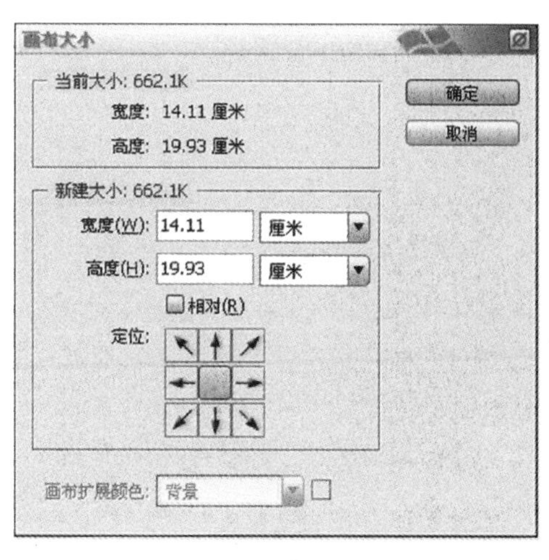

图3-12　画布大小对话框

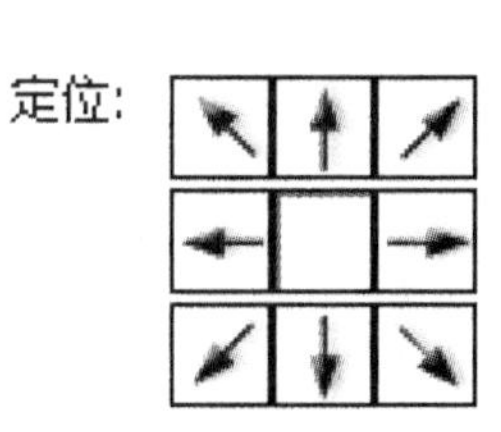

图3-13　画布从中间向四周延伸

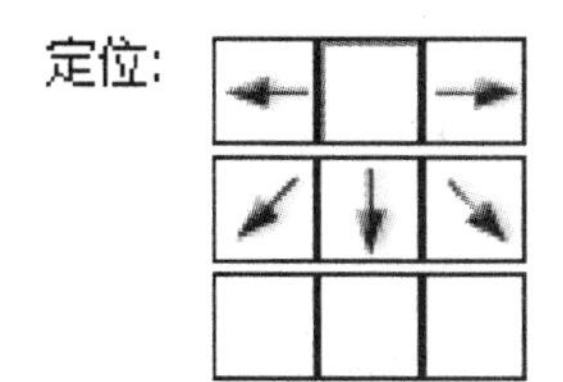

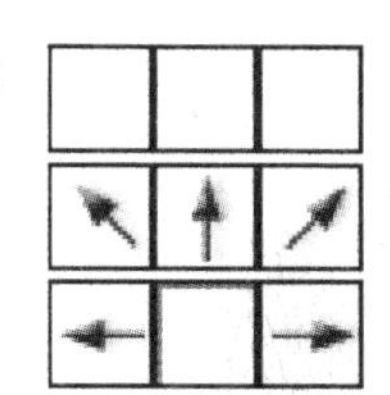

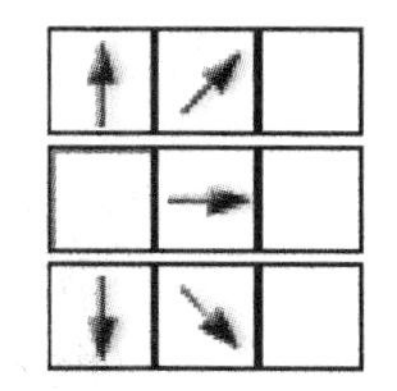

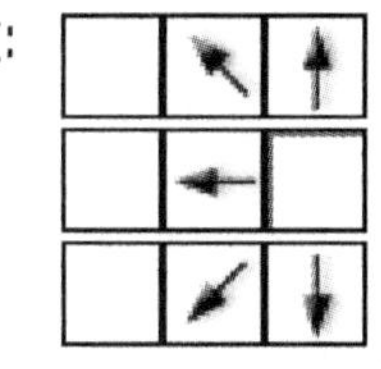

图3-14　画布向上、下、左、右延伸

4．工具箱中的颜色设置

（1）设置前景色和背景色　在工具栏最下方设置前景色和背景色的图标，如图3-15所示。上面的为前景色，下面的即为背景色。在工具栏中下面两个色块上，点任意一个色块，设置好想要的前景色，然后用快捷键方式“Alt+Delete”可以把上面那个色块设为前景色，“Ctrl+Delete”即可以把下面那个色块设为前景色。

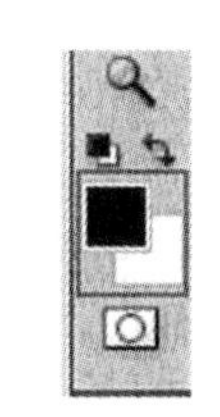

图3-15　前景色和背景色

（2）吸管工具 使用吸管工具主要进行颜色的取样和颜色的校正。

可以使用“色阶”调整或“曲线”调整中的吸管工具校正色调，如从过量的颜色（红色、绿色、蓝色或青色、洋红、黄色）中移去不需要的色调。平衡图像色彩有一种更容易的方法：先确定应为中性色的区域，然后从该区域中移去色调。视图像而定，可以使用一个或全部三个吸管工具，吸管工具最适合用于具有易于辨识的中性色的图像。而“设置灰场”吸管工具主要用于校正颜色，当处理灰度图像时，该工具不可用。

为了获得最佳效果，不要在需要进行大量调整的图像中使用吸管工具将像素映射到最大高光值或最小阴影值。

使用吸管工具的注意事项：使用吸管工具会取消以前在“色阶”或“曲线”中进行的任何调整，如果打算使用吸管工具，则最好先使用“色阶”或“曲线”，然后再用“色阶”滑块或“曲线”点进行细微调整。

在图像中标识要为中性灰色的区域，使用颜色取样器来标记中性区域，以便能够在稍后使用吸管工具单击它。单击“调整”面板中的“色阶”图标或“曲线”图标，或选择【图层】→【新建调整图层】，然后选择“色阶”或“曲线”。也可以选择【图像】→【调整】，然后选择“色阶”或“曲线”，在“色阶”或“曲线”对话框中完成。

5．辅助显示工具的应用

（1）缩放工具 缩放工具是Photoshop 在处理图像细节的时候经常要用到的一个实用工具。

缩放工具在Photoshop CS4中设置了实际像素、适合屏幕、填充屏幕、打印尺寸四种方式。缩放工具对应快捷键为“Z”，默认为放大，按住“Alt”键可以缩小，“Ctrl”加“+”（加号键）为放大，相应的“Ctrl”加“–”（减号键）为缩小，快速放大，“Ctrl”加“1”键（阿拉伯数字“1”），快速以适合屏幕显示，按“Ctrl”加 “0”（阿拉伯数字“0”），可使得图片以适合屏幕大小进行显示。

（2）标尺、网格和参考线

1）标尺 标尺可帮助我们精确定位图像或元素。

如果显示标尺，标尺会出现在现用窗口的顶部和左侧，当移动指针时，标尺内的标记会显示指针的位置，改标尺原点（左上角标尺上的（0，0）刻度）可以从图像上的特定点开始度量，标尺原点也确定了网格的原点。

要显示或隐藏标尺，直接选择【视图】→【标尺】即可。

2）更改标尺的零原点 选择【视图】→【对齐到】对齐，然后从子菜单中选择任意选项组合，如图3–16所示。此操作会将标尺原点与参考线、切片或文件边界对齐，也可以与网格对齐。将指针放在窗口左上角标尺的交叉点上，然后沿对角线向下拖移到图像上，就会看到一组十字线，它们标出了标尺上的新原点。可以在拖动时按住“Shift”键，以使标尺原点与标尺刻度对齐。

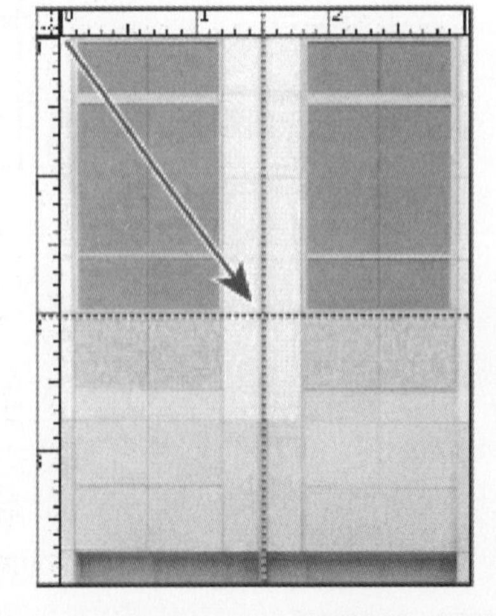

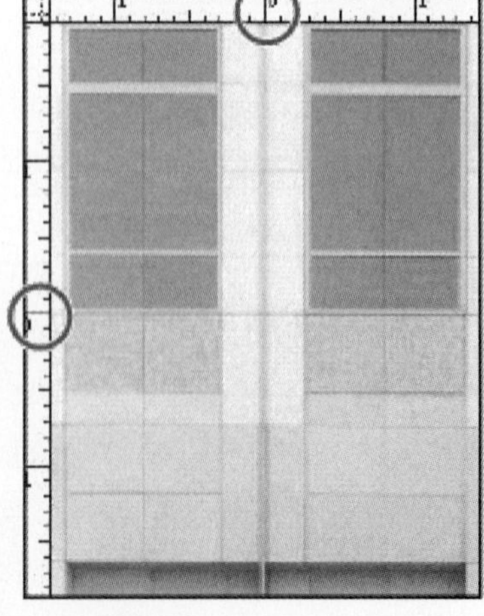

图3–16 更改标尺的零原点

要将标尺的原点复位到其默认值，双击标尺的左上角即可拖移以创建新的标尺原点。

3）更改测量单位　双击标尺即可。或选择【编辑】→【首选项】→【单位与标尺】，或右键单击标尺，然后从上下文菜单中选择一个新单位。

为“标尺”选择一种度量单位。而更改信息面板上的单位将自动更改标尺上的单位。

4）指定图像的列　列可帮助精确定位图像或元素。在使用“新建”、“图像大小”和“画布大小”等命令时，可以用列来指定图像的宽度，如果要将图像导入到页面排版程序（如 Adobe InDesign®），并且希望图像正好占据特定数量的列，使用列将会很方便。选择【编辑】→【首选项】→【单位和标尺】输入“宽度”和“装订线”的值即可。

5）用标尺工具定位　标尺工具可帮助准确定位图像或元素，标尺工具可计算工作区内任意两点之间的距离。当测量两点间的距离时，将绘制一条打印不出来的直线，并且选项栏和“信息”面板将显示以下信息：起始位置（X和Y），在“x”和“y”轴上移动的水平（W）和垂直（H）距离，相对于轴偏离的角度（A），移动的总长度（D_1），使用量角器时移动的两个长度（D_1和D_2）。除角度外的所有测量都以“单位与标尺”首选项对话框中当前设置的测量单位计算，如果文件有测量线，那么选择标尺工具将会使该测量线显示出来。

6）在两个点之间进行测量　选择标尺工具，从起点拖移到终点，按住“Shift”键可将工具限制为45°增量，要从现有测量线创建量角器，请按住“Alt”键并以一个角度从测量线的一端开始拖动，或双击此线并拖动（按住“Shift”键可将工具限制为45°的倍数）。

7）编辑测量线　选择标尺工具，执行下列操作之一：如果需要调整线的长短，拖移现有测量线的一个端点，如果要移动这条线，就将指针放在线上远离两个端点的位置并拖移该线。要移去测量线，就将指针放置在测量线上远离端点的位置，并将测量线拖离图像或单击工具选项栏中的“清除”即可。也可以沿应为水平或垂直的图像部分拖出一条测量线，然后选择【图像】→【图像旋转】→【任意角度】，这时，拉直图像所需的正确的旋转角度将被自动输入到“旋转画布”对话框中。

8）参考线和网格　参考线和网格可帮助精确定位图像或元素。参考线显示为浮动在图像上方的一些不会打印出来的线条，可以移动和移去参考线，也可以锁定参考线，以避免将之意外移动。网格对于对称排列图素很有用，网格在默认情况下显示为不打印出来的线条，但也可以显示为点。

参考线和网格的特性相似。拖动选区、选区边框和工具时，如果拖动距离小于8个屏幕（不是图像）像素，则它们将与参考线或网格对齐，参考线移动时也与网格对齐，可以打开或关闭此功能。参考线间距、是否能够看到参考线和网格以及对齐方式均因图像而异。

网格间距、参考线和网格的颜色及样式对于所有的图像都是相同的。可以使用智能参考线来帮助对齐形状、切片和选区。当绘制形状或创建选区或切片时，智能参考线会自动出现。如果需要可以隐藏智能参考线。

9）显示或隐藏网格、参考线或智能参考线　点击【视图】→【显示】→【网格】；选择【视图】→【显示】→【参考线】；选择【视图】→【显示】→【智能参考线】；选择【视图】→【显示额外内容】，此命令还将显示或隐藏图层边缘、选区边缘、目标路径和切片。

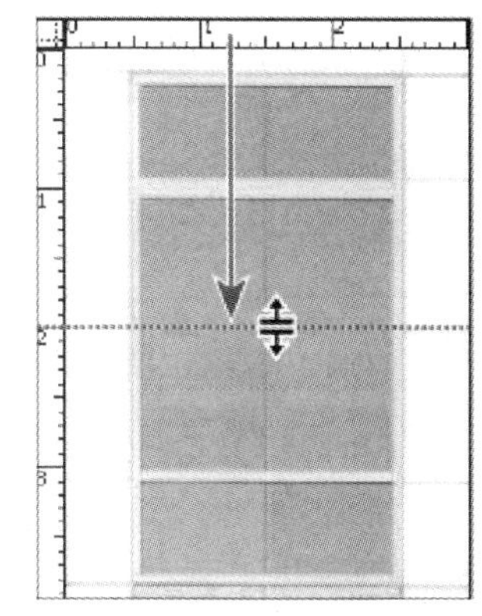

图3-17　置入参考线

10）置入参考线　如果看不到标尺，请选择【视图】→【标尺】，如图3-17所示。一般为了得到最准确的读数，请按100%的放大率查看图像或使用信息面板。选择【视图】→【新建参考线】，在对话框中，选择“水平”或“垂直”方向，并输入位置，然后单击“确定”，从水平标尺拖移以创建水平参考线。

按住“Alt”键，然后从垂直标尺拖动以创建水平参考线，从垂直标尺拖动以创建垂直参考线。按住“Alt”键“Windows”或“Option”键（Mac OS），然后从水平标尺拖动以创建垂直参考线，按住“Shift”键并从水平或垂直标尺拖动以创建与标尺刻度对齐的参考线，当拖动参考线时，指针变为双箭头显示。如果要锁定所有参考线，请选择【视图】→【锁定参考线】。

11）移动参考线　选择移动工具，或按住“Ctrl”键启动移动工具，将指针放置在参考线上（指针会变为双箭头）。按照下列任意方式移动参考线：拖移参考线以移动它；单击或拖动参考线时按住“Alt”键，可将参考线从水平改为垂直，或从垂直改为水平。

拖动参考线时按住“Shift”键，可使参考线与标尺上的刻度对齐，如果网格可见，并选择了【视图】→【对齐到】→【网格】，则参考线将与网格对齐。

12）从图像中移去参考线　要移去一条参考线，可将该参考线拖移到图像窗口之外；要移去全部参考线，可选择【视图】→【清除参考线】。

13）设置参考线和网格首选项　选择【编辑】→【首选项】→【参考线】、【网格】和【切片】。

对于“颜色”，为参考线、网格或两者选择一种颜色，如果选择“自定”，请单击颜色框，选择一种颜色，然后单击“确定”。“样式”——为参考线、网格或两者选取一个显示选项。“网格线间隔”——输入网格间距的值，单击“确定”。为“子网格”输入一个值，将依据该值来细分网格，单击“确定”。

14）显示或隐藏额外内容　参考线、网格、目标路径、选区边缘、切片、文本边界、文本基线和文本选区是不会打印出来的额外内容，它们可帮助我们选择、移动或编辑图像和对象。可以打开或关闭一个额外内容或额外内容的任意组合，这对图像没有影响。也可以通过选择“视图”菜单中的“额外内容”命令来显示或隐藏额外内容，隐藏额外内容只是禁止显示额外内容，并不关闭这些选项。

3.1.3　Photoshop的常用工具

启动 Photoshop CS4时，“工具”面板将显示在屏幕左侧，如图3-18所示。“工具”面板中的某些工具会在上下文相关选项栏中提供一些选项，通过这些工具，可以输入文字，选择、绘画、绘制、编辑、移动、注释和查看图像，或对图像进行取样。其他工具可以更改前景色/背景色，转到 Adobe Online以及在不同的模式中工作，可以展开某些工具以查看它们后面的隐藏工具，工具图标右下角的小三角形表示存在隐藏工具，将指针放在工具上，便可以查看有关该工具的信息，工具的名称将出现在指针下面的工具提示中。

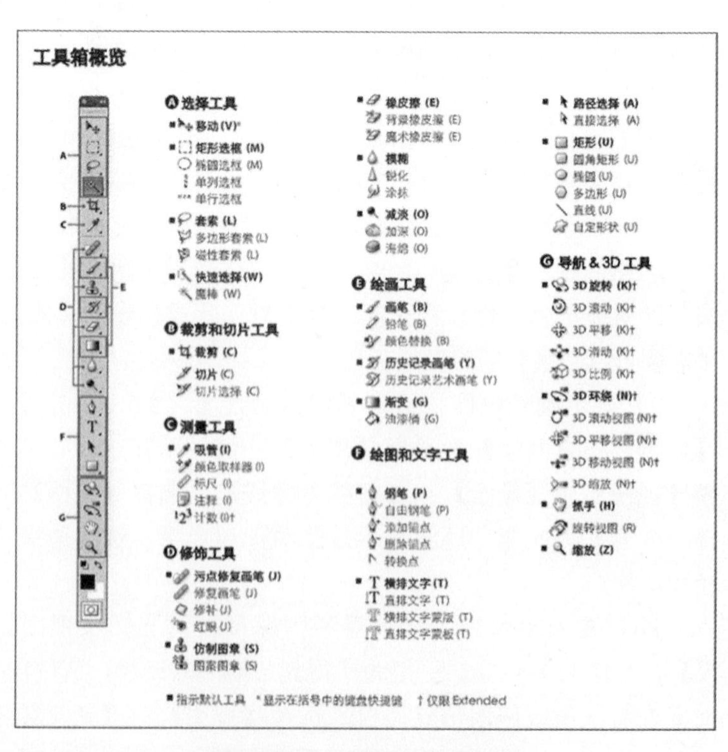

图3-18　Photoshop的常用工具

1．工具箱里工具的应用

（1）选择工具之移动工具

移动工具用来移动当前图层或者当前图层中选区内的图像。移动工具快捷键为大写字母V。另外当前工具如果是其他工具（钢笔工具、直接选择工具、抓手工具、缩放工具除外）的时候，想要临时将工具切换成移动工具可以按键盘上的“Ctrl”键。

操作时可以直接在文档窗口中选择要移动的图层内容进行移动。而在移动的过程中如果按下Shift键可以对移动对象做水平或者垂直移动。

在选择了移动工具后，就可以单击键盘上的箭头键将对象进行微移，每按一次移动1个像素。而在按住“Shift”键并同时按键盘上的箭头键时，每一次可将对象微移10个像素。如果在用移动工具移动对象的时候同时还按下了“Alt”键，就可以复制当前对象到新层上。

相关属性，如图3-19所示。

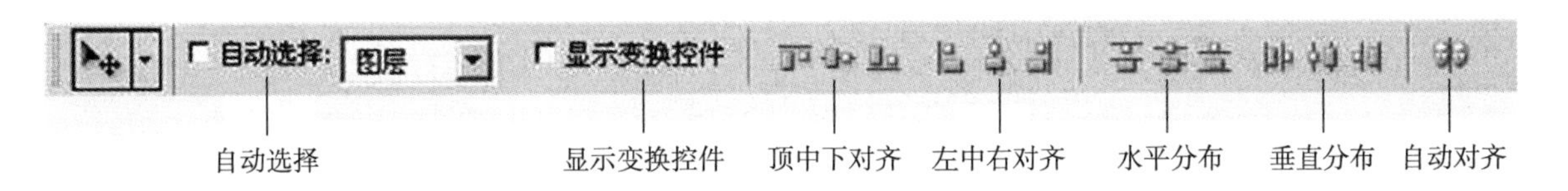

图3-19　移动工具属性栏

1）“自动选择”　从下拉菜单中选择“图层”，然后在文档中单击要选择的图层，将选择包含光标下的像素的顶部图层，也就是用移动工具勾选了工具属性栏上的“自动选择”，这时光标点击哪个层上的像素，哪个层就会变成当前层。因为这个选项如果勾中，将会影响以后的操作，所以建议大家不要勾中。在不勾中的情况下要想实现自动选择功能，只需在移动工具下按着“Ctrl”键即可。

2）显示变换控件　可以显示当前图层的像素范围或者使用变换手柄对图层内容进行自由变换操作。

3）对齐　用来对齐多个图层上的内容。选择图层面板中要对齐的多个图层，或者组（对齐图层对象的），或将一个或多个图层的内容与某个选区边界对齐（将图层对象和选区对齐），可先在图像内建立一个选区，然后在“图层”面板中选择图层。选取【图层】→【对齐】或【图层】→【将图层与选区对齐】，然后从子菜单中选取一个命令。在移动工具选项栏中，这些命令作为“对齐”按钮出现。

顶对齐　将选定图层上的顶端像素与所有选定图层上最顶端的像素对齐，或与选区边框的顶边对齐。

垂直居中对齐　将每个选定图层上的垂直中心像素与所有选定图层的垂直中心像素对齐，或与选区边框的垂直中心对齐。

底边对齐　将选定图层上的底端像素与选定图层上最底端的像素对齐，或与选区边界的底边对齐。

左边对齐　将选定图层上左端像素与最左端图层的左端像素对齐，或与选区边界的左边对齐。

水平居中对齐　将选定图层上的水平中心像素与所有选定图层的水平中心像素对齐，或与选区边界的水平中心对齐。

将链接图层上的右端像素与所有选定图层上的最右端像素对齐，或与选区边界的右边对齐。

（2）选择工具之矩形选框工具 选区工具在操作时，经常需要对图像的某一部分应用更改，这时就需要先选择构成这些部分的像素。通过使用选择工具或通过在蒙版上绘画并将此蒙版作为选区载入，可以在 Adobe Photoshop CS4 中选择像素。这里所说的选区就是用于分离图像的一个或多个部分，通过选择特定区域，可以运用滤镜等形式完成编辑效果并将其应用于图像的局部，同时保持未选定区域不会被改动。

1）矩形选框 建立一个矩形选区，在创建的时候配合使用“Shift”键可建立正方形选区（光标点击处为这个矩形选区的一个角点），而配合使用“Alt”键可建立从中心扩展的选区（这时光标点击处为这个矩形选区的中点）、配合使用“Shift+Alt”键可建立从中心扩展的正方形选区（这时光标点击处为这个正方形选区的中点）。

矩形选框工具的各个属性如图3-20所示。

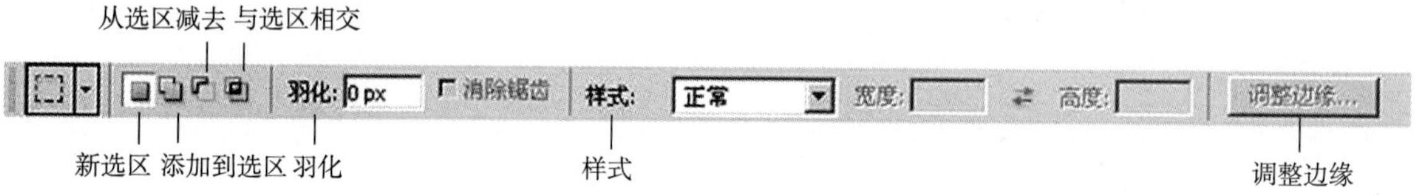

从选区减去 与选区相交

羽化: 0 px 消除锯齿 样式: 正常 宽度: 高度: 调整边缘...

新选区 添加到选区 羽化 样式 调整边缘

图3-20 矩形选框属性栏

2）新选区 在选项栏中选择“新选区”选项时，系统会保证每一次创建的选区都是新的，如果图像中已有一个选区，那么当再创建选区时已有的选区将自动取消。

3）添加到选区 在选项栏中选择“添加到选区”选项，当图像中已经存在一个选区时，再拖动光标创建新的选区。这时新的选区会添加到以前的选区上，最终选区会扩大，当图像中有选区时，按住“Shift”键并拖动也可以添加到选区。在添加到选区时，指针旁边将出现一个加号。

4）从选区中减去 在选项栏中选择“从选区中减去”选项，当图像中已经存在一个选区，又拖动光标创建了新的选区，这时就会从以前选区中减去新创建的选区，最终选区缩小。

如果在创建新选区时，新的选区和以前的选区没有重复部分，则不选择任何区域，按住 Alt 键并拖动以减去另一个选区。在从选区中减去时，指针旁边将出现一个减号。

5）与选区相交 在选项栏中选择“与选区相交”选项，当图像中已经存在一个选区时，可拖动光标创建新选区。这时以前选区和新建选区相交，出现一个新的选区，最终选区扩大。

创建选区时需注意的一些问题：第一，通过正常拖动确定选框比例；第二，设置高宽比，输入长宽比的值（十进制值有效）固定比例，例如，绘制一个宽是高两倍的选框，只需输入宽度2和高度1即可；第三，固定大小为选框的高度和宽度指定的固定值，输入整数像素值。

6）其他选框工具 椭圆选框工具建立一个椭圆形选区（其他属性见矩形选框工具）；单行或单列选框：将边框定义为宽度为1个像素的行或列的选区（其他属性见矩形选框工具）。

（3）选择工具之套索工具

1）套索工具 用套索工具可以创建不规则形选区，在创建选区时还可以选择相应的选项。使用的方法是拖动光标以绘制手绘的选区边界。在光标拖动的过程中如果放松鼠标，选区将自动闭合。

2）多边形套索工具 用来绘制选区边框为直边线段的选区十分有用。使用多边形套索工具时只需选中工具后，在图像中单击加点即可。当然，在创建选区的过程中还可以选择相应的选项。

若要绘制直线段，请将指针放到预计的第一条直线段结束的位置，然后单击。继续单击，设置后续线段的端点。要绘制一条角度为45°倍数的直线，请在移动时按住“Shift”键以单击下一个线段。若要绘制手绘线段，请按住“Alt”键并拖动。完成后，松开“Alt”键以及鼠标按钮。在用多边形套索时，任何时候双击都可以使选区自动闭合。如果在选择过程中加错了一个点，可以用键盘上的“Delete”键将加错的点去掉。

3）磁性套索工具　在创建选区时，选区边界会自动对齐到图像中定义区域的边缘。磁性套索工具特别适用于快速选择与背景对比强烈且边缘复杂的对象。这个工具在使用时，先要在选择的对象边缘处单击，再沿着边缘移动光标即可，系统会自动将选区边界和对象边界对齐。

注意：磁性套索工具不可用于32位/通道的图像。

相关属性如图3-21所示。

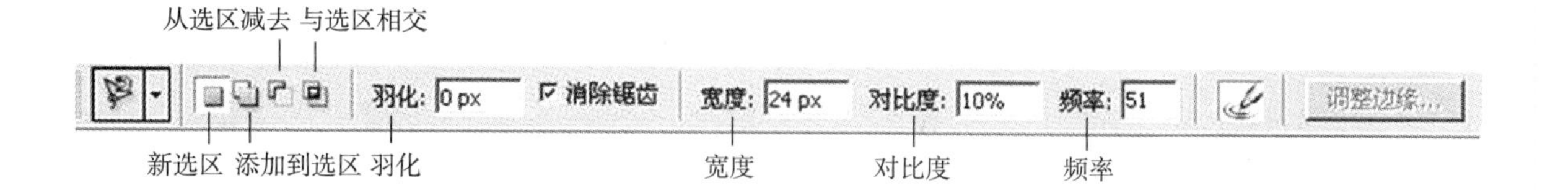

图3-21　磁性套索属性栏

4）宽度　要指定检测宽度，请为“宽度”输入像素值。磁性套索工具只检测从指针开始指定距离以内的边缘。要更改套索指针以使其指明套索宽度，请按“ Caps Lock”键。可以在已选定工具但未使用时更改指针。按右方括号键（]）可将磁性套索边缘宽度增大1像素；按左方括号键（[）可将宽度减小1像素。

5）对比度　用来指定套索对图像边缘的一个灵敏程度，如在对比度中输入一个介于1%和100%之间的值。较高的数值将只检测与其周边对比鲜明的边缘，较低的数值将检测低对比度边缘。

6）频率　用来指定套索以什么频度设置紧固点。请为“频率”输入0到100之间的数值，较高的数值会更快地固定选区边框。在边缘精确定义的图像上，可以使用更大的宽度和更高的边对比度，然后大致地跟踪边缘。在边缘较柔和的图像上，使用较小的宽度和较低的边对比度，可更精确地跟踪边框。

（4）选择工具之快速选择（魔术棒）工具

1）快速选择工具　快速选择工具是利用可调整的圆形画笔笔尖快速“绘制”或者编辑选区。拖动时，选区会向外扩展并自动查找和跟随图像中定义的边缘。要更改快速选择工具的画笔笔尖大小，请单击选项栏中的“画笔”菜单并键入像素大小或移动“直径”滑块。使用“大小”弹出菜单选项，使画笔笔尖大小随钢笔压力或光笔轮而变化。

注意：在修改画笔工具笔尖大小时，按右方括号键（]）可增大快速选择工具画笔笔尖的大小；按左方括号键（[）可减小快速选择工具画笔笔尖的大小。这组快捷键对以下将介绍的很多工具都十分有用，例如：画笔、铅笔、橡皮擦、图章、修复画笔、加深减淡工具、模糊锐化工具等，所以必须熟练掌握。

2）魔术棒工具　魔术棒工具可以用来选择和光标点击处颜色一致或者相似的区域，而不必跟踪其轮廓。其相似程度可以用魔术棒工具的容差属性来调整，容差值越小，则选取的相似程度就越低；容差值越大，允许选取相似的程度就越大。

相关属性如图3-22所示。

图3-22　魔术棒属性栏

3）容差　用来确定选定像素的相似点差异。以像素为单位输入一个值，范围介于0到255之间。如果值较低，则会选择与所单击像素非常相似的少数几种颜色；如果值较高，则会选择范围更广的颜色。

4）消除锯齿　创建较平滑边缘选区。

5）连续　只选择使用相同颜色的邻近区域。否则，将会选择整个图像中使用相同颜色的所有像素。

6）对所有图层取样　使用所有可见图层中的数据选择颜色。否则，魔术棒工具将只从当前图层中选择颜色创建选区。

注意：不能在位图模式的图像或32位/通道的图像上使用魔术棒工具。

2．裁剪和切片工具

裁剪是删除部分图像以形成突出或加强构图效果的过程，可以使用裁剪工具或图像菜单下的“裁剪”命令裁剪图像。在图像中要保留的部分上拖动，以便创建一个选框。选框不用很精确，之后可以再用手动调整。

如果要将选框移动到其他位置，请将指针放在外框内并拖动。如果要缩放选框，请拖动手柄；如要约束比例，在拖动时按住Shift键。

如果要旋转选框，请将指针放在外框外（指针变为弯曲的箭头）并拖动；如果移动选框旋转时要围绕中心点，拖动位于外框中心的圆，不能在位图模式中旋转选框。

要取消裁剪操作，请按 Esc 键或单击选项栏中的“取消”按钮。

裁剪工具包含一个选项，可变换图像中的透视，这在处理包含石印扭曲的图像时非常有用，当从一定角度而不是以平直视角拍摄对象时，会发生石印扭曲。

3．测量工具之吸管工具

吸管工具用来选取颜色，吸管工具采集色样以指定新的前景色或背景色，也可以从现用图像或屏幕上的任何位置采集色样。

要选择新的前景色，在图像内单击，或者将指针放置在图像上，按鼠标按钮并在屏幕上随意拖动，前景色选择框会随着拖动不断变化，松开鼠标按钮，即可拾取新颜色。

要选择新的背景色，按住Alt键并在图像内单击，或者将指针放置在图像上按住Alt键，按下鼠标按钮并在屏幕上的任何位置拖动。背景色选择框会随着拖动不断变化，松开鼠标按钮，即可拾取新颜色。

4．修饰工具（仿制图章工具、橡皮擦工具）

（1）修饰工具之仿制图章工具　将图像的一部分绘制到同一图像的另一部分或绘制到具有相同颜色模式的任何打开的文档的另一部分，也可以用一个图层的一部分绘制到另一个图层，仿制图章工具对于复制对象或移去图像中的缺陷很有用。

要使用仿制图章工具，请先在要复制像素的区域上设置一个取样点（按住“Alt”键单击来设置取样点），并在另一个区域上单击绘制。要在每次停止并重新开始绘画时使用最新的取样点进行绘制，请选择“对齐”选项。取消选择“对齐”选项将从初始取样点开始绘制，而与停止并重新开始绘制的次数无关。

可以对仿制图章工具使用任意的画笔笔尖，这能够准确控制仿制区域的大小。也可以使用不透明度和流量设置以控制对仿制区域应用绘制的方式。

“仿制源”面板【窗口】菜单→【仿制源】具有用于仿制图章工具或修复画笔工具的选项，在这个面板中可以设置五个不同的样本源并快速选择所需的样本源，而不用在每次需要更改为不同的样本源时重新取样。也可以查看样本源的叠加，以便在特定位置仿制源。还可以缩放或旋转样本源以更好地匹配仿制目标的大小和方向，如图3-23所示。

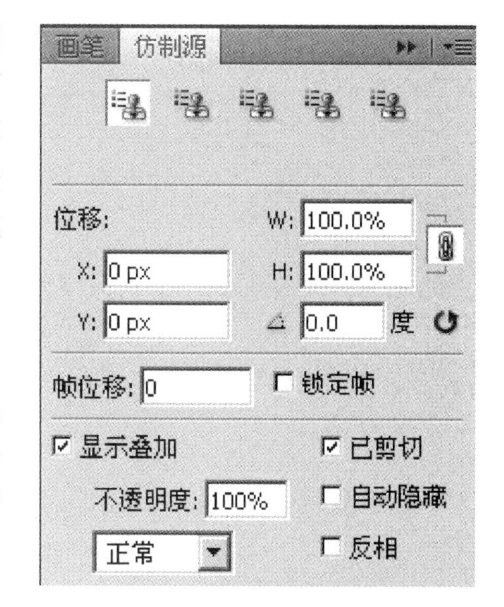

图3-23 “仿制源”面板

（2）修饰工具之橡皮擦工具

1）橡皮擦工具可将像素更改为背景色或透明。如果在背景中或已锁定透明度的图层中工作，像素将更改为背景色，否则，像素将被抹成透明，属性栏如图3-24所示。

图3-24 橡皮擦属性栏

2）选取橡皮擦的模式 “画笔”和“铅笔”模式可将橡皮擦设置为可以像画笔和铅笔工具一样工作。“块”是指具有硬边缘和固定大小的方形，且不提供用于更改不透明度或流量的选项。对于“画笔”和“铅笔”模式，选取一种画笔预设，并在选项栏中设置“不透明度”和“流量”。100%的不透明度将完全抹除像素，较低的不透明度将部分抹除像素。

3）背景橡皮擦工具 背景橡皮擦工具可在拖动时将图层上的像素抹成透明，从而在抹除背景的同时在前景中保留对象的边缘，通过指定不同的取样和容差选项，可以控制透明度的范围和边界的锐化程度。背景橡皮擦采集画笔中心（也称为热点）的色样，并删除在画笔内的任何位置出现的该颜色，相关属性如图3-25所示。

图3-25 背景橡皮擦属性栏

5. 绘画工具（画笔工具、渐变工具）

（1）绘画工具之画笔工具 画笔工具是图像处理过程中使用最为频繁的绘制工具，常用来绘制边缘较柔和的线条，其效果类似于用毛笔画出的线条，也可绘制具有特殊形状的线条效果。

按D键互换前景色和背景色，选择工具箱中的画笔工具，单击工具属性栏中画笔选项右侧下拉式隐藏按钮，如图3-26所示，弹出画笔面板，点击画笔面板右上角三角按钮，弹出快捷菜单。菜单中罗列了纯文本、小缩略图、大缩略图、小列表、大列表和描边缩略图等预览方式命令，选择其中一条命令即可，如图3-26所示。

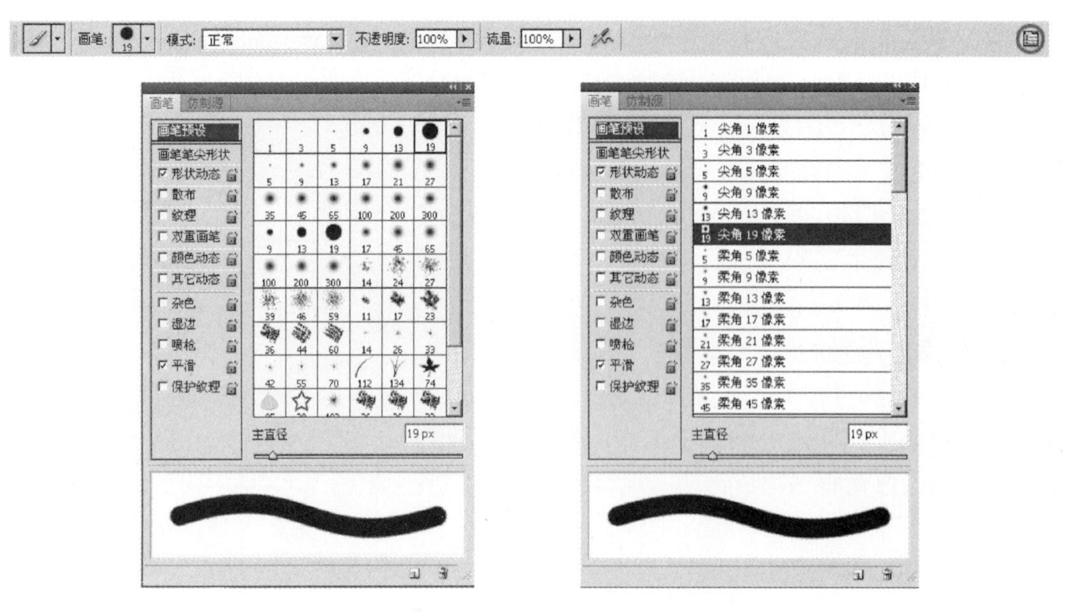

图3-26　画笔工具属性栏及各种画笔设置

（2）画笔样式的设置与应用　点击画笔笔尖形状，“直径”可设置画笔的大小，在下方会显示画笔粗细。“翻转”一般为水平翻转和垂直翻转，分别对应“翻转X”“翻转Y”；“角度”用来设置画笔旋转的角度，值越大，旋转的效果越明显。“圆度”用来设置画笔垂直方向和水平方向的比例关系，值越大，画笔越圆；越小则越接近于椭圆。“硬度”用来设置画笔绘图时的边缘晕化程度，值越大，画笔边缘越清晰；值越小则边缘越柔和。“间距”用来设置连续运用画笔工具绘制时，前一个产生的画笔和后一个产生的画笔之间的距离，值越大，间距就越大，如图3-27所示。

（3）绘画工具之渐变工具　渐变工具可以创建多种颜色间的逐渐混合，可以从预设渐变填充中选取或创建自己的渐变，通过在图像中拖动，用渐变填充区域。

为了更加灵活地编辑渐变和创建更加丰富多彩的渐变色彩，需要在渐变编辑器下来完成渐变设置，编辑器图片如图3-28所示。

渐变工具的其他属性设置见图3-29所示的属性栏设置。

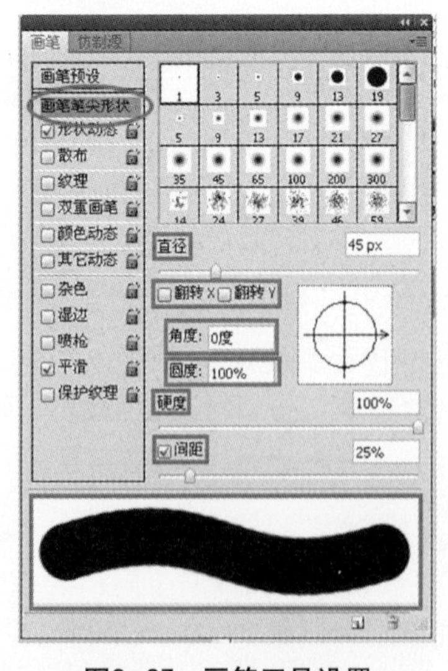

图3-27　画笔工具设置

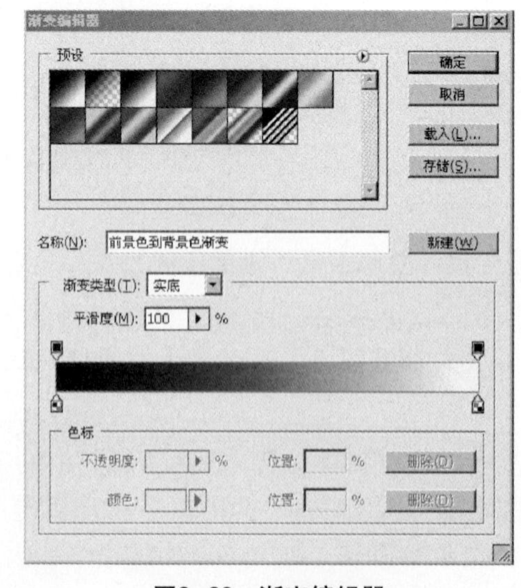

图3-28　渐变编辑器

图3-29　渐变属性栏

渐变类型：不同的渐变类型可以得到不同的渐变效果。依次为：线性渐变——以直线从起点渐变到终点；径向渐变——以圆形图案从起点渐变到终点；角度渐变——围绕起点以逆时针扫描方式渐变；对称渐变——使用均衡的线性渐变在起点的任一侧渐变；菱形渐变——以菱形方式从起点向外渐变，终点定义菱形的一个角。

要反转渐变填充中的颜色顺序，请选择“反向”；要用较小的带宽创建较平滑的混合，请选择“仿色”；要对渐变填充使用透明蒙版，请选择“透明区域”。

一般情况下将指针定位在图像中要设置为渐变起点的位置，然后拖动至设置渐变终点。如果要将线条角度限定为 45° 的倍数，在拖动时按住“Shift”键。

注意：渐变工具不能用于位图或索引颜色图像。

6．绘图和文字工具

（1）绘图和文字工具之钢笔工具和路径　钢笔工具一般绘制好图后转化为路径，这样钢笔工具和路径就形成了一个密不可分的整体。一般路径分为直线路径和曲线路径，直线路径由锚点和路径线组成；曲线路径相对直线路径来说画面上多了一个手柄，拖动它可以任意调整曲线路径的弧度，如图3−30所示。

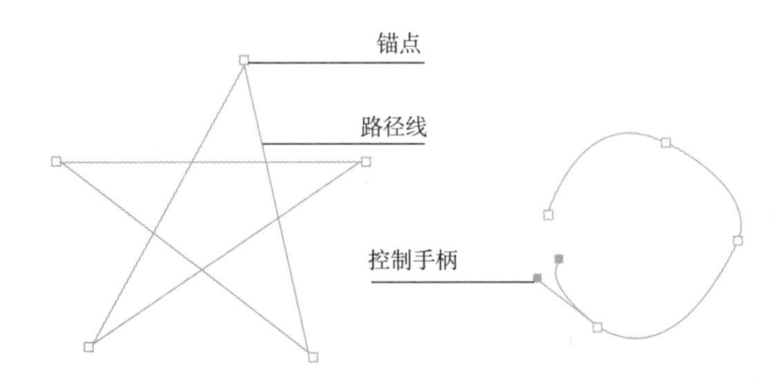

图3−30　钢笔路径节点

Photoshop CS4提供的“路径”控制面板专门用来为路径服务，路径的基本操作和编辑大部分都是通过“路径”控制面板来实现的，如图3−31所示。

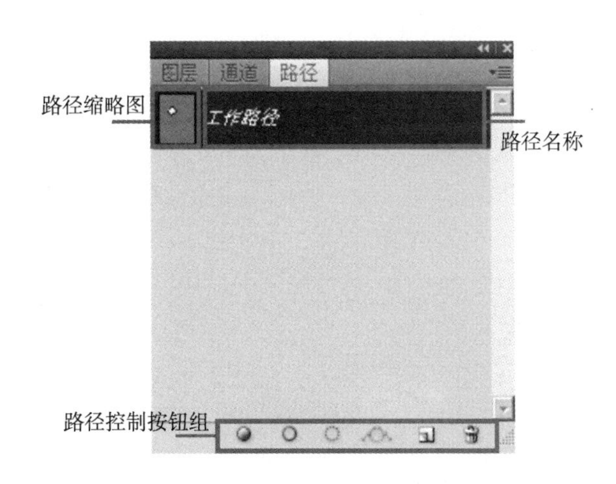

图3−31　路径面板

路径的绘制　绘制路径有多种方法，绘制后的路径若不能满足设计要求，还可对路径进行编辑与修改。

通过工具箱中的钢笔工具可以绘制出任意形状的路径，该工具对应的属性栏，如图3−32所示。

图3-32 “路径”属性栏

1）绘制直线路径 选择钢笔工具后在图像窗口中不同的地方单击，就可快速绘制出直线路径。以一个制作简单的案例来分析直线路径的绘制方法：

步骤1 找一个图形打开，选择钢笔工具，在画布左上方单击添加一个锚点，按住Shift键，向右移动鼠标单击添加第2个锚点，如图3-33所示。

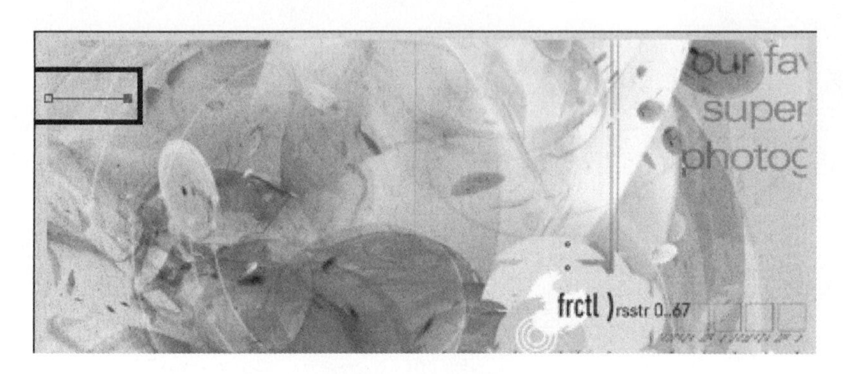

图3-33 添加锚点

步骤2 依照步骤1的方法根据自己所需的图形依次添加锚点，在添加到最后一个锚点时应点击第一个锚点，使得路径封闭，如图3-34所示。

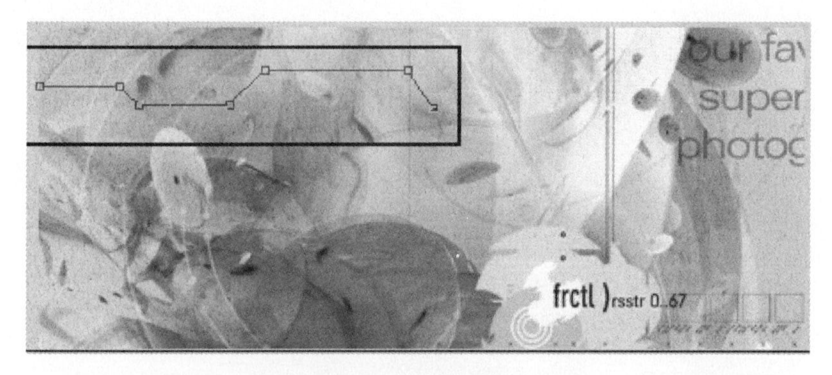

（如图添加锚点）

（绘制完成路径）

图3-34 使用锚点封闭路径

步骤3 此时“路径”控制面板中就存储了一个“工作路径”，如图3-35所示。双击路径缩略图，在打开的对话框中单击“确定”按钮，可将路径存储为“路径1”，也可自己设置路径名称，如图3-36所示。

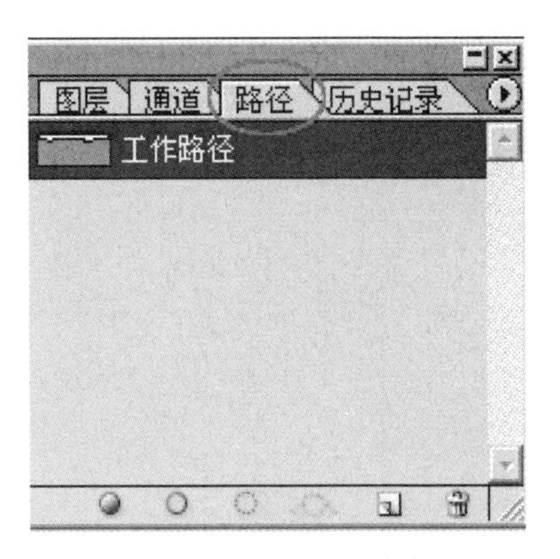

图3-35 工作路径状态

图3-36 修改保存路径名称

步骤4 继续使用钢笔工具在图像底部绘制路径，之后路径会自动保存到“工作路径”中，如图3-37所示。

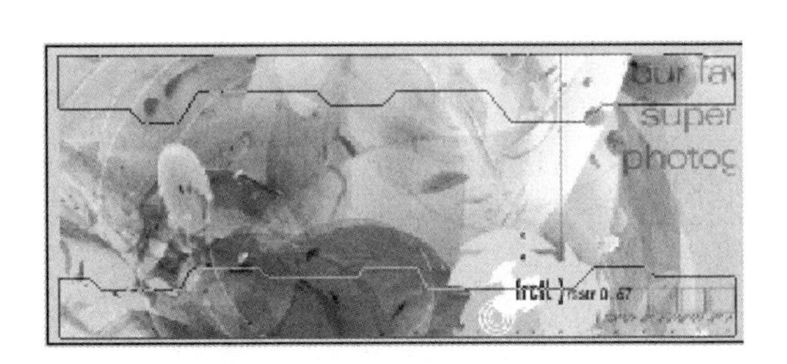

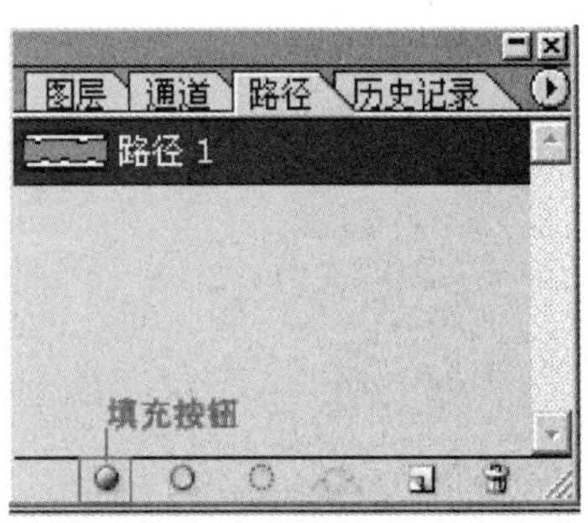

图3-37 在图像底部绘制路径/路径1状态

步骤5 设置前景色为灰紫色（C：61、M：75、Y：17、K：20），单击“路径”控制面板中的“填充”按钮，使用前景色填充，如图3-38所示。

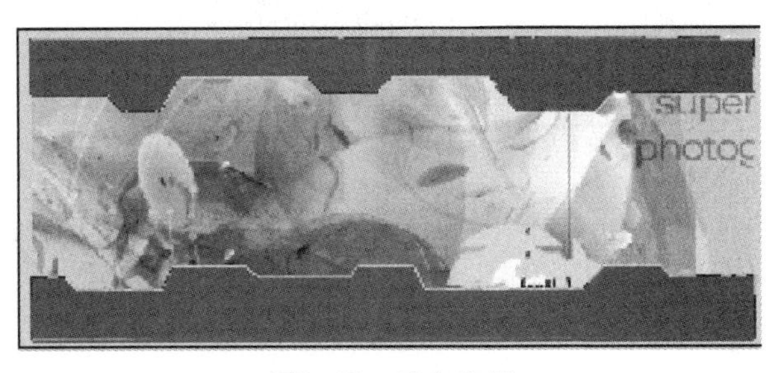

图3-38 填充路径

步骤6　选择工具箱中的路径选择工具 ，单击选择顶部的路径，然后连续按3次键盘上的向上键，将其移动3个像素，如图3−39所示。

步骤7　运用同样的方式移动底部路径，然后按照前面的填充方式把路径填充为浅灰紫色（C：32、M：59、Y：0、K：0）。然后按住“Shift”键的同时单击“路径”面板中的“路径1”前面的缩略图，将其路径隐藏，如图3−40所示。

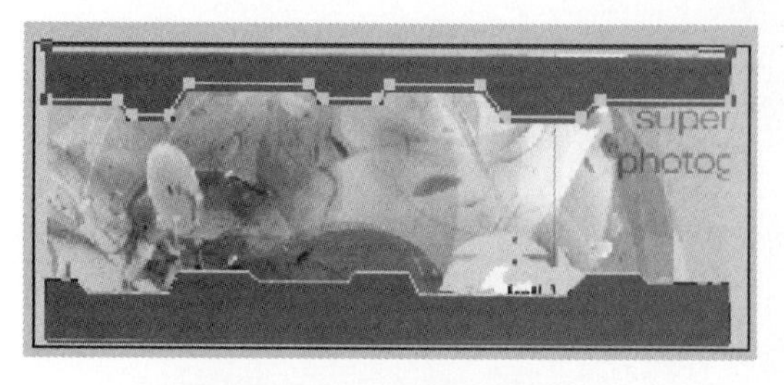

图3−39　选择并移动路径

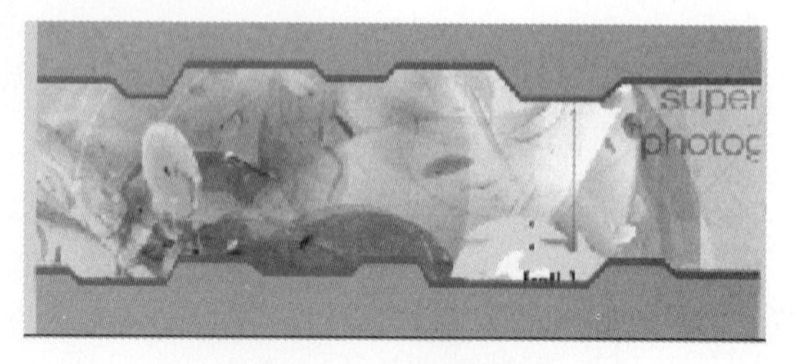

图3−40　填充路径

2）绘制曲线路径　使用钢笔工具还可以灵活地绘制具有不同弧度的曲线路径，用一个简单案例进行分析：

步骤1　找一图形打开，选择钢笔工具 ，在画布左下方单击并拖动添加一个带控制手柄的锚点，向右移动鼠标单击并拖动添加第2个锚点，如图3−41所示。

图3−41　绘制曲线

步骤2　绘制完成路径后与前面同样的填充方式填充路径，如图3−42所示。

图3−42　填充路径

步骤3　新建“图层1”，按照步骤1、步骤2的方法继续绘制并填充曲线路径，直到得到类似图形效果，如图3−43所示。

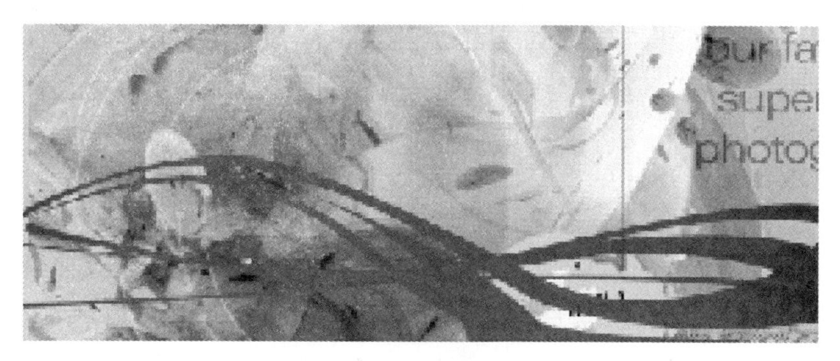

图3-43 绘制并填充路径

步骤4 在“图层”面板中将图层透明度进行改变，得到最终效果，如图3-44所示。

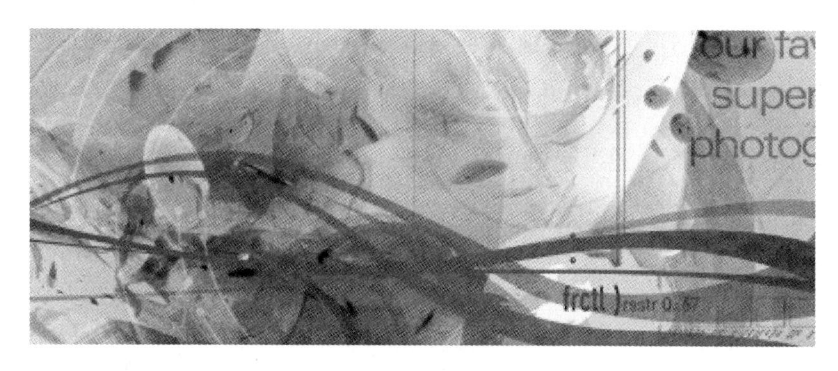

图3-44 设置不透明度

3）绘制自由路径 绘制自由路径与使用磁性套索工具绘制自由选区的方法一样，在钢笔工具属性栏中设置路径绘制工具为自由钢笔，此时工具栏属性如图3-45所示。

图3-45 自由钢笔工具属性栏

绘制自由路径的操作步骤：

步骤1 选择自由钢笔工具，在图像中单击并按住左键绘制，如图3-46所示。

步骤2 选择工具属性栏中的“磁性的”复选框，沿图像中颜色对比较大的边缘拖动，在绘制过程中可根据图形设计成一系列具有磁性的锚点，就能在绘制过程中根据色彩的差异自动贴合图形完成绘制，如图3-47所示。

图3-46 自由绘制

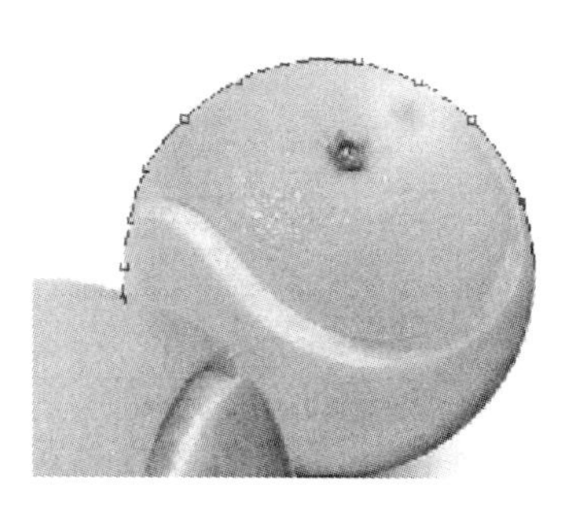

图3-47 沿图像边缘绘制

4）绘制自定义路径　使用钢笔工具属性栏中的矩形、圆角矩形、椭圆、直线、自定义工具，像绘制形状图形一样绘制路径，其余绘制方法与形状图形的绘制方法完全一样，这里就不再赘述。

5）编辑路径　路径的修改和调整比路径的绘制更为重要，因初次绘制的路径往往不够精确，而使用各种路径调整工具可以将路径调整到需要的效果。

路径的选择　要对路径进行编辑，首先要学会如何选择路径。工具箱中钢笔工具组内的路径选择工具和直接选择工具就是用来选择路径的工具。选择相应的工具后在路径所在区域单击即可选择路径。

当用路径选择工具在路径上单击后，将选择所有路径和路径上所有的锚点，而使用直接选择工具时，只用单击锚点间的路径而不会选中锚点。

如果想选择锚点，则只能通过直接选择工具来实现，其使用方法与使用移动工具选择图像一样。

6）锚点的增减　路径绘制完成后，在其编辑过程中会根据需要增加或删除一些锚点。如果要在路径上增加锚点，只需选择钢笔工具组内的添加锚点工具，然后在路径上单击即可增加一个锚点，如图3-48所示。

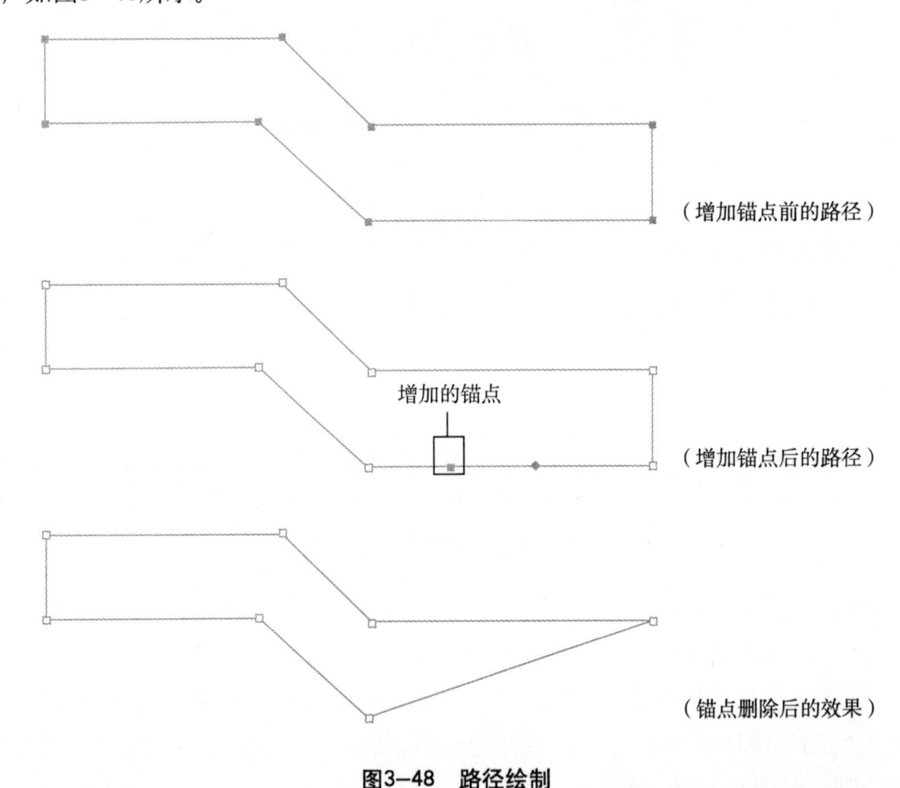

图3-48　路径绘制

7）锚点属性的调整　通过前面的学习可以知道，如果绘制的路径是曲线路径，则锚点处会显示一条或两条控制手柄，拖动手柄即可改变曲线的弧度，如图3-49所示。

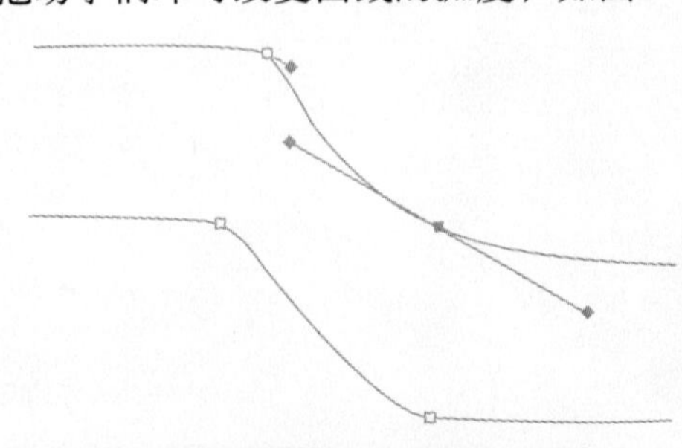

图3-49　拖动控制手柄得到的曲线

要转换属性锚点，显示控制手柄，则使用转换点工具 在属性锚点上单击并拖动即可。

8）路径的变换　路径也可像选区和图形一样进行自由变换。变换时只需弹出快捷菜单中选择“自由变换路径”命令，路径周围就会显示变换框，这时拖动变换框上的节点即可实现路径的变换，如图3-50所示。

如果要限制路径的变换方式，则单击鼠标右键，在弹出的快捷菜单中选择一种变换方式，就可以同变换选区一样对路径进行变换操作，如图3-51所示。

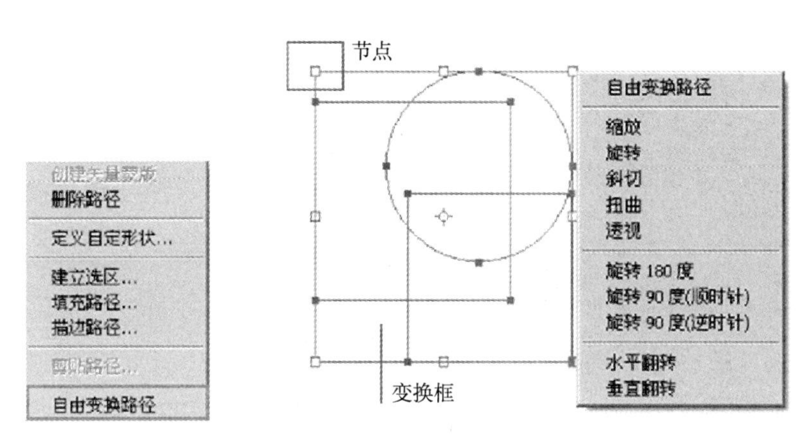

图3-50　选择变换命令　　　　**图3-51　选择变换方式**

（2）绘图和文字工具之文字工具　用文字工具 时，文字工具属性栏中包含了部分字符属性控制参数，单击工具属性栏右上角三角按钮 即可显示，如图3-52所示。“字符”面板集成了所有参数控制，不但可以设置文字的字体、字号、样式、颜色，还可以设置字符间距、垂直缩放、水平缩放，以及是否加粗、加下划线、加上标等，如图3-52所示。而“段落”实行面板设置包括文字的对齐方式、缩进方式等，段落文字除了通过文字属性工具栏进行设置外，还可通过次面板来设置，如图3-52所示。

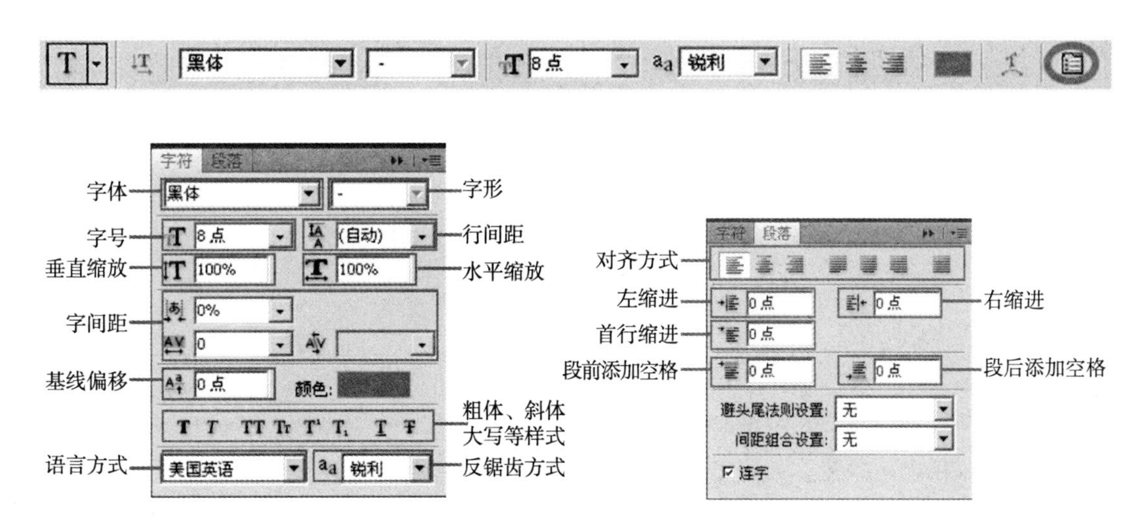

图3-52　文字属性栏及字符和段落面板

3.2　平面设计之CorelDRAW辅助设计

CorelDRAW是一种基于矢量的绘图程序，CorelDRAW　X3是Corel公司推出的，可用来轻而易举地创作专业级设计作品，从简单的商标到复杂的大型多层图例莫不如此。通过对

CorelDRAW的学习，可在实例创作的过程中逐步习惯并喜爱使用CorelDRAW绘图，不知不觉地成为绘图高手，并在审美修养方面更上一个台阶。

需注意的是：掌握绘图软件的编辑方法只是掌握了手段，只要肯学习的人都可以做到这一点。要真正达到专业设计的水平，则需要与众不同的创意灵感，并具备把这种创意灵感转化为平面图形的能力。

3.2.1 CorelDRAW X3的操作界面和特点

安装完毕，直接点击CorelDRAW X3进入界面，欢迎屏幕如图3-53所示。有新建、最近使用过、打开、从模板新建等，可视具体情况而定，如图3-54所示。

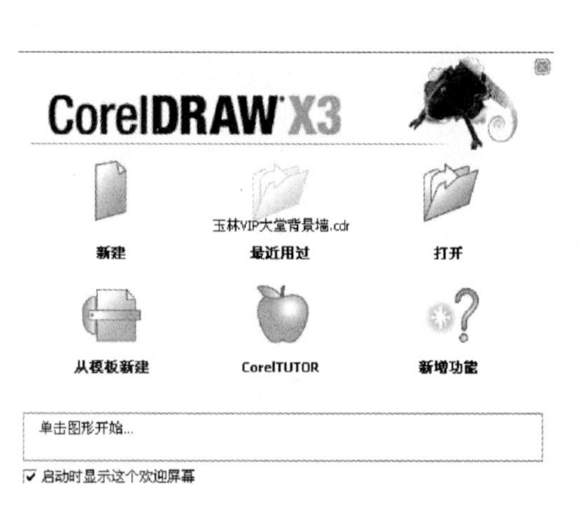

图3-53 欢迎屏幕

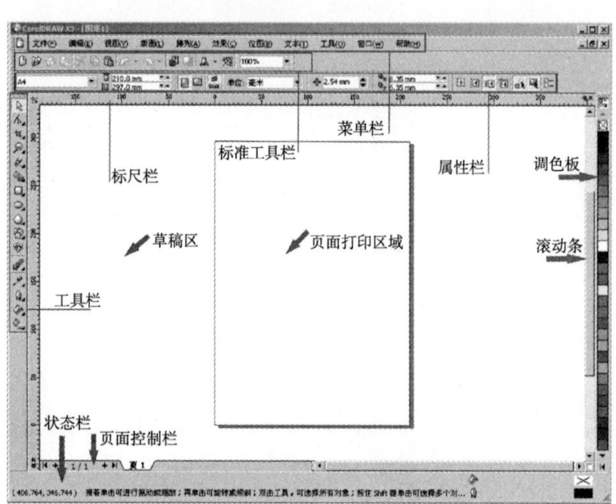

图3-54 CorelDRAW X3界面布局

1. 标题栏

默认位置在界面的最顶端，主要显示当前程序的名称、版本号和编辑或处理图形的名称。右侧三个按钮为窗口控制按钮，主要用来切换界面的大小。也可在标题栏上双击，同样可以达到切换窗口的目的，如图3-55所示。

图3-55 切换窗口的最大化和还原显示

2. 菜单栏

默认位置在标题栏下方，主要包括运用此程序进行工作时使用的编辑、窗口设置、对象排列、效果处理和帮助等命令。其中包括11个菜单，每个菜单下又有若干个子菜单，个别子菜单下还有子菜单，单击任意子菜单即可执行相应的命令。子菜单后面有省略号的，表示执行该命令后会弹出一个对话框；子菜单后为小三角形符号的，表示后面还有相应的子菜单。

3. 标准工具栏

默认位置在菜单栏下方，如图3-56所示，是菜单栏中常用命令的快捷工具按钮，单击各按钮相当于执行相应的菜单命令。

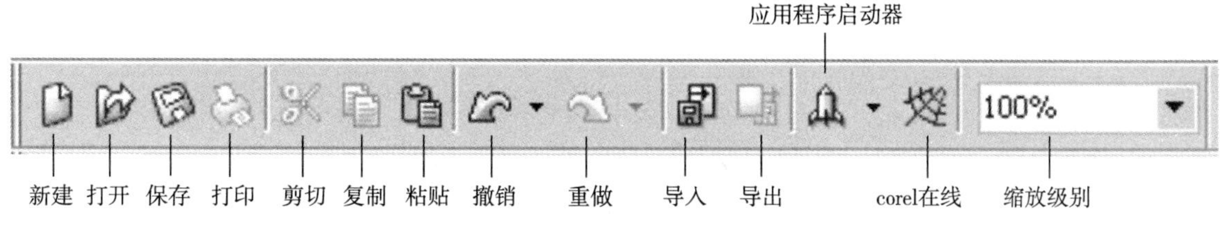

图3-56 标准工具栏

4. 属性栏

默认位置在标准工具栏下方，它是一个上下相关联的命令栏，根据在工具箱中选择工具或在绘图窗口中选择对象的不同而显示不同的图标按钮和属性设置选项。如果在绘图过程中不选择任何对象，则可在属性栏中设置页面的纸张大小、方向和绘图单位。

5. 工具箱

默认位置在程序窗口最左侧，它是CorelDRAW程序中常用工具的集合，包括各种绘图工具、挑选工具、编辑工具、填充工具、效果工具和文本工具等。单击任何一个工具按钮，将执行相应的工具命令操作。

这些工具中，有些工具按钮的右下角带有黑色小三角形，表示该工具按钮下还隐藏着该系列的其他工具，如图3-57所示。如果在该工具上按住左键不放，会弹出一个工具条，然后再移动鼠标到所要选择的工具上单击即可选择该工具。

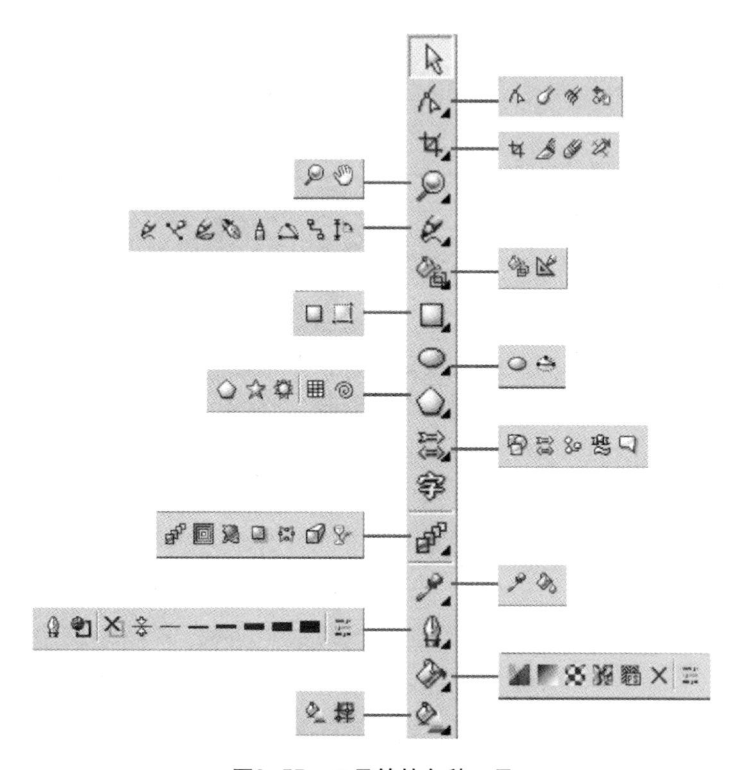

图3-57 工具箱的各种工具

6. 页面控制栏

页面控制栏位于绘图窗口的左下角，如图3-58所示。主要用来控制当前文件的页面添加、删除、翻转和跳页等操作。CorelDRAW X3允许在一个文件中创建多个页面，也可删除不要的页面。在页面控制栏中还可以显示当前页码、页总数等信息，也可以用页标签来查看页面内容。

|◀ + 1/5 ▶ ▶| 页1 页2 页3 页4 页5

图3-58 页面控制栏

7. 状态栏

状态栏位于程序窗口的最底部，它提示当前鼠标所指的位置及图形操作的简要帮助和选区对象等相关信息。

8. 调色板

调色板位于程序窗口最右侧，可以将它拖动到屏幕的任何位置成悬浮状态。利用调色板可以快速为对象添加颜色，用左键单击任一颜色就可以为选择的对象设置填充颜色；用右键单击任一颜色就可以为选择的对象设置轮廓颜色。

9. 滚动条

在绘图窗口的下边和右边各有一个滚动条，拖动滚动条可以移动绘图区的位置。

10. 标尺栏

标尺栏在绘图窗口左边和上边各有一条垂直和水平的标尺，其作用是在绘制图形时可以帮助我们准确绘制和对齐对象。

11. 页面打印区域

页面打印区域是位于绘图窗口中间的矩形区域，在其中可以进行对象的绘制、编辑、文本编辑、位图处理等操作。当对绘制的图形进行打印时，只有页面打印区域中的对象才能被打印出来，页面打印区域以外的对象则不能被打印。

3.2.2 CorelDRAW X3的基础知识

本节详细介绍CorelDRAW X3程序中文件的新建、打开、保存、关闭、退出、页面设置、导入导出文件、网格、标尺和辅助线等操作。

1. 新建文件

（1）刚启动程序时，在欢迎屏幕对话框中单击“新建”图标来新建文件，但此方法只适用于刚开启CorelDRAW X3程序弹出“欢迎访问CorelDRAW X3”对话框时使用。

（2）也可在标准工具栏中单击新建按钮或按快捷键“Ctrl＋N”键，新建一个文件。

（3）还可以在菜单中用执行【文件】→【新建】命令来新建一个文件。

（4）也可以从模板中新建一个绘图文件，操作步骤为：在菜单中执行【文件】→【从模板新建】命令，会弹出“根据模板新建”对话框，可根据需要在其中选择所要的模板，然后单击“确定”按钮，即可根据模板新建一个文件。

说明：用前面3种方法都可以创建一个大小为210.0mm×297.0mm，文件名为图形1的文件。不关闭图形1，再执行【文件】→【新建】命令或按“Ctrl＋N”键就可创建文件名为图形2的文件。依此类推，可以创建多个文件，其文件名可为图形1～图形N。

2. 打开文件

（1）开启CorelDRAW X3程序时，在“欢迎访问CorelDRAW X3”对话框单击“打开”图标，该方法只适用于刚启动CorelDRAW X3程序时。

（2）当进入CorelDRAW X3程序后，只需在菜单中执行【文件】→【打开】命令或按“Ctrl＋O”键即可。

（3）还可以在标准工具栏中单击（打开）按钮。

3. 保存文件

保存文件是把绘制好的图形保存到硬盘中，以便以后直接或间接编辑和运用。保存文件有两种情况：

（1）对于刚绘制好的图形，在菜单中执行【文件】→【保存】命令或按“Ctrl+S”键，就会弹出“保存绘图”对话框，就可在“保存在”下拉列表中选择所需保存的位置，在“文件名”文本框中输入所需的文件名称，也可选择所要保存的格式等，设置完毕后单击“保存”按钮，即可将文件保存起来。

对话框选项说明：

“保存在”选项　可以在下拉列表中选择要保存的位置。

“文件名”选项　可以在右边的文本框中给文件命名或在下拉列表中选择所需的名称。

“保存类型”选项　可以在下拉列表中选择所需文件格式。

“排序类型”选项　可以在下拉列表中选择所需的排序类型。

“关键字”和“注释”选项　可在文本框中输入所需的相关内容。

“版本选项　可以在下拉列表中选择所需要的版本，如：11.0版、10.0版、9.0版、8.0版、7.0版等。

“缩略图”选项　可以在下拉列表中选择文件缩略图类型，如：无、10K（彩色）、1K（单色）和5K（彩色）。

“网页-兼容-文件名”选项　勾选该选项可以使用网页-安全=文件名。

“使用TruwDoc（TM）的内嵌字体”选项　勾选该选项可以使用TruwDoc（TM）的内嵌字体。

如果对已保存过的文件又重新进行过编辑，可以直接按“Ctrl+S”键或单击标准工具栏中的按钮进行保存，它将不会再次弹出“保存绘图”对话框。

（2）对打开的文件进行过编辑，并且在要求不破坏源文件时，或对绘制与编辑好的文件进行备份时，就需要将文件进行另存。

4．页面设置

页面设置是指设置页面打印区域的大小、方向、背景、版面等。页面打印区域不是固定不变的，可根据需要将其大小和背景颜色进行改变，如将页面设置成横向A3，背景颜色改成50%灰度。

（1）页面大小设置

1）“Ctrl+N”键新建一个文件，在菜单中执行【版面】→【页面设置】命令，弹出选项对话框，如图3-59所示。

2）设置纸张大小，单击“纸张”后面的下拉式按钮，并在弹出的下拉式列表中选择“A3”即可将纸张设置成A3纸张样式，如图3-60所示。

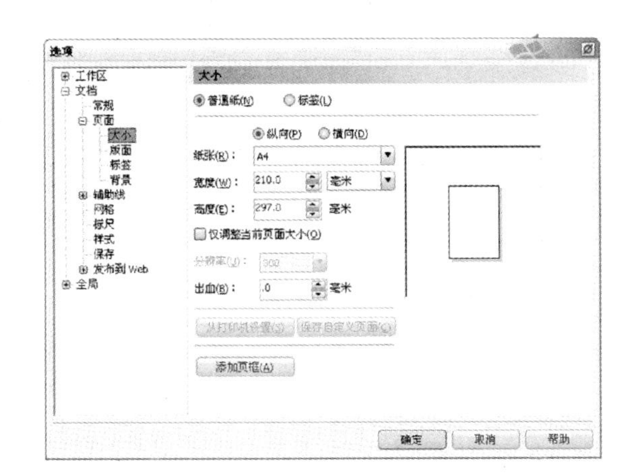

图3-59　页面大小设置

图3-60　纸张大小设置

3）也可在属性栏中设置纸张大小，如图3-61所示。

图3-61　设置纸张大小

（2）页面方向设置　除了在无选定范围属性栏中设置页面方向外，还可以在“选项”对话框中设置页面方向。在“选项”对话框的“大小”栏中选择“横向”单选框，即可将页面设置为“横向”，如图3-62所示。

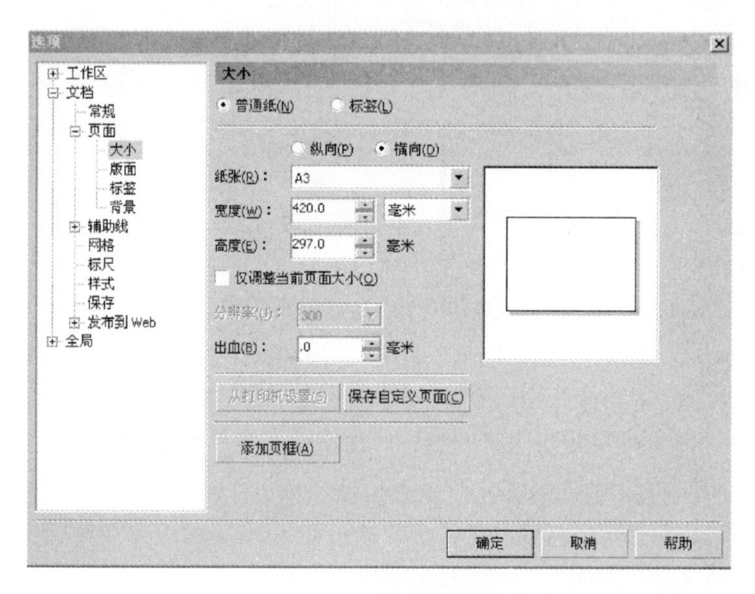

图3-62　页面方向设置

（3）页面背景设置

1）在菜单中执行【版面】→【页面设置】命令，弹出选项对话框命令。

2）在“选项”中勾选“背景”选项就会弹出与背景有关的选项，如图3-63所示。

3）在“背景”中勾选“纯色”单选框，其后面的按钮呈活动状态，单击弹出调色板，单击50%灰度，将50%灰度作为页面的背景颜色，如图3-64所示。

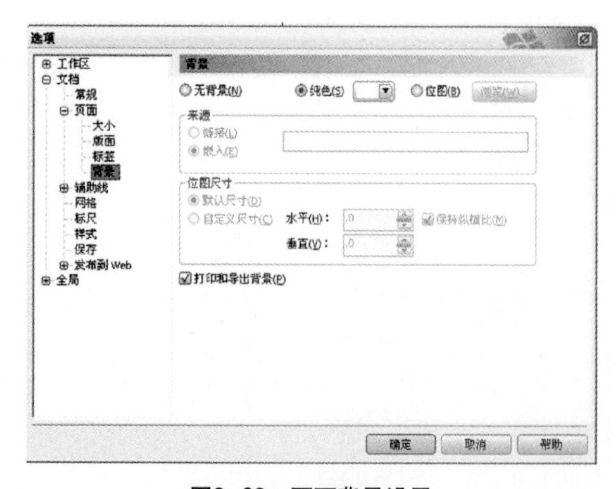

图3-63　页面背景设置

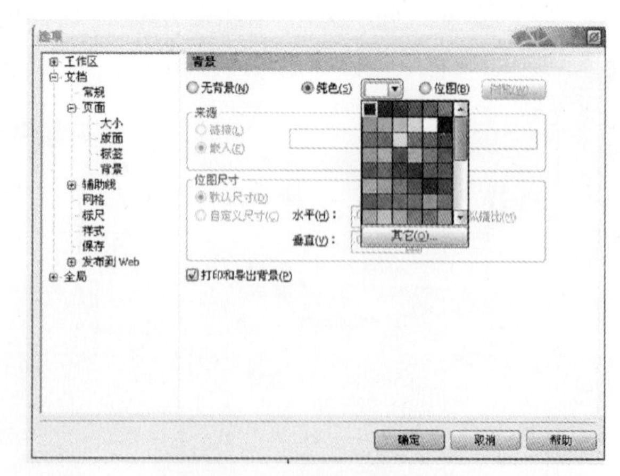

图3-64　页面背景颜色设置

4）设置好后单击“确定”按钮，就完成了对页面的设置，如图3-65所示。

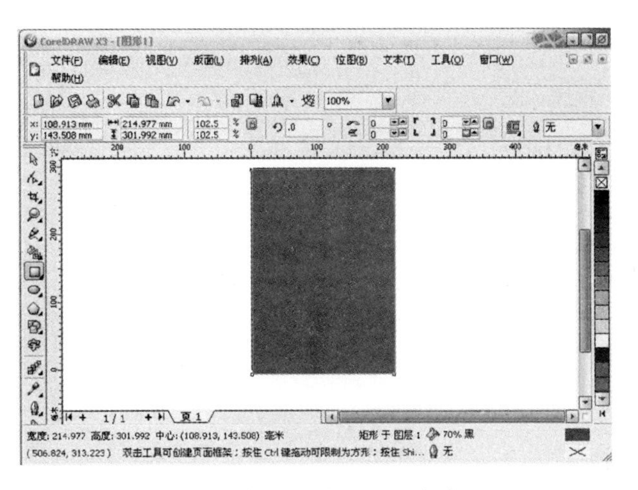

图3-65 页面背景设置完成

5. 导入和导出图像文件

（1）导入文件

1）按“Ctrl+N”键新建一个文件：在菜单中执行【文件】→【导入】命令，弹出对话框，在“查找范围”下拉式列表中选择所需文件在硬盘中的位置，选择所需文件。可勾选右边“预览”复选框进行预览，如图3-66所示。也可直接点击无选定范围属性栏中的“导入” 快捷按钮。

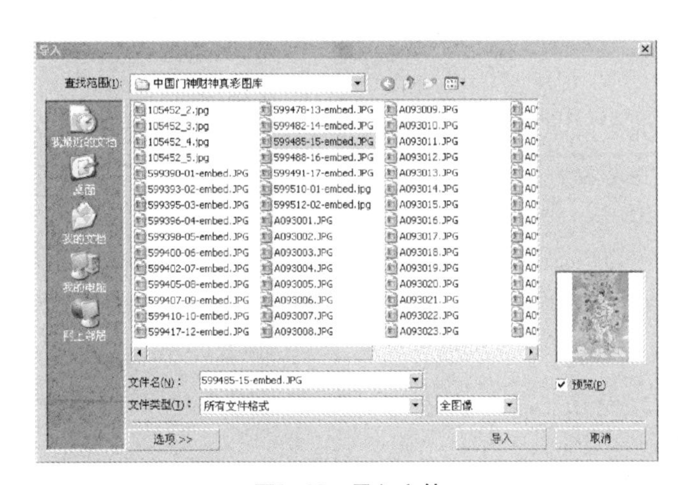

图3-66 导入文件

2）选好文件，单击“导入”或按键盘上“Enter”键即可实现导入。

（2）导出文件

1）在菜单中执行【文件】→【导出】命令，弹出对话框，在“保存在”下拉式列表中选择所要保存的位置，在“保存类型”的下拉式列表中选择所要保存的文件格式（JPEG文件格式），如图3-67所示。

2）单击“导出”按钮，弹出“转化为位图”对话框，可设置所需选项。如设置“图像大小”为240×200像素，“分辨率”为150dpi，勾选“光滑处理”、“应用ICC预置文件”、“保持纵横比”，其余为默认，如图3-68所示。单击“确定”后弹出“JPEG导出”对话框，再单击“确定”后即可导出JPEG文件，如图3-69所示。

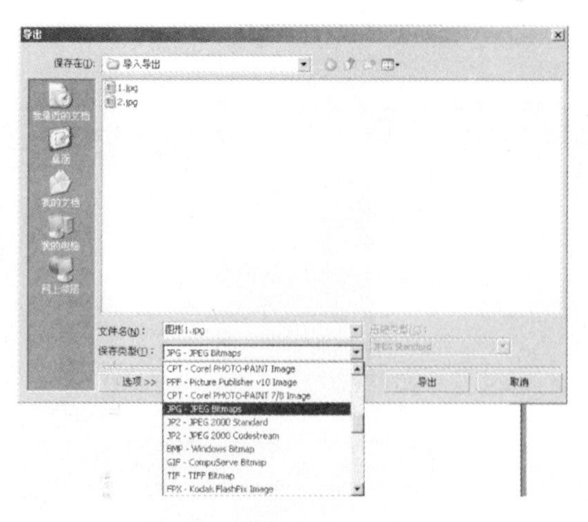

图3–67　导出文件类型设置1

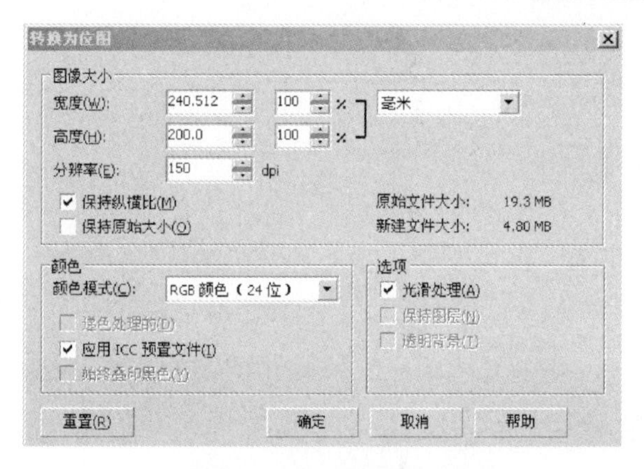

图3–68　导出文件类型设置2

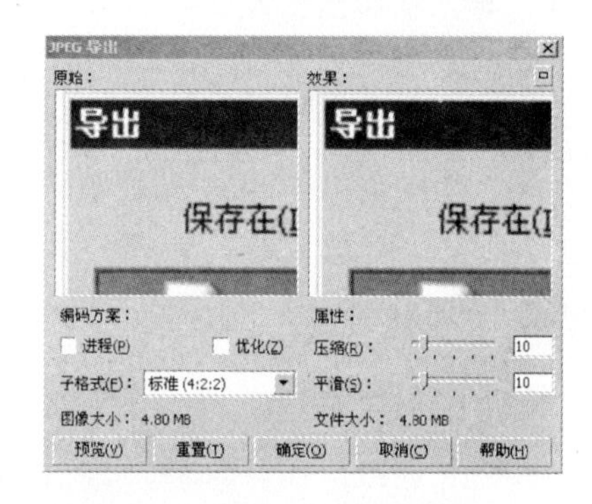

图3–69　导出文件类型设置3

6．网格、标尺、辅助线的使用

为了方便绘制图形，CorelDRAW提供了一些辅助功能来帮助我们在操作过程中迅速、准确地定位坐标点。如对齐对象、对齐网格和精确绘制图像。

（1）网格　可以根据需要显示或隐藏网格，也可设置网格的大小。有两种情况：

1）在菜单中执行【视图】→【网格】即可在图中显示网格。

2）如要对网格进行设置，在菜单中执行【视图】→【网格和标尺设置】命令，弹出“选项”对话框，可设置网格的间距、是否显示网格、是否对齐网格，是按线显示网格，还是按点显示网格等选项，如图3–70所示。

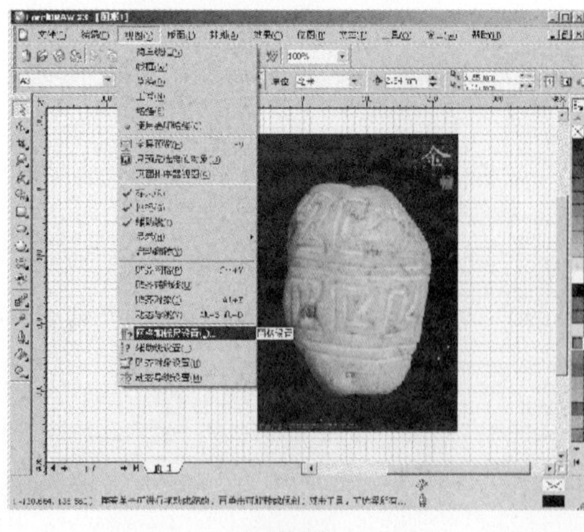

显示网格

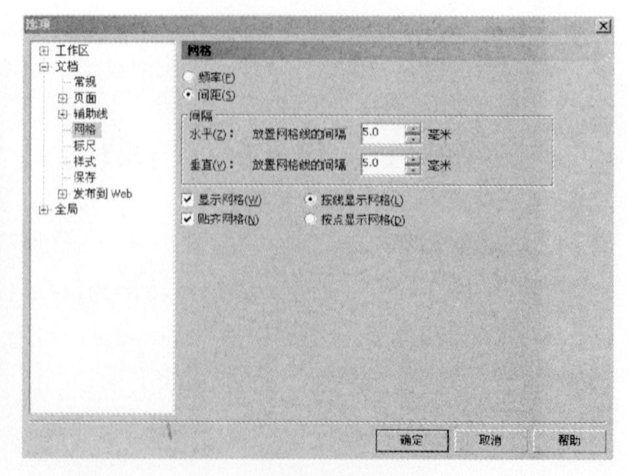

【选项】对话框

图3–70　网格设置

（2）标尺　可重新设置标尺的零点位置，可移动标尺到所需位置，也可改变标尺的单位。

1）创建零点标尺　将光标移动至“水平”和“垂直”标尺的交点位置处，按住左键不放，向页面中拖动光标，就可在屏幕上拉出两条相交垂直线，拖至所需位置放开左键，标尺的零点就将被重新设定于此，如图3−71所示。

2）移动标尺　在键盘上按住“Shift”键，移动指针到标尺栏上，按下左键向所需的方向拖动，到达所需位置后松开左键即可，如图3−72所示。

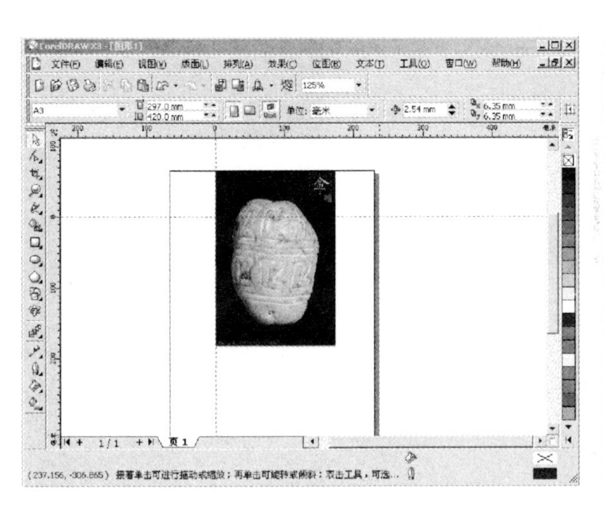

图3−71　创建零点标尺

图3−72　移动标尺

（3）辅助线　在CorelDRAW中可以设置辅助线的颜色、改变辅助线的方向。

1）设置辅助线的颜色

① 在菜单中执行【视图】→【辅助线设置】，弹出选项对话框。

② 在默认辅助线颜色后单击色块按钮，弹出调色板，选择所需辅助线颜色，如图3−73所示。

2）创建水平辅助线

① 在“选项”对话框的目录区单击“水平”选项，右边会显示其相关属性，在其“文本”文本框中输入所需数字（如200），单位为像素，如图3−74所示。

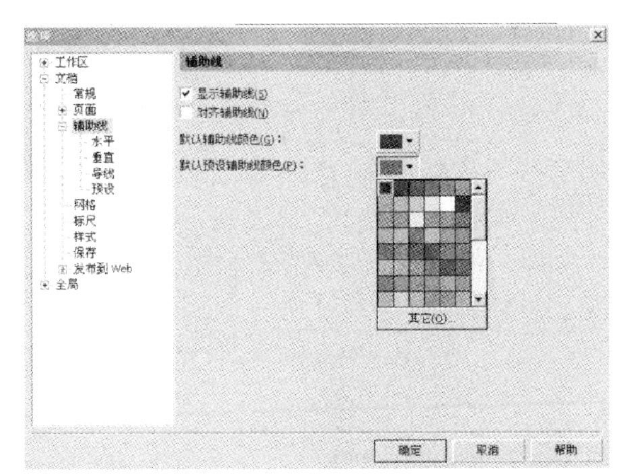

图3−73　设置辅助线的颜色

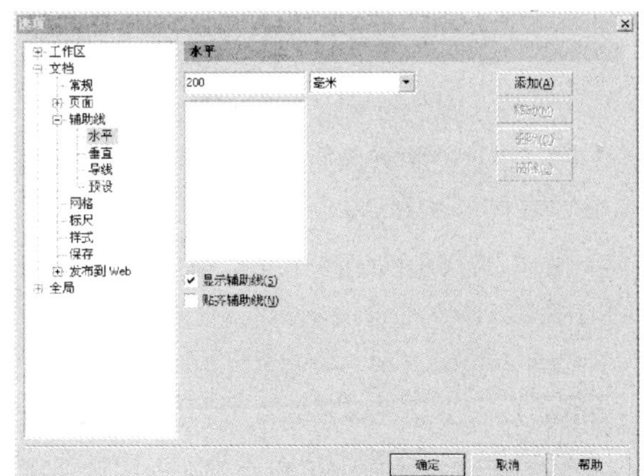

图3−74　创建水平辅助线

② 在“选项”对话框中单击“添加”按钮，将位于200像素的水平辅助线添加到下方的大框中，如图3−75所示。

单击“确定”即可在画面中创建一条水平辅助线，如图3-76所示。

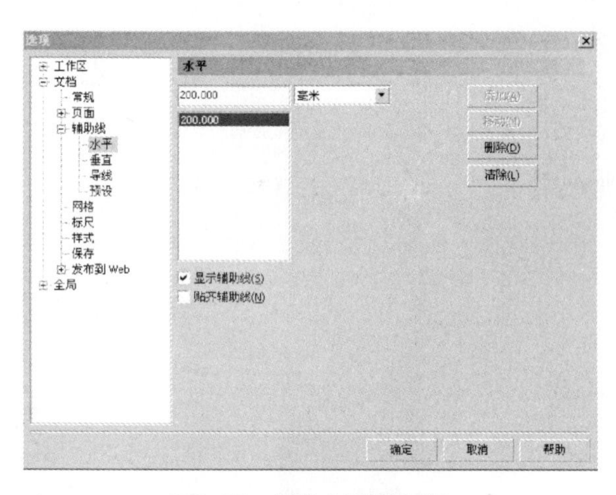

图3-75　创建水平辅助线1

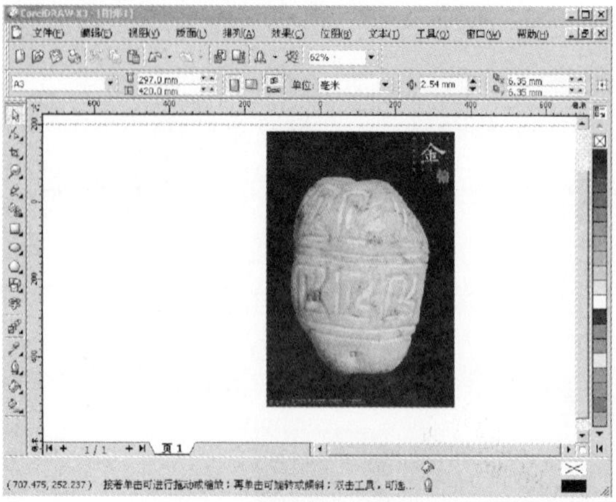

图3-76　创建水平辅助线2

3）移动辅助线　在工具箱中点选挑选工具，将指针移到辅助线上，当指针改变为或双箭头或方向柄时，按住左键不放，再拖移辅助线至适当的位置，如图3-77所示。松开左键即可将辅助线拖到此处，如图3-78所示。

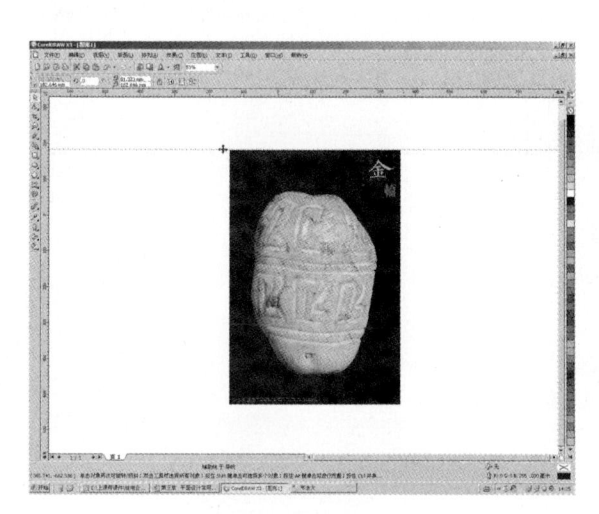

图3-77　拖移时的状态

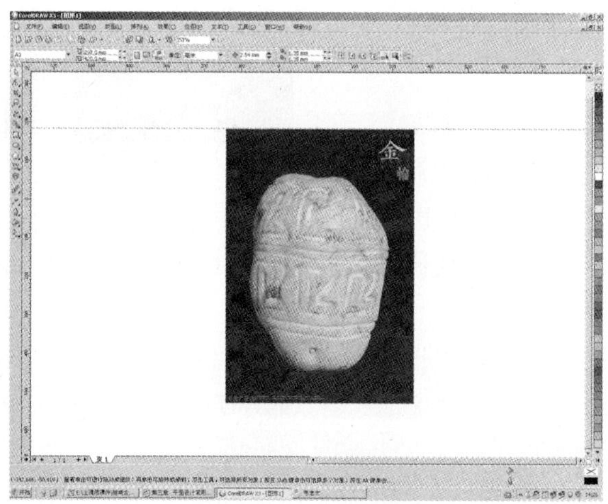

图3-78　移动辅助线

4）改变辅助线角度

① 将指针移至辅助线上并单击，以选择辅助线，再在其上单击，此时辅助线上将出现旋转箭头，如图3-79所示。

② 在旋转箭头上按下左键向下拖到适当位置，如图3-80所示。到达所需要的位置后松开左键，即可以将它进行一定角度的旋转，如图3-81a所示。

③ 也可以直接在属性栏的“旋转角度”文本框中输入30后按“Enter”键，即可将辅助线旋转30°，如图3-81b所示。

注意：如果要将辅助线还原到选择状态，请再次在辅助线上单击。

5）复制辅助线　先选择要复制的辅助线，并拖动辅助线到所需位置后右击，如图3-82所示，即可复制一条辅助线，如图3-83所示。

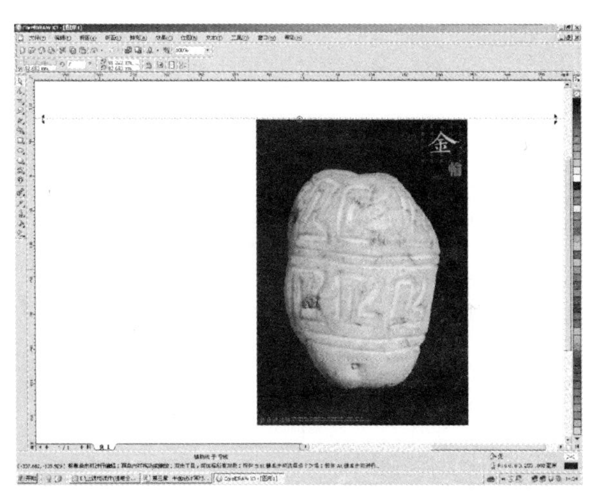

图3-79 选择辅助线

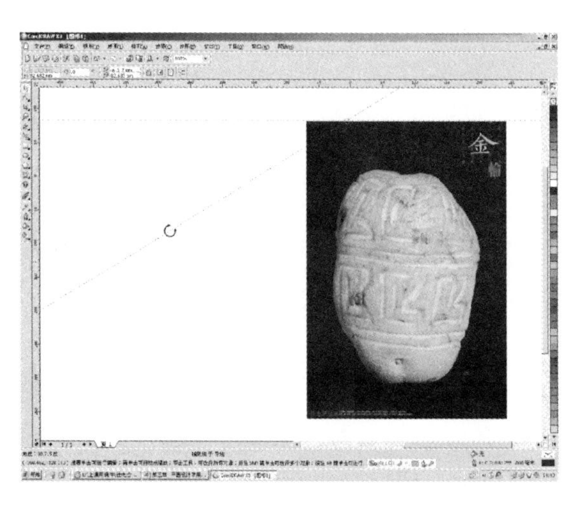

图3-80 拖动时的状态

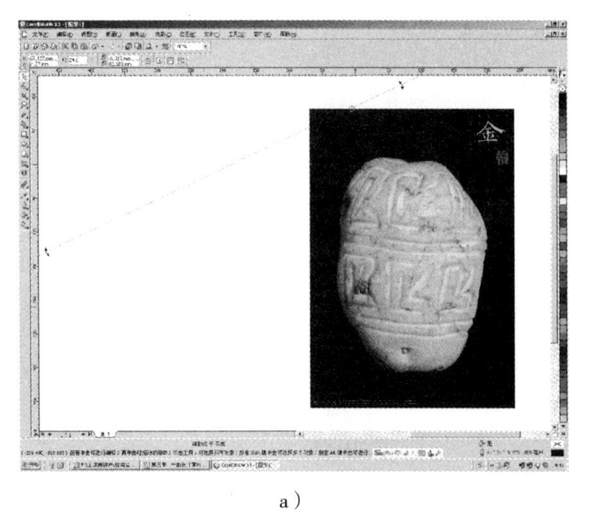

a）

b）

图3-81 旋转辅助线

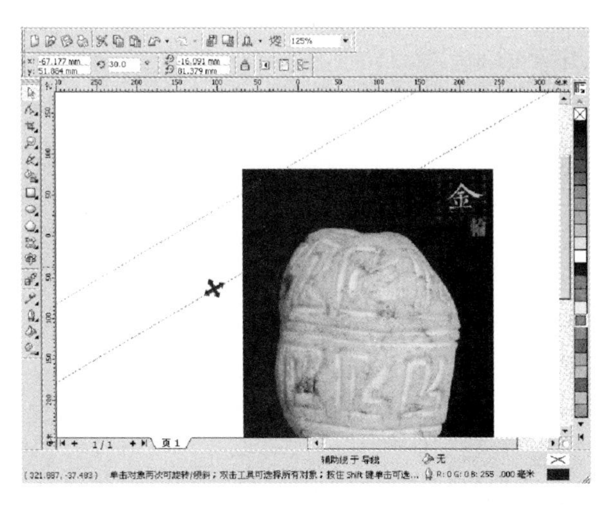

图3-82 右击时的状态

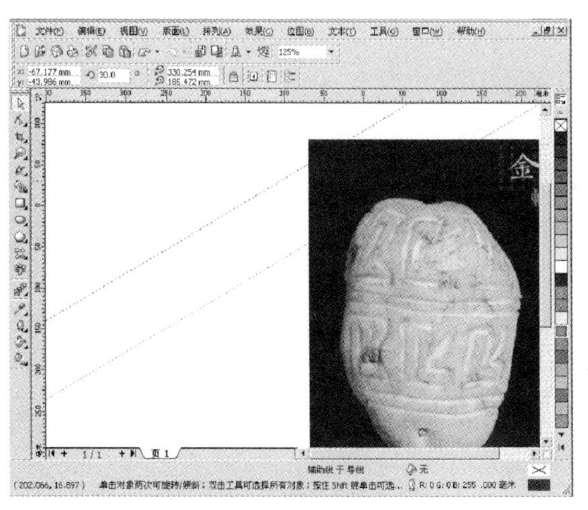

图3-83 复制的辅助线

3.2.3 CorelDRAW X3的常用工具

1. 挑选工具

使用挑选工具可以用于选择对象和取消对象，还可用来交互式移动、延展、缩放、旋转和倾斜对象等，挑选工具在CorelDRAW程序中使用频率最高。

（1）选择对象　在工具箱中点选挑选工具，再在画面中单击所要选择的对象即可对对象进行选择，并在属性栏中显示出相应的选项，如图3-84所示。

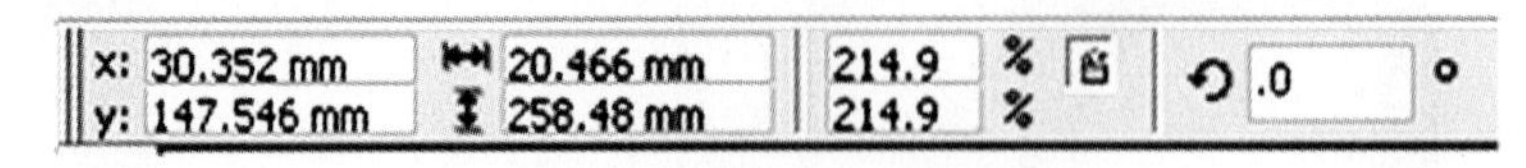

图3-84　挑选工具光标栏

（2）缩放对象　移动指针到右上角的控制点，指针呈双向箭头状时按下左键向右上方或左下方拖动即可对图形大小进行改变。

（3）镜像对象　移动指针到下方中间控制点上，按下左键向上拖动，到达所需的位置和大小时松开左键，即可使对象呈现镜像。

（4）移动对象　移动指针到对象上，按下左键进行拖动，即可将对象进行移动，当移动到所需位置松开左键即可。

（5）旋转对象　可直接用挑选工具选择对象。再次对选择对象进行单击，这时其处于旋转状态，指针指向的时针呈旋转双箭头状。在左上角弯曲双箭头上按下左键上下拖动即可将对象进行旋转。

（6）扭曲对象　移动指针到右边中间的双箭头上，指针呈状时按下左键上下拖动，到达所需形状后松开即可对图像进行扭曲。

2．形状工具

形状工具可对绘制好的线条、文本、位图、矩形和椭圆形等形状进行修整和编辑。形状工具其实就是编辑工具，它是图形编辑中最重要的工具之一。在工具栏中点选形状工具，并且在对象上选择多个节点的属性栏，如图3-85所示。

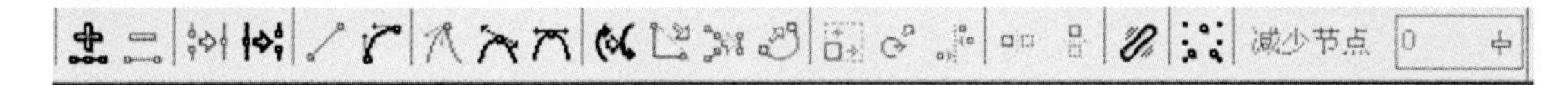

图3-85　形状工具属性栏

（1）（添加节点）按钮　先在曲线对象上单击，出现一个小黑点后，再单击该按钮即可在该曲线对象上添加一个节点。

（2）（删除节点）按钮　在对象上先单击一个节点，以选择节点，再单击该按钮，即可将该节点删除。

（3）（连接两个节点）按钮　如果在绘图窗口中绘制了一个未闭合的曲线对象，可先选择起点与终点后，再单击该按钮，即可使选择的两个节点连接成一个节点。

（4）（分割曲线）按钮　该按钮的作用与（连接两个节点）按钮相反，先选择要分割的节点，然后再单击该按钮，即可将一个节点分割为两个节点。

（5）（转换曲线为直线）按钮　单击该按钮可以将选择节点与逆时针方向相邻节点之间的曲线转换为直线段。

（6）（转换直线为曲线）按钮　单击该按钮可以将选择节点与逆时针方向相邻节点之间的直线转换为曲线段。

（7）（使节点成为尖突）按钮　在曲线对象上选择的节点为平滑点或对称节点时，单击该按钮，可以通过调节每个控制点来使节点变得尖突。

（8）（平滑节点）按钮　该按钮与按钮相反，单击该按钮可以将尖突节点转换为平滑节点。

（9）（生成对称节点）按钮 单击该按钮可以将选择的节点转换为两边对称的平滑节点。

（10）（反转曲线的方向）按钮 在曲线对象上进行直线段与曲线段互换时，默认情况下，只能将节点与逆时针方向相邻节点之间的线段进行互换；如果单击该按钮，则可以将节点与顺时针方向相邻节点之间的线段进行互换。

（11）（延长曲线使之闭合）按钮 如果在绘图窗口中绘制了一个封闭曲线对象，并且选择了起点与终点，单击该按钮，即可将这两个节点用直线段连接起来，从而得到一个封闭的曲线对象。

3．裁剪工具

通常在打开图片之后，图片的画面并不完全符合设计的需要，因此大部分的软件都会提供类似的可以裁剪图片的工具。Photoshop CS4也提供了裁剪工具，可以快速框选自己想要的图片区域，并且自动删除选区以外不需要的图片。

4．缩放工具

利用缩放工具可以将对象放大或缩小，以便在观察和编辑局部的同时还可以观看整体效果。在工具栏中点选缩放工具，属性栏中就会显示其相关选项，如图3-86所示。

图3-86 缩放工具属性栏

（1）（缩放级别）选项 100% 在该下拉列表中包括多种特定的显示比例，可以在下拉列表中选择所需的选项，使用窗口的显示比例。

（2）（放大）按钮 单击该按钮，可以将图像以“2×原倍数”的形式进行放大，也可以直接在画面上单击以放大画面。

（3）（缩小）按钮 单击该按钮，可以将图像以“2×原倍数”的形式进行缩小，也可以直接在画面中单击来缩小画面；也可以按F3键来完成。

（4）（缩放选定对象）按钮 单击该按钮，可以将绘图窗口所选取的图形进行最大化显示；也可以按“Shift+F2”键来完成。

（5）（缩放全部对象）按钮 单击该按钮，可以将绘图窗口中全部的图形进行最大化显示；也可以按F4键来完成。

（6）（按页面显示）按钮 单击该按钮，可以将绘图窗口页面打印区域以100%进行显示；也可以按“Shift+F4”键来完成。

（7）（按页面宽度显示）按钮 单击该按钮，可以将绘图窗口页面打印区域的页宽进行显示。

（8）（按页高显示）按钮 单击该按钮，可以以页面打印区域的页高进行显示。

5．手绘工具、贝塞尔工具、艺术笔工具

（1）手绘工具 CorelDRAW X3中的手绘工具可以绘制出各种线条，使用它就像用铅笔在纸上绘图一样，甚至比铅笔更方便，可以不用尺就绘制直线。在工具箱中点选手绘工具时，属性栏中会显示它的相关选项，如图3-87所示。其中只有（起始箭头选择器）、（终止箭头选择器）、（轮廓样式选择器）、发丝（轮廓宽度）和100（手绘平滑）五个选项可用。绘制图形时可以先设置这5个选项，再在画面中绘图；也可不作任何设计直接绘图。

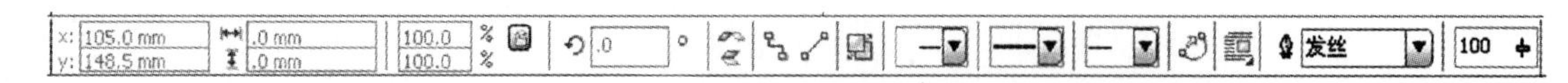

图3-87 手绘工具属性栏

（2）贝塞尔工具 在工具箱中单击 手绘工具右下角的 小三角形，弹出子目录并在其中单击 贝塞尔工具，如图3-88所示。从而使得贝塞尔工具为当前工具，并且属性栏也同时显示了它的相关选项。

图3-88 贝塞尔工具

（3）艺术笔工具 CorelDRAW X3中可以使用艺术笔工具绘制并应用各种各样的预设笔触，包括带箭头的笔触、填充了色彩图像的笔触等。在绘制预设笔触时，可以制定某些属性。如：可以更改笔触的宽度，并指定其平滑度。

在工具箱中点选 艺术笔工具，属性栏中也相对显示相关选项，分别单击它们，其后就会显示所选择工具的选项，如图3-89所示。

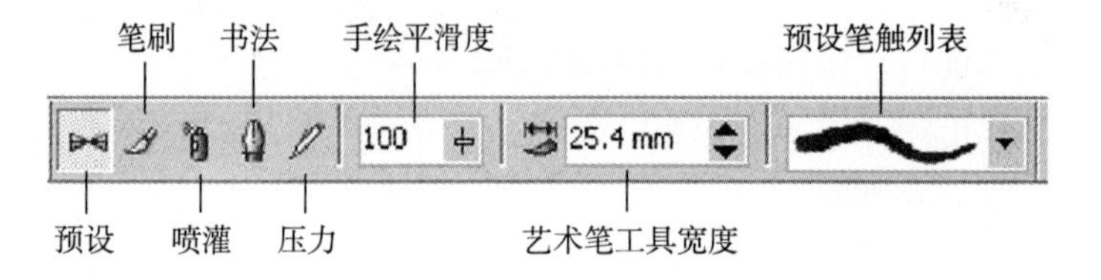

图3-89 艺术笔工具属性栏

6．矩形 、椭圆 及多边形工具

（1）矩形工具 可利用矩形工具绘制矩形和正方形。在工具箱中点选 矩形工具，属性栏中就会显示它相关的选项，如图3-90所示。绘制时如采用默认值可直接按住左键向对角移动鼠标，达到所需大小时松开左键即可得到一个矩形。

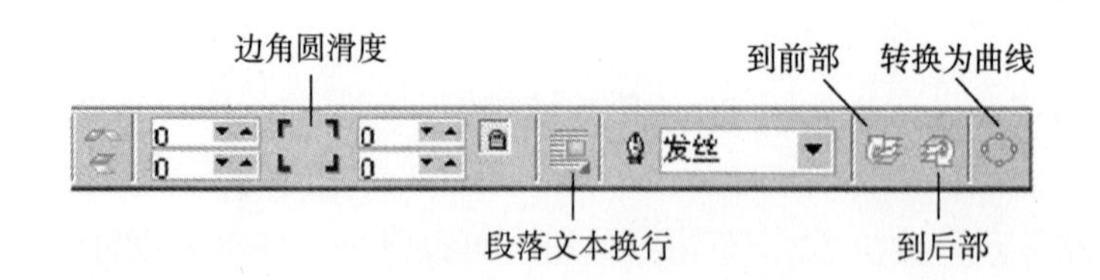

图3-90 矩形工具属性栏

（2）椭圆工具 可利用它绘制椭圆、圆、圆弧和饼形。在工具箱中点选 椭圆工具，属性栏中就会显示它相关选项。如果采用默认值，在画面中按下左键对角拖动，以拖出一个椭圆，到达所需的大小后松开左键，即可得到一个所需大小的椭圆。

（3）多边形工具 利用多边形工具可以绘制各种形状的多边形和星形。在工具箱中点选 多边形工具，如采用默认值，直接在绘图区按下左键向对角移动鼠标，就可以拖出一个五边形，到达所需的大小时松开左键，即可得到一个所需大小的五边形。绘制好一个对象后也可在其中改变对象的大小、位置、旋转角度、多边形的点数、多边形锐度等属性。

7．基本形状工具

利用基本形状工具可以绘制出各种基本形状。在工具箱中点选基本形状工具，属性栏中会显示它的相关选项，如图3−91所示。

图3−91　基本形状工具属性栏

在属性栏中点击（完美形状）按钮将会出现子目录，选择形状后在绘图区按下左键向对角拖动，到达所需的大小松开左键即可将选择的形状绘制在绘图区中。也可改变形状，将指针指向红色的小菱块上，按下左键进行拖动即可将曲线的形状进行改变。

8．文字工具

在工具箱中点选文字工具，属性栏中会显示其相关的选项，如图3−92所示。

图3−92　文字工具属性栏

（1）（字体列表）选项 如果在绘图窗口中选择了文本，那么就可以直接在下拉列表中选择所需的字体。

（2）（字体大小）列表 如果在绘图窗口中选择了文本，那么可以直接在该下拉列表中选择所需要的字体大小；也可直接在该文本框中双击，再输入1～3000之间的数字来设置字体的大小。数值越大，字体的大小就越大。

（3）（粗体）按钮 单击该按钮，可以将选择的文字加粗。

（4）（斜体）按钮 单击该按钮，可以将选择的字体倾斜。

（5）（下划线）按钮 点击该按钮，可以为选择的文字添加或去除下划线。

（6）（水平对齐）按钮 单击该按钮，会出现一个子目录，可在其中选择所需的对齐方式，如图3−93所示。

无
左
居中
右
全部对齐
强制调整

图3−93　水平对齐菜单

（7）（字符格式化）按钮 单击该按钮，可弹出子目录，即可在其中对字符进行格式化，如图3−94所示。

（8）（编辑文字）按钮 单击该按钮，可弹出子目录，即可在其中对文本进行编辑，如图3−95所示。

图3−94　字符格式化对话框

图3−95　编辑文本对话框

（9）（水平排列与垂直排列文本）按钮 点击该按钮可对文本进行水平排列或垂直排列。

9．交互式调和工具

如果在画面中没有选择任何对象，点选工具箱中交互式调和工具，属性栏就会显示出它的相关选项，如图3–96所示。

图3–96　交互式调和工具属性栏1

如果在画面中绘制了两个以上对象，并对两个对象进行调和，其属性栏如图3–97所示。

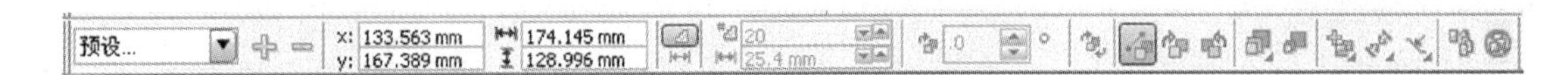

图3–97　交互式调和工具属性栏2

其具体属性如图3–98所示。

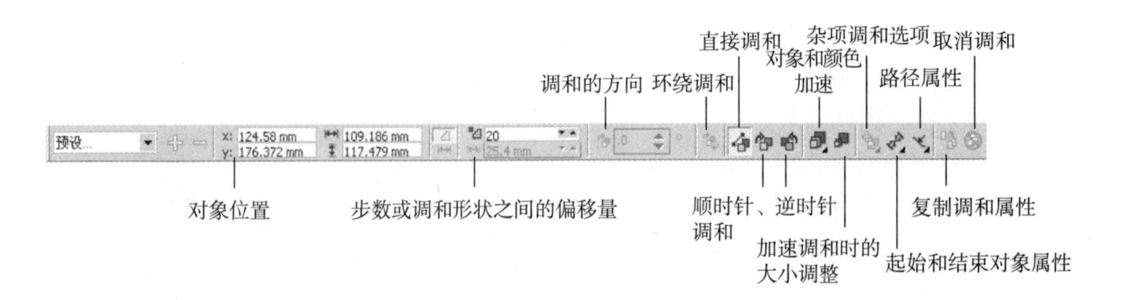

图3–98　交互式调和工具属性栏3

（1）交互式轮廓图工具 如果在画面中选中绘制对象，并对对象进行交互式轮廓图调和，其属性栏如图3–99所示。

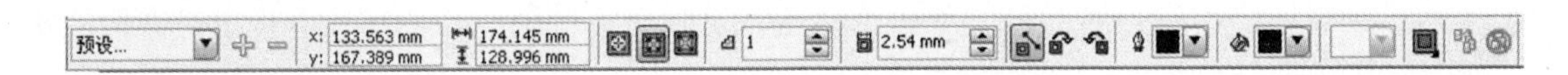

图3–99　交互式轮廓图工具属性栏1

其具体属性如图3–100所示。

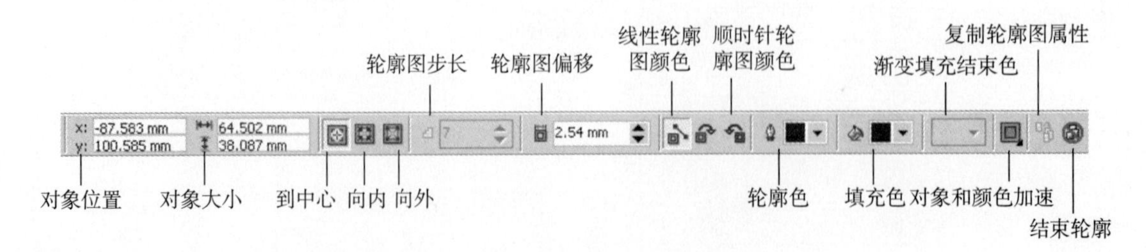

图3–100　交互式轮廓图工具属性栏2

（2）交互式变形工具 在工具箱中点选交互式变形工具，在属性栏中单击推拉变形按钮时显示相关属性选项，如图3–101所示。

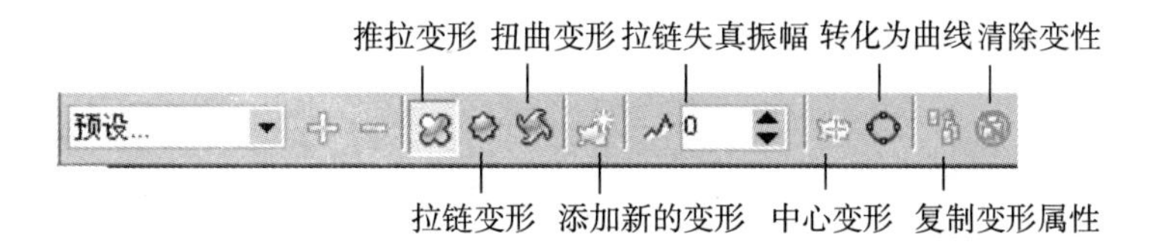

图3–101 交互式变形工具属性栏

（3）交互式阴影工具 如果在绘图窗口中绘制并选择了一个对象，在工具箱中点选交互式阴影工具，并在属性栏的预设列表中选择一种阴影类型，其属性栏显示如图3–102所示。

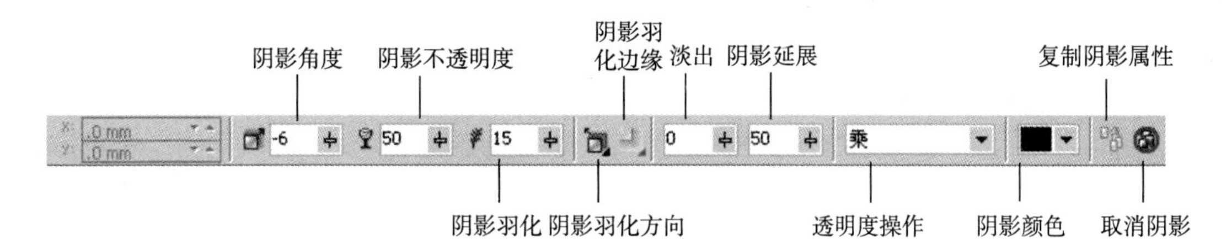

图3–102 交互式阴影工具属性栏

（4）交互式封套工具及其属性如图3–103所示。

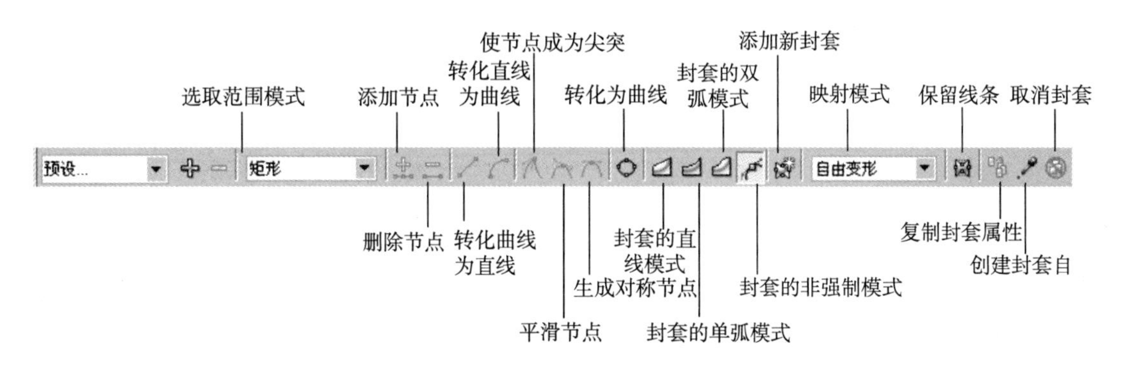

图3–103 交互式封套工具属性栏

（5）交互式立体化工具 在工具箱中点选交互式立体化工具，并在选择的对象上进行立体化处理，立体化后的属性栏如图3–104所示。

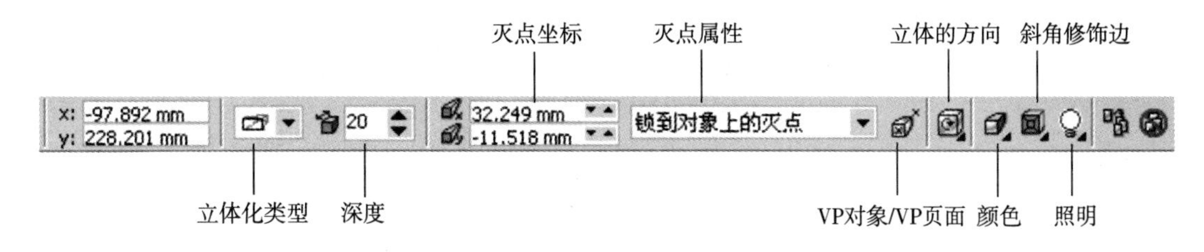

图3–104 交互式立体化工具

（6）交互式透明工具 如果在画面中绘制并选择了对象，再在工具箱中点选交互式透明工具，然后在对象上拖动，就可以给对象透明度的调整，其属性栏中不能将选项都设置成为可以状态，如图3–105所示。

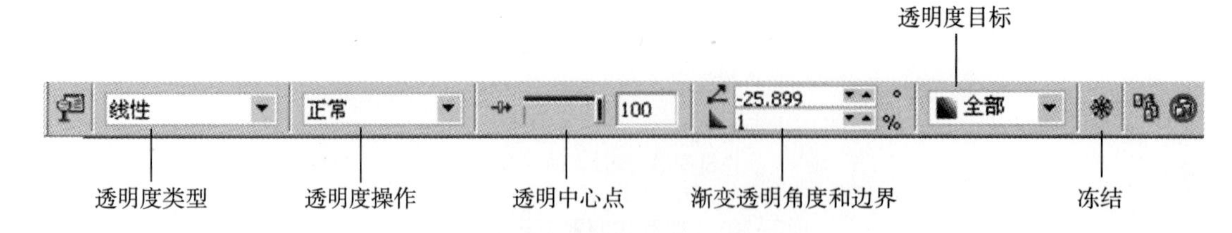

图3-105 交互式透明工具属性栏

10．吸管、油漆桶工具

在工具箱中点选吸管工具，然后移动指针到图片中单击，吸取所需的颜色，然后在工具箱中点选油漆桶工具，移动指针到图案上适当的位置单击，填充所吸取的颜色即可完成操作。

11．轮廓工具

利用轮廓工具可以设计轮廓的属性（包括：轮廓颜色、轮廓样式、轮廓宽度、转角类型、书法等），也可以将轮廓线设为无（即清除轮廓色）。

轮廓工具包括：轮廓画笔对话框、轮廓颜色对话框、无轮廓对话框、细线轮廓、1/2点轮廓、1点轮廓、2点轮廓、8点轮廓、16点轮廓、24点轮廓。

12．填充工具、交互式填充工具和交互式网状填充工具

利用填充工具可以为对象填充各种单色、渐变色、图像、纹底、PostScript底纹和无填充。填充工具包括：填充对话框、渐变填充对话框、图样填充对话框、底纹填充对话框、PostScript填充对话框和无填充。

本章小结

（1）Photoshop CS4属于位图软件，要设定绘图分辨率（一般为300dpi），CorelDRAW X3属于矢量软件，绘图与分辨率无关。

（2）Photoshop CS4操作界面如图3-1，新建文件设置界面如图3-8，常用工具箱概览析如图3-18。

（3）CorelDRAW X3界面布局如图3-54，工具栏界面如图3-56，工具箱界面如图3-57，页面大小设置如图3-59，纸张大小设置如图3-60。

思考题与习题

（1）简述矢量图和位图的区别。

（2）简述Photoshop CS4和CorelDRAW X3这两个软件的界面窗口主要分为哪几个部分，并在这两个软件中使用什么快捷键打开、新建、保存文件？

（3）如何使用Photoshop CS4新建一个A4尺寸的图像（210mm×297mm、300dpi像素）的图像，并把画布向上拓展100mm？

（4）在Photoshop CS4中如何修饰脸上有斑痕的图像？如何使用绘图工具进行图形绘制？

（5）在CorelDRAW X3中如何设置页面的尺寸、如何加一个页面？

第4章 计算机辅助标志设计

学习目标

标志设计在日常生活中随处可见，尤其是在视觉识别系统（VI）中标志是最为核心的部分。所以，如何运用计算机软件技术来表达符合设计要求的标志至关重要。本章节主要从Photoshop CS4和CorelDRAW X3这两个软件入手，对计算机辅助标志设计的一些方法、技巧进行剖析，以利于掌握标志设计的软件技术和操作要领。

学习重点

本章节主要学习标志的基本概念、类型、分类及用软件技术绘制标志图形的技术和操作要领。重点学习在Photoshop CS4中如何用路径工具和图层工具绘制标志图形的技巧和操作方法，在CorelDRAW X3中如何使用贝塞尔曲线工具和造型工具绘制标志图形，使设计意图利用设计软件得以准确表达。

学习建议

（1）参观设计公司，了解平面设计软件的应用领域。

（2）了解使用平面设计软件的工作流程，这有助于前期设计和实现创意。

（3）多看、多练习、多请教。

4.1 计算机辅助标志设计概述

4.1.1 标志释义

标志又称LOGO，是以单纯、显著、易识别的物象、图形或文字符号为直观语言来表达事物特征的视觉识别符号，具有表达意义、情感和指令行动等作用。标志作为视觉语言的特殊表达方式，在社会活动与生产活动中无处不在。信息时代，随着国际交往的日益频繁，标志的直观、形象、不受语言和文字障碍等特性极其有利于国际间的沟通交流与应用。

4.1.2 标志类型

标志的本质是传播信息，按传播内容大致分为以下几种类型：

各政府机构、各组织及活动的标志：如国旗、国徽、城市标志、联合国等国际组织的标志；活动标志指重大会议、演出、节日等活动的象征符号，如历届奥运会、世博会等标志，如图4-1所示。

企业商用标志：如企业形象标志、企业品牌标志、商品标识等，如图4-2所示。

公共信息标志：如公共场所导视标志、交通系统指示标志、电子媒体按钮标志等，如图4-3所示。

图4-1 政府、机构及活动的标志类——2008年北京奥运会会徽 郭春宁

图4-2 企业标志类——中国银行标志 靳埭强

图4-3 公共标志类

4.1.3 标志的分类

标志按表现形式主要分为文字表现形式、图形表现形式、文字和图形结合的表现形式三大类。

1. 文字表现形式

以汉字或拉丁字体为主体的标志，也可用数字作为表达方式，如图4-4所示。

lenovo 联想

图4-4 文字表现形式——联想标志 香港FutureBrand公司

2. 图形表现形式

以具象图形或抽象图形为主体的标志，包括以自然形态、抽象符号、几何图形等象征性视觉元素为表现形式的动植物、人物、器物造型等，如图4–5所示。

3. 文字和图形结合表现形式

图形结合文字，互相衬托和补充，发挥二者优势，达到完美结合，如图4–6所示。

图4–5　图形表现形式——奥林匹克五环标志　顾拜旦

图4–6　图形文字结合表现形式——宝马标志

4.1.4　标志的设计原则

现代标志作为信息传递的象征符号，除了独特的构思、表现外还要能准确体现机构组织、企业或产品的特征、理念，并将此艺术化的信息在不同场合快速地传达给目标受众。因此标志设计要遵循以下几个原则：

1. 注目性原则

需具备醒目而吸引人的特征。

2. 独特性原则

独特性不但包括设计创意的艺术性，还包含运用方法的独特性，既有利于体现品牌的差异化特征，又能在信息海洋中独树一帜。

3. 识别性原则

标志的易读性和易记性要求标志设计必须含义深刻精炼、形式简洁明了。

4. 准确性原则

标志必须准确表现并传达出拥有者的整体形象、宗旨和理念，以达到正确的信息传达效果。

5. 艺术性原则

标志不但要具备形式美感，更应具有审美价值和独特的艺术感染力，并符合现代人的认知和心理趋向，从而利于沟通，以提升品牌的形象、地位，扩大影响。

6. 适用性原则

标志在使用过程中，常常以全方位视觉扩张的方式进行展现，其应用范围十分广泛，甚至跨越不同的时间和空间。因此，标志设计要有一定的前瞻性，使其尽可能满足全方位视觉扩张时适应不同场合的需求（包括地域、媒体、材料等），并使其尽量持久耐用，不至于过早老化、过时。

4.1.5　计算机辅助标志设计的意义

标志是直接面向大众、讲求实效的设计艺术，标志的设计成功与否，将会影响企业、组织的形象和信息传达效果，甚至影响到企业的业绩和产品竞争力。由于标志能在方寸之间显现出无穷的力量，企业和组织都越来越重视标志的开发设计。标志看似简单，其设计却是个系统而又复杂的工程：前期要做大量的调研分析，进行准确的设计定位；中期要投入巨大精力围绕设计定位展开创意构思；后期在经过大量的方案筛选后，对最终选定的标志从形态、色彩、比例等方面做科学、规范的调整和制定，以便于标志规范地使用。

当代标志设计除了在标志造型的效果表现上遵循众多点、线、面、体、组合等传统表现技法外，还应利用计算机辅助设计从表现技法的角度进行创新，使表现能力得以快速提高。随着制作技术、印刷方式的进步以及计算机辅助设计的广泛运用，现代标志无论是形态还是色彩，都开始脱离传统的表现形式及旧的技术手段局限。计算机软件的便捷、快速，使得标志的应用载体形式越来越多样，标志在平面及空间的表现形式上要求也越来越逼真、强烈，使数字化设计成为未来设计师的主要表现手段。计算机辅助标志设计在视觉效果上逐渐走向多样化和复杂化，正在形成一系列全新的造型语言和设计趋势。21世纪的标志设计在简约、抽象的理念下，呈现多样化形态，这既是对表现技巧的考验，也是对电脑技术处理能力的考验。

多样化的标志效果必须依赖丰富的表现技法，依赖各种材料、工具才能实现。尤其是当代，设计师为了追求更为理想的设计效果，常常从图形、材质、光泽、肌理、空间感等方面寻求新的突破，使计算机辅助设计成为标志设计的重要一环。由于Photoshop和CorelDRAW在图像图形处理方面具有独特的艺术表现力和多样化功能，且具有灵活表现色彩、细腻光泽和质感、三维透视、透明等效果的优势，可轻松实现折叠、透明、晶体状、发光、爆炸、曲面、按钮、光泽球、水纹、霓虹灯、光晕、膨胀、水滴等特效，能迅速、便捷、精确地表达设计创意，而使它们成为实现设计创意的主要手段。

本章主要讲述在标志设计过程中，如何通过软件功能来表达标志创意效果，使学生掌握使用计算机图形软件设计标志的方法。

4.2 运用Photoshop CS4绘制标志图形

设计是创意与制作的完美结合，精确的制作方法是完美呈现设计创意的最好途径。Photoshop虽然以图像特效编辑和色彩编辑见长，但其中的矢量图形绘制与编辑功能也同样出色，专业人士经常使用Photoshop中的路径工具、钢笔工具、形状工具、图层面板和路径面板工具等进行标志的设计与制作。绘制路径如图4-7所示。

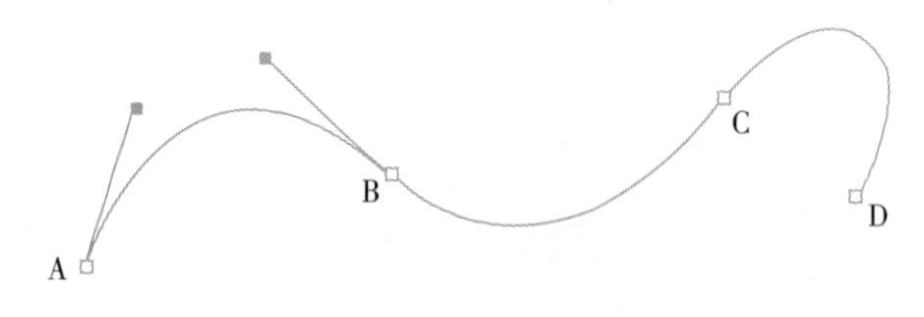

图4-7　绘制路径

先来了解Photoshop CS4中矢量图形和路径的特性和使用方法。

矢量图形和位图图像是图像的两种基本构成方式。对于矢量图形来说，路径和点是它的两个基本要素。路径实际上是由一些点、直线段和曲线段组成的通过计算机自动生成的矢量对象。在Photoshop中，路径功能是其矢量设计功能的充分体现，勾勒出来的路径可以是开放的，也可以是封闭的。开放的可以沿着路径描边，封闭的可以进行颜色填充。此外，路径还可以转换为选区使用，可以将一些不够精确的选取范围转换成路径后再进行编辑和微调，从而创建一个精确的路径，然后再转为选区编辑。也可以将路径与位图图像分离开，进行独立的编辑。编辑好的路径可以同时存储在图像文件中，也可以单独输出为文件，然后在其他软件中进行编辑和使用。路径的绘制和编辑在前面Photoshop的工具箱介绍中已有详述，在此不再重复。

4.2.1 路径工具辅助标志图形设计

下面以“中国2010年上海世博会志愿者标志”图形设计为实例，分析讲解使用路径工具、钢笔工具、选区工具、颜色渐变工具等辅助工具进行标志制作的过程。实例效果如图4-8所示。

图4-8 实例效果——中国2010年上海世博会志愿者标志 李啸海

1. 标志释义

中国2010年上海世博会志愿者标志的主体既是汉字“心”、也是英文字母“V”、又是嘴衔橄榄枝飞翔的和平鸽，与世博会会徽“世”的创意思路异曲同工。在呈现中国文化个性的同时，表达了志愿者的用“心”和热“心”。

“V”是志愿者的英文“Volunteer”的首字母，阐释了标志所代表的群体，赋予其清晰的含义。

飞翔的和平鸽代表上海，也象征和平友爱。橄榄枝则寓意可持续发展和希望，传承“城市，让生活更美好”的世博会主题。

彩虹般的色彩，迎风飘舞的彩带，是上海热情的召唤。2010年，在志愿者的协助下，来自世界各地的人们融洽地聚集在同一片天空下!

2. 操作步骤

（1）双击Photoshop CS4图标，打开Photoshop CS4工作界面，选择【文件】→【新建】，或操作键盘“CTRL+N”，新建一个文件，参数设置如图4-9所示。单击“确定”按钮，创建一个新的图像文件。

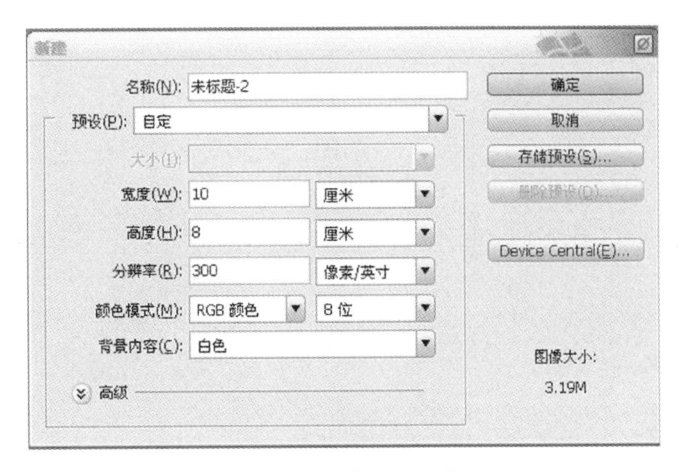

图4-9 新建项目设置

（2）单击工作界面右侧的“图层”面板图标，展开图层面板，单击图层面板底部的“新建图层”图标，建立图层一，操作及效果如图4-10、图4-11所示。

（3）单击工具面板中“钢笔”工具图标，鼠标转换为钢笔工具，设置钢笔工具属性区参数，如图4-12所示。在新建文件上绘制图形的路径，效果如图4-13～图4-16所示。在用钢笔工具绘制路径时可以使用“路径”工具和“转换点”工具调整节点的位置和路径节点控制柄的方向和长度，使路径符合图形形态。

图4-10　图层面板

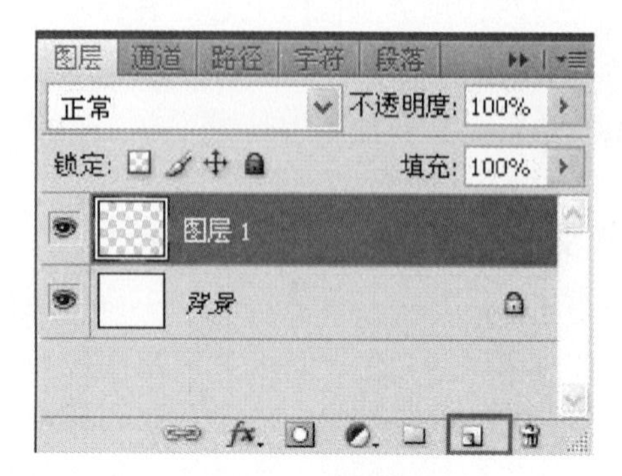

图4-11　新建图层

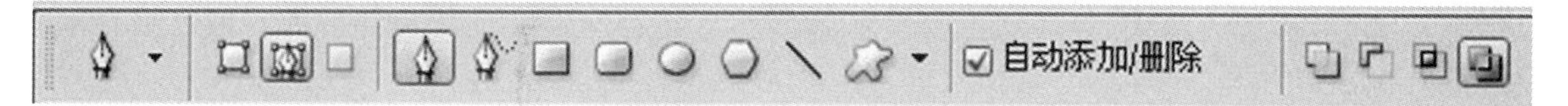

图4-12　钢笔工具属性栏

图4-13　钢笔工具节点绘制 1

图4-14　钢笔工具节点绘制2

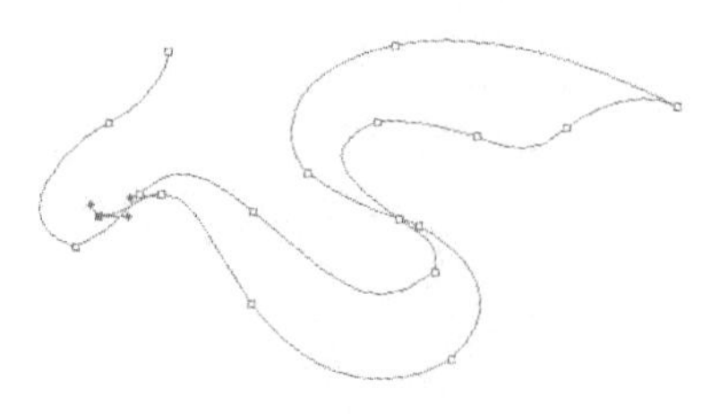

图4-15　钢笔工具节点绘制3

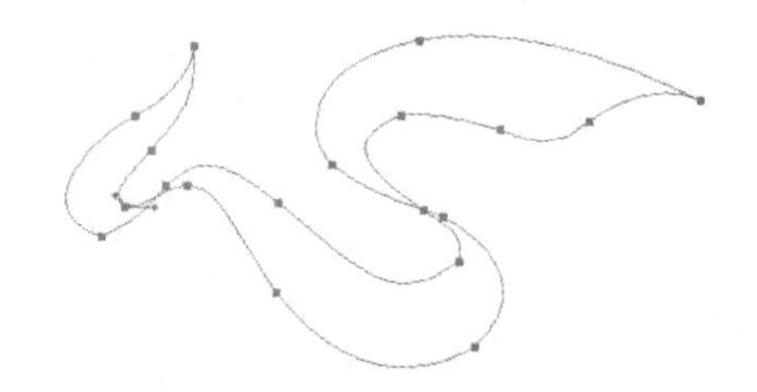

图4-16　钢笔工具节点绘制4

(4) 展开路径面板工具，双击“工作路径”图标，弹出对话框，把路径命名为“logo01”，单击“确定”，如图4-17所示，保存路径如图4-18所示。

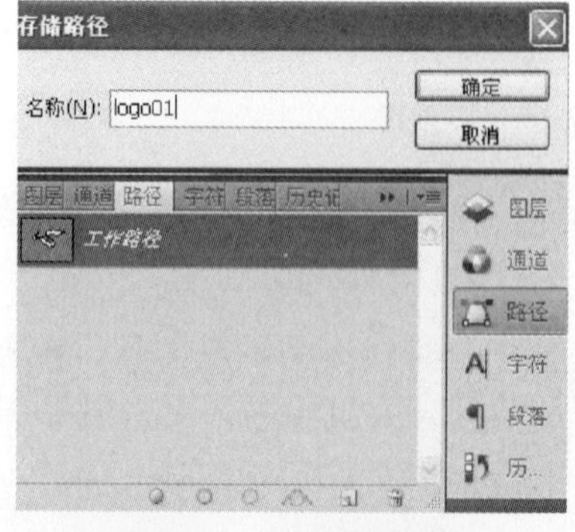

图4-17　工作路径面板

图4-18　保存路径

（5）单击路径面板底部“路径转曲线”图标，把路径转换为选区如图4-19和图4-20所示。

图4-19　路径转换为选区

图4-20　路径转换为选区效果

（6）单击菜单【选择】→【存储选区】，命名选区为“Logo01”，存储选区“通道”，如图4-21～图4-23所示。

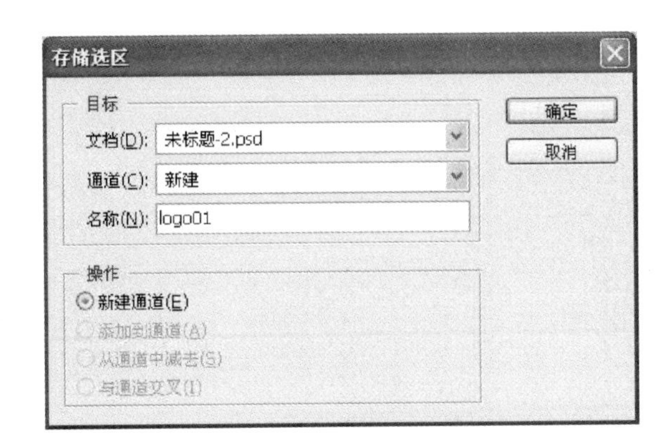

图4-21　存储选区面板

图4-22　通道设置

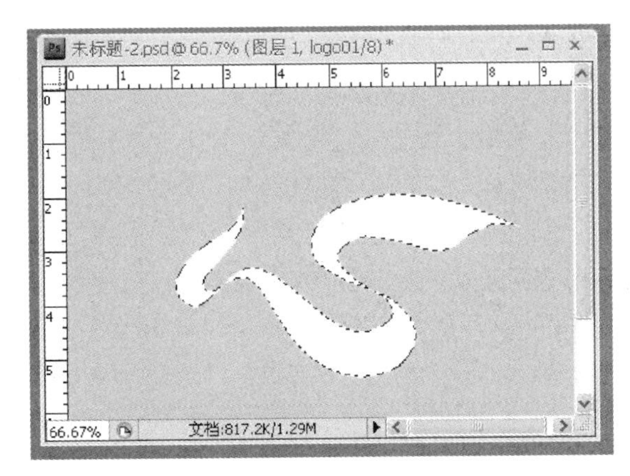

图4-23　选区载入

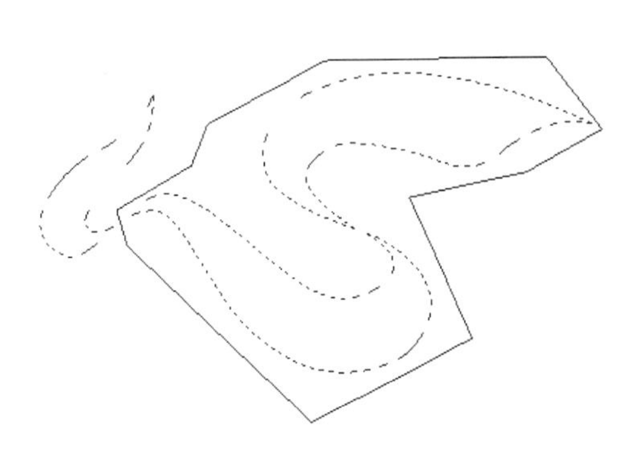

图4-24　分割选区

（7）打开通道面板，调入通道“logo01”选区，选择工具面板中的“选择多边形套索”工具，属性面板设置如图，在选区图形上分割选区，如图4-24所示。存储剩下的图形选区，如图4-25所示，单击菜单【选择】→【存储选区】，命名选区为“Logo02”，存储选区通道。

图4-25　选区

图4-26　通道图标载入选区

（8）鼠标点击“选区”工具，在工作区任意位置单击，释放鼠标选区，展开通道面板，单击“logo01”通道图标载入选区，如图4-26所示。单击菜单【选择】→【载入选区】，设置面板参数，如图4-27所示。单击菜单【选择】→【存储选区】，命名选区为“Logo03”，存储选区通道，图形工作区如图4-28所示。

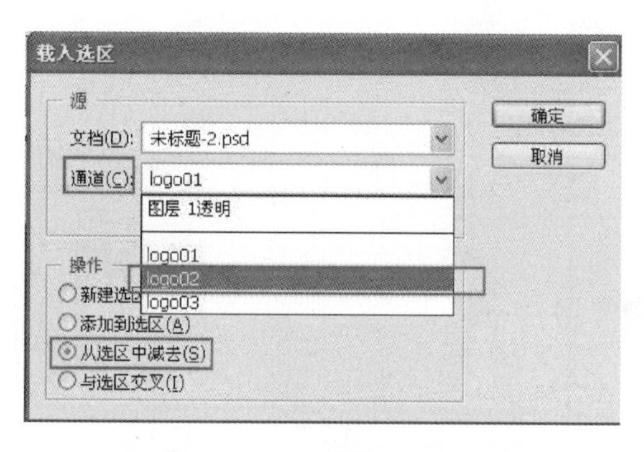

图4-27　载入选区面板参数设置

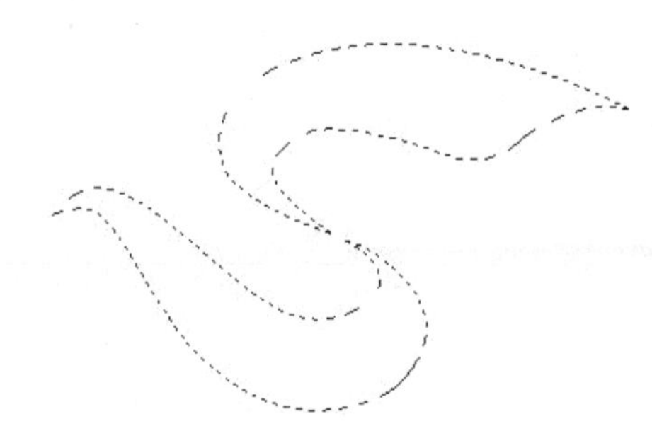

图4-28　图形工作区

（9）打开通道面板，调入通道“logo03”选区，选择工具面板中的“选择多边形套索”工具，属性面板设置如图，在选区图形上分割选区，如图4-29所示。存储剩下的图形选区，如图4-30所示，单击菜单【选择】→【存储选区】，命名选区为“Logo04”，存储选区通道。

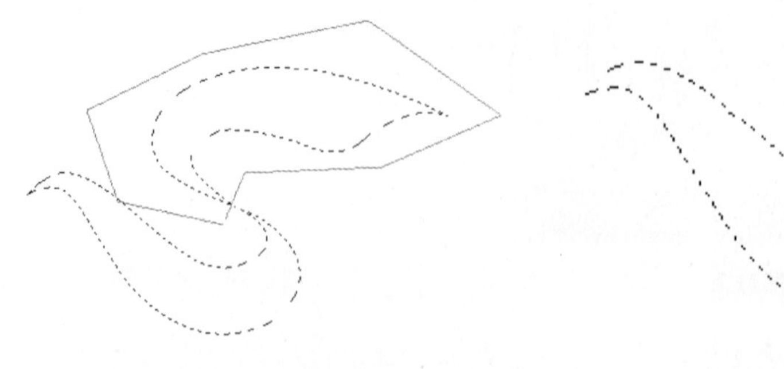

图4-29　分割选区

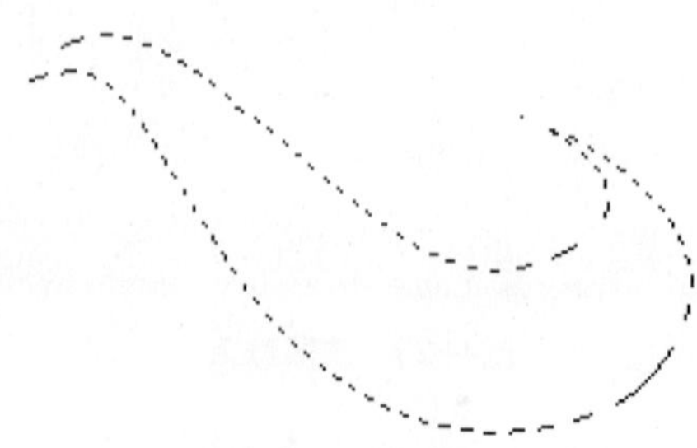

图4-30　图形选区

（10）鼠标点击“选区”工具，在工作区任意位置单击，释放鼠标选区，展开通道面板，单击logo03通道图标载入选区，单击菜单【选择】→【载入选区】，设置面板参数，【通道】→【logo04】，【操作】→【从选区中减去】，单击菜单【选择】→【存储选区】，命名选区为Logo05，存储选区通道，通道面板如图4−31所示。

（11）返回图层面板，选择图层一，单击菜单【选择】→【载入选区】，选择载入通道“logo02”选区，单击工具面板“渐变”工具图标，打开颜色面板拾色器，设置渐变颜色绿色值为R:0，G:141，B:70，黄色值为R:213，G:224，B:36，渐变效果如图4−32所示。

图4−31　通道面板

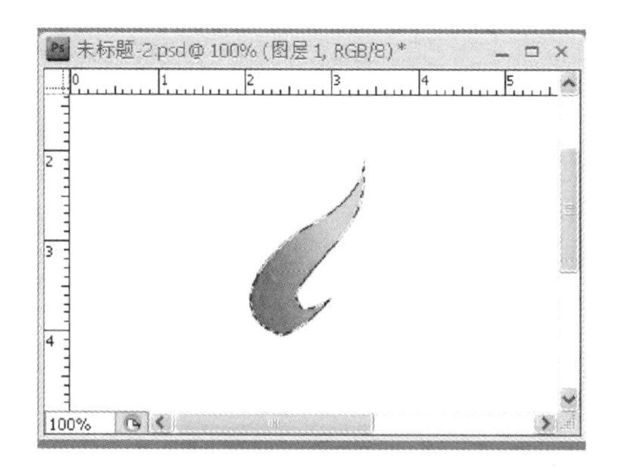

图4−32　选区填色效果

（12）释放鼠标选区，新建图层二，载入选区logo04，如上一步骤，设置颜色值为R：3，G：86，B：166和R：0，G：176，B：237，渐变效果如图4−33所示。

（13）释放鼠标选区，新建图层三，载入选区logo05，如上一步骤，设置颜色值为R：237，G：34，B：37和R：255，G：21，B：0，渐变效果如图4−34所示。

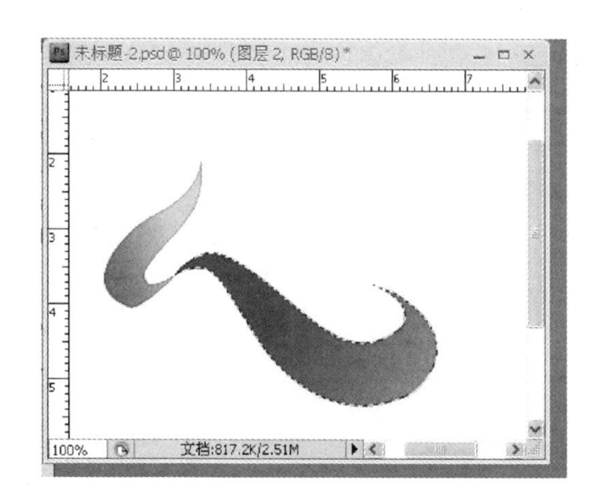

图4−33　选区填色效果

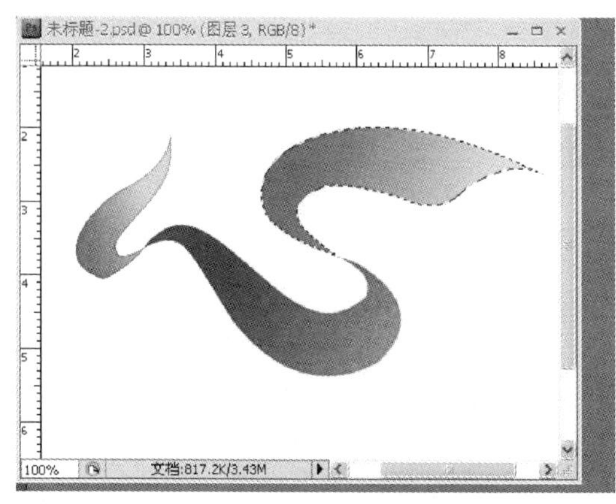

图4−34　选区最终填色效果

4.2.2　图层工具辅助标志图形设计

图层是Photoshop最重要的组成部分，图层就好像是一张张叠加在一起的透明纸，可以分别在每张透明纸上绘图，而不影响其他透明纸上的图像。不同图层上的图像都是相对独立的，并可单独移动、编辑，图层可以自由地加入和删除，各图层间的上下层关系可以根据需要自由调整。所以，利用图层编辑和处理图像，具有极大的方便性和灵活性。

Photoshop提供了一个图层面板和一个图层菜单工具，选择【窗口】→【图层】命令可以调出图层面板，或者按快捷键“F7”也可以调出图层面板。图层面板的构成及属性特征如图4−35所示。

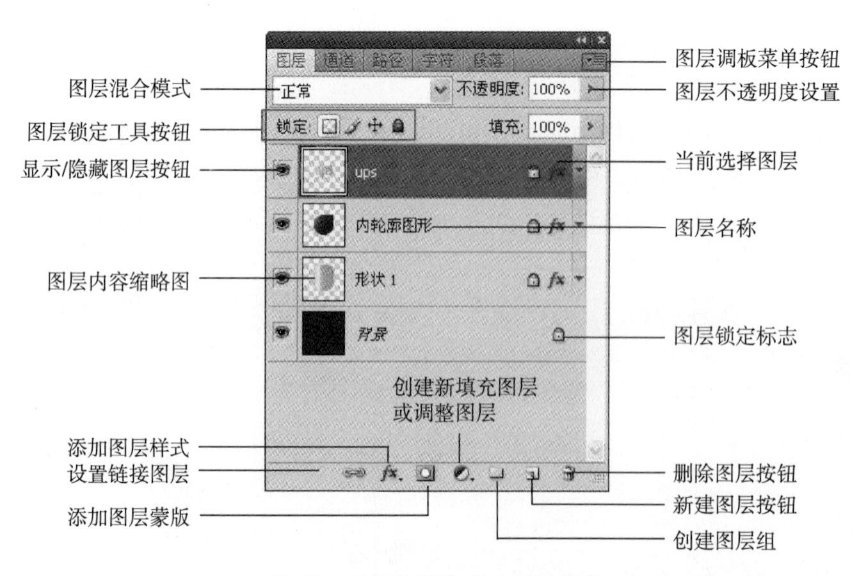

图4–35　图层面板构成及属性特征

图层菜单是用于管理、编辑图层的主要命令菜单。其中包括窗口菜单栏的图层菜单和图层面板快捷菜单，这两者命令基本相同，因此利用这两个菜单命令都可以实现图层的所有操作。具体命令如图4–36和图4–37所示。

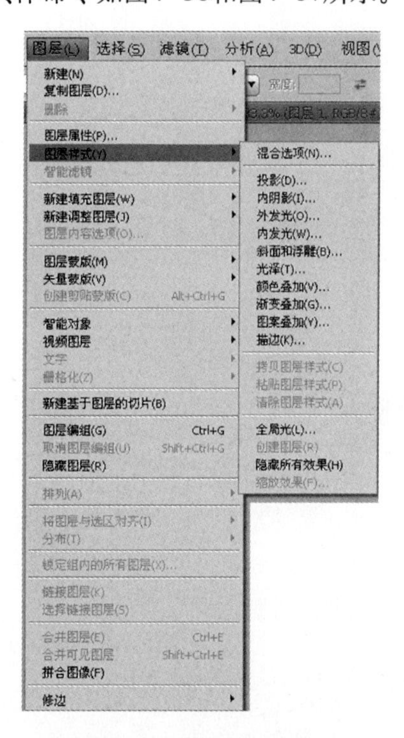

图4–36　图层样式面板

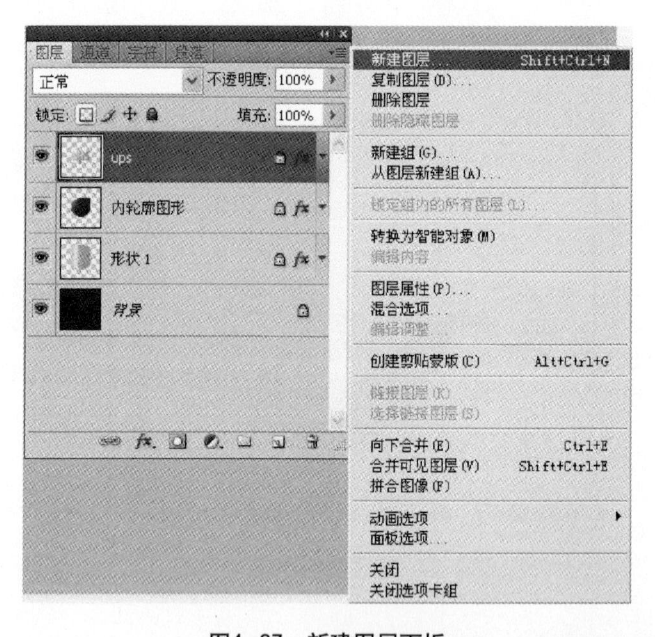

图4–37　新建图层面板

下面以UPS标志图形设计为实例，分析讲解使用图层工具、形状工具、路径工具、图层样式工具、颜色渐变工具、文本工具、图层调整工具等辅助工具进行标志制作的过程。实例效果如图4–38所示。

图4–38　实例效果——美国联合包裹服务公司标志

1. UPS标志释义

UPS全称United Parcel Service，中文名是美国联合包裹服务公司。UPS最早是1907年在美国西雅图成立的一家邮递公司，公司一直以“最好的服务、最低的价格”为业务原则，在全球拥有很高的知名度和市场占有率。

UPS公司发展到2003年，从包装到物流实现了数字化管理。为配合公司的全球化和数字化，采用了新的企业品牌识别系统，标志也随之更新，保留了其原品牌标志中“盾牌”的要素，并创造性地强化了UPS的棕色品牌专属色。今天，使用在其车辆和制服上的这种褐色被称为“普式褐”，为UPS企业形象树立提供了有力的支持。

2. 操作步骤

（1）双击Photoshop CS4图标，打开Photoshop CS4工作界面，选择【文件】→【新建】，或操作键盘“Ctrl+N”，参数设置如图4-39所示。单击“确定”按钮，创建一个名为“UPS标志”的图像文件。

图4-39　新建项目设置

（2）设置前景色为深红色（R：51，G：1，B：2），然后按键盘上的“Alt+Delete”键将背景层进行前景色填充，填充后的效果如图4-40所示。

（3）按“Ctrl+R”为标尺的快捷键，可看到图像窗口上部和左侧出现标尺，直接在标尺处点击左键不放拖动即可拖出标尺，把标尺放置在需绘制的位置上，以此可确定标志的基本轮廓线位置。如图4-41所示的辅助线，以此确定标志的基本轮廓位置。

图4-40　前景色填充

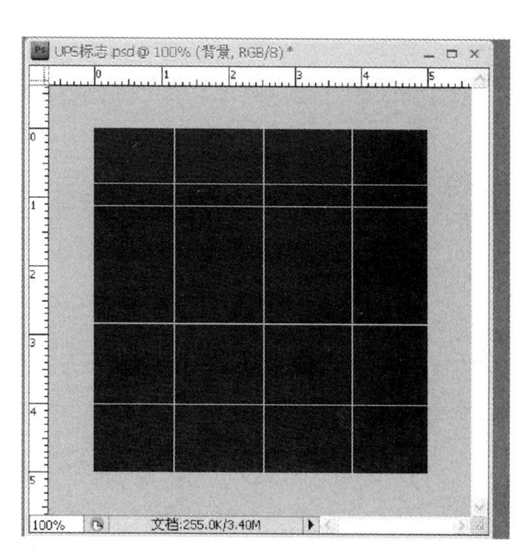

图4-41　辅助线的绘制

（4）设置前景色为黄色（R：253，G：213，B：26），单击工具箱中“矩形”工具，在属性栏中单击“形状图层”按钮，在图像窗口中绘制矩形图形，如图4-42所示。图层自动生成为“形状1”。

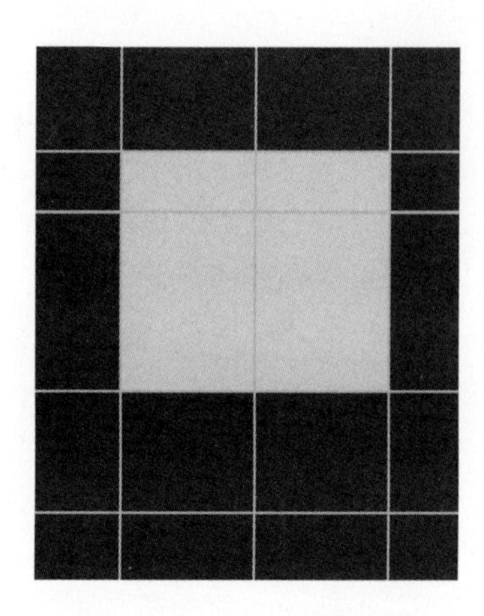

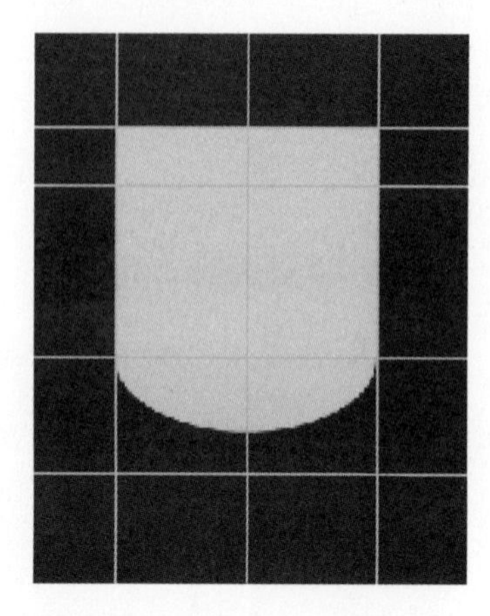

图4-42 使用矩形工具绘制图形

（5）利用同样方法，单击工具箱中“椭圆形”工具，在属性栏中单击“形状图层”按钮，在矩形图形底部绘制椭圆图形，图层自动生成为“形状2”。

（6）单击工具面板中“路径”工具和“转换点”工具，调整所绘制图形的形状及位置，最终得到标志的外轮廓，如图4-43所示。图层面板如图4-44所示。

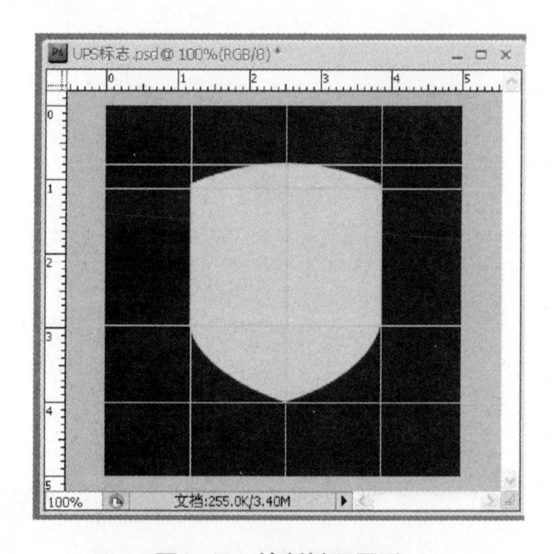

图4-43 绘制椭圆图形

图4-44 图层面板外轮廓

（7）在“图层”面板中选择“形状1”图层，按“Ctrl”键单击“形状2”图层，点击右键选择合并图层，将其转换为普通图层命名为“形状1”，按键盘上的“Ctrl+；”键，隐藏参考线。单击工具面板“渐变工具”图标，打开颜色面板拾色器，设置渐变颜色值依次为（R:252，G:228 ，B:0）；（R:253，G:251，B:197）；（R:248，G:159，B:0）；（R:245，G:131，B:0）制作图形渐变效果，效果如图4-45所示。

（8）选择菜单【图层】→【新建】→【通过拷贝】的图层，或者按快捷键“Ctrl+J”，复制“形状1”图层，命名为“内轮廓图形”，单击“内轮廓图形”图层，按快捷键“Ctrl+T”，调入缩放命令，在工具属性栏中，设置属性参数如图4-46所示，按“Enter”键。

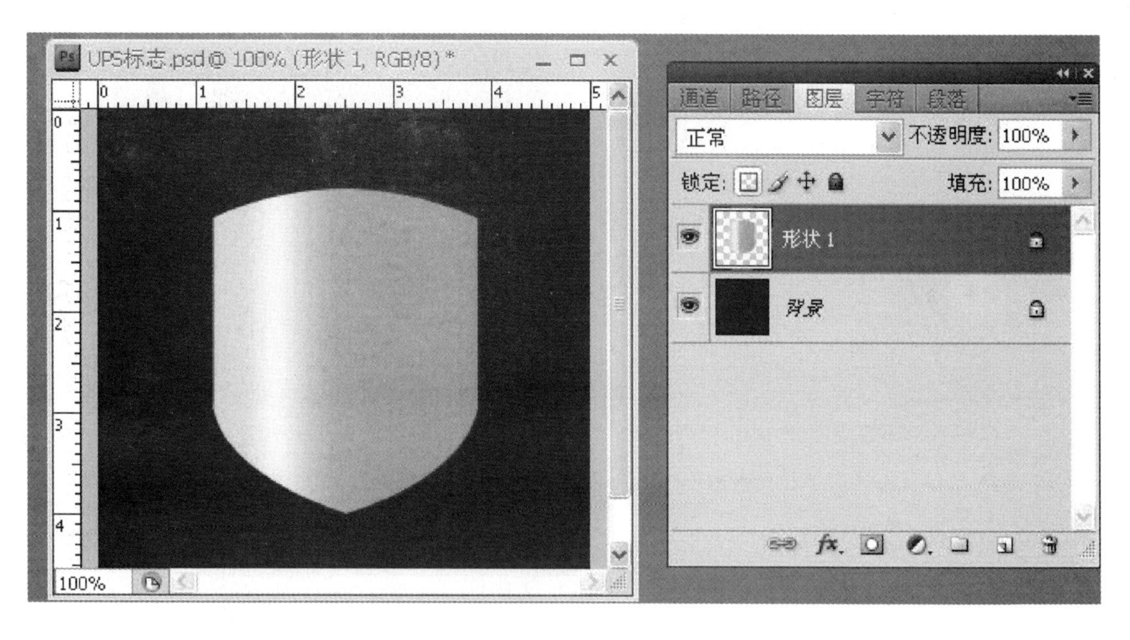

图4-45 图层面板颜色显示

图4-46 缩放工具属性栏

(9) 锁定当前层透明像素，单击工具箱“渐变工具”图标，打开颜色面板拾色器，设置渐变颜色值依次为（R:228，G:199 ，B:164）；（ R:79，G:28，B:7）；（ R:54，G:12，B:0），设置“内轮廓图形”图层渐变效果，如图4-47所示。

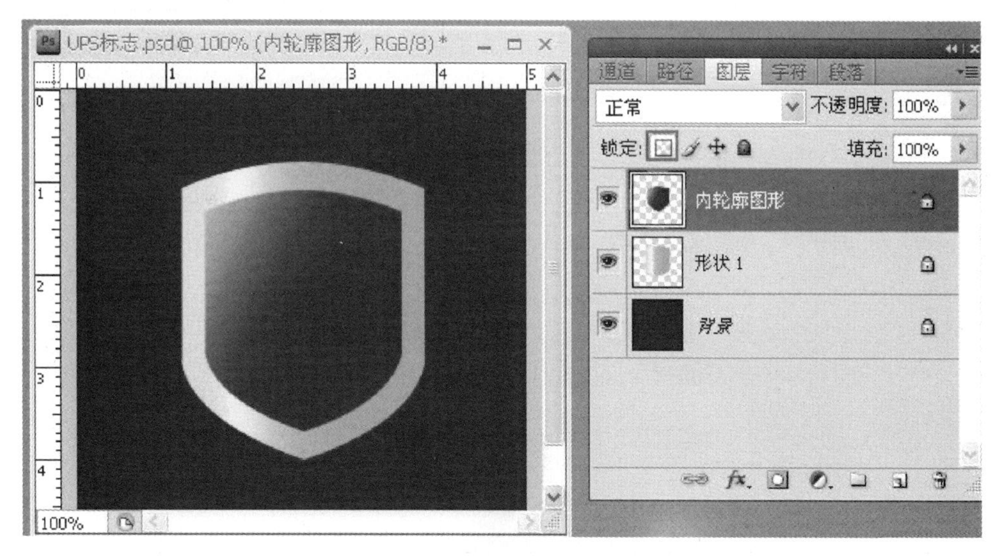

图4-47 “内轮廓图形”图层渐变效果

(10) 按键盘上的“Ctrl+；”键，显示参考线，调整参考线位置，点选工具箱路径工具，在图形上勾勒路径图形如图4-48所示。按快捷键“Ctrl+Enter”，转路径为选区，确认“内轮廓图形”图层为当前选择层，将其进行“Delete”删除，修改内轮廓图形如图4-49所示，释放选区，按键盘上的“Ctrl+；”键，隐藏参考线。

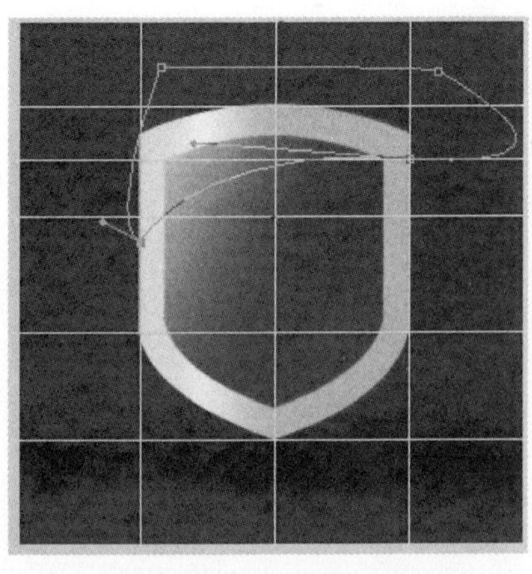

图4-48 勾勒路径图形

图4-49 删除后的图形

（11）确认“形状1”为当前工作图层，单击图层面板底部“添加图层样式”按钮图标，或选择【菜单图层】→【图层样式】，打开图层样式面板，选择分别设置描边、斜面和浮雕样式，参数设置如图4-50和图4-51所示。同样方法为“标志外轮廓”图层添加样式，选择描边，参数设置如图4-52所示。

（12）右击“形状1”图层，在弹出菜单里选择“拷贝图层样式”，选择“内轮廓图形”图层为当前层，点击右键，在弹出菜单里选择“粘贴图层样式”，效果如图4-52所示。

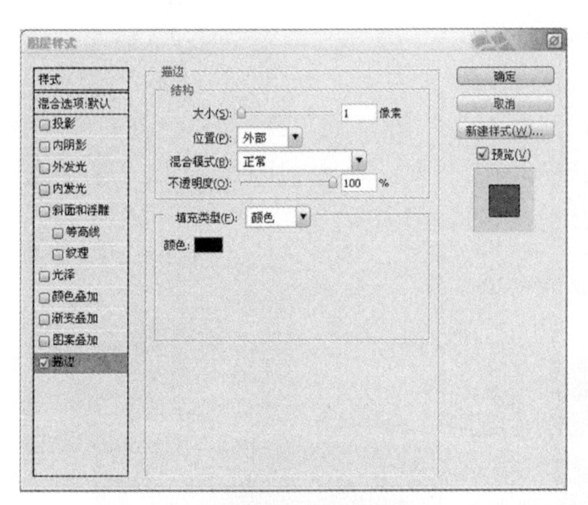

图4-50 描边设置

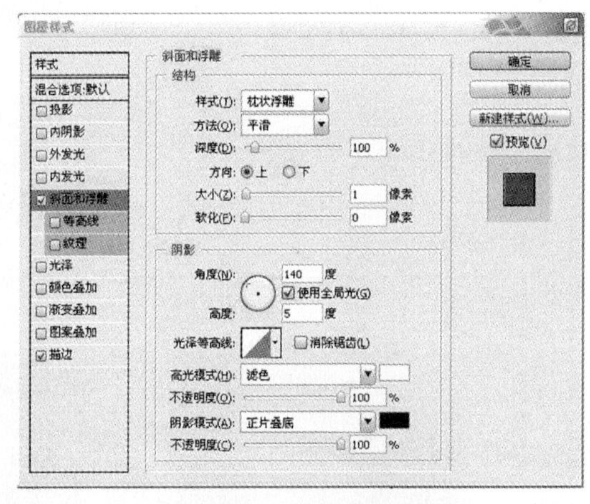

图4-51 斜面和浮雕设置

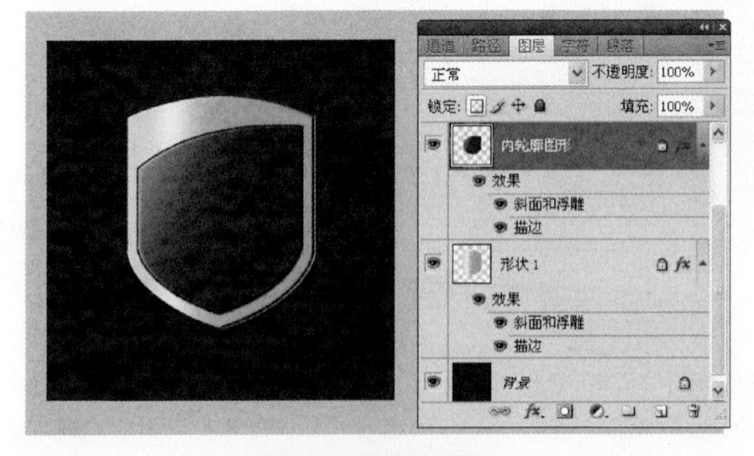

图4-52 粘贴图层样式

（13）在工具箱中选择“横排文字工具”，在选项栏中选择“UPS Sans Bold”字体（如没有此字体可在网络下载装入字体库内），调整文字大小间距等参数，如图4-53所示。

图4-53 文字属性栏

（14）选择“文字图层”为当前工作层，单击右键栅格化文字图层，锁定“透明像素”图标，单击工具箱“渐变工具”图标，设置相应渐变颜色，文字渐变效果如图4-54所示。

图4-54 文字渐变效果

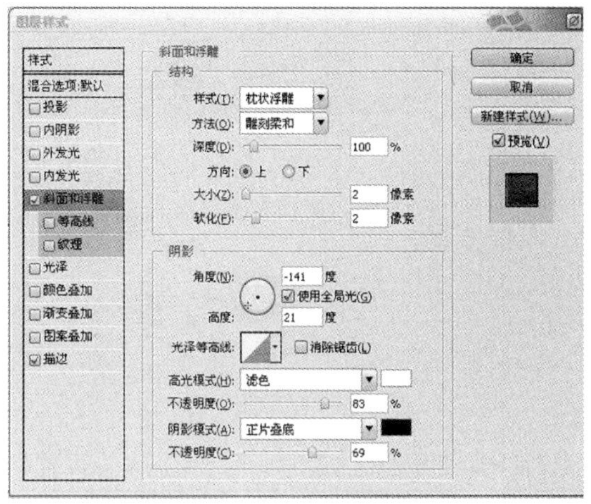

图4-55 图层样式参数调整

（15）选择“内轮廓图形”图层为当前层，点击右键，在弹出菜单里选择“拷贝图层样式”，选择“UPS”文字图层为当前层，点击右键，在弹出菜单里选择“粘贴图层样式”，调整参数设置，如图4-55所示。完成UPS标志制作，最终效果如图4-56所示。

图4-56 最终效果

4.3 运用CorelDRAW X3绘制标志图形

4.3.1 贝塞尔曲线辅助标志图形设计（以奔驰汽车标志图形为例）

绘制一些标志设计的图形元素就要用到CorelDRAW X3中的一些“贝塞尔曲线工具”、“椭圆形工具”、“形状工具”、“交互式阴影工具”、“渐变填充工具”、“修剪”命令、“对齐”和“分布”命令等。

1．**实例效果**（如图4–57所示）

图4–57　实例效果（奔驰汽车标志）

2．**操作步骤**

（1）先将奔驰的标志原图4–58与图4–59对比一下，以图4–59为原型进行绘制。

图4–58　标志参考1

图4–59　标志参考2

（2）打开CorelDRAW X3，新建一个A4文件，如图4–60所示。

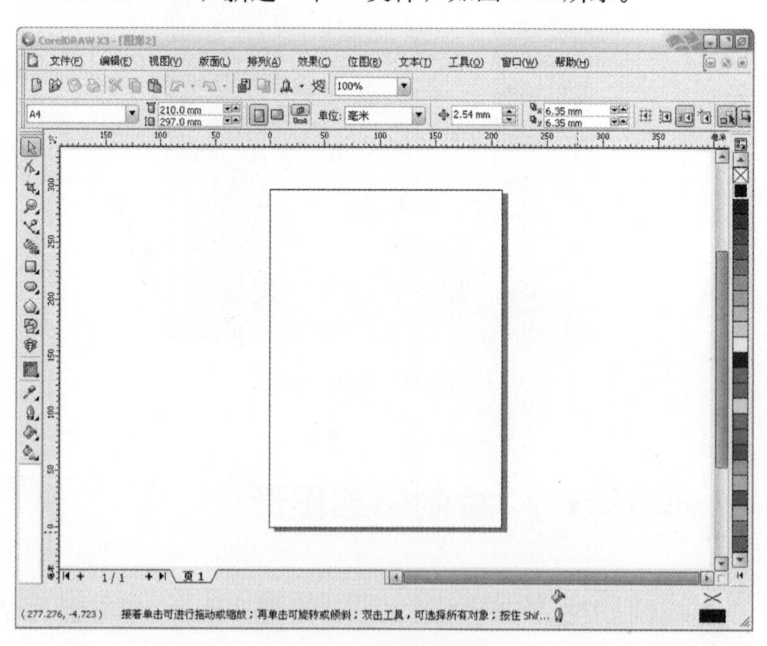

图4–60　新建A4文件

（3）在工具箱中单击“椭圆形”工具，从而使椭圆形工具为当前工作工具，并且属性栏中同时也显示了它的相关属性，如图4–61所示。

图4-61　椭圆形工具属性栏

（4）在页面绘图区域内绘制一个直径85mm的正圆。按住Ctrl键后接着按住鼠标左键向所要的方向拖动，到达所需的状态后松开左键和Ctrl键即可绘制出正圆。接着在属性栏中的对象大小中设置水平和垂直各为85mm，再在默认CMYK调色板中单击100%的黑色，结果如图4-62所示。

（5）按住“Shift”键移动指针在圆形右上角的控制点上会呈现✖形状，然后按下左键向内拖动到适当的位置后单击右键，便可复制一个等比缩小的圆。接着在属性栏中的对象大小中设置水平和垂直各为80mm，在默认CMYK调色板中单击70%的黑色，如图4-63所示。依次再复制一个等比缩小的圆，在属性栏中的对象大小中设置水平和垂直各为75mm，在默认CMYK调色板中单击40%的黑色，如图4-64所示。

图4-62　绘制正圆并填色

图4-63　绘制同心圆1

图4-64　绘制同心圆2

（6）按“Shift”键用挑选工具选中中间一个圆形，接着再选最外面的圆形，这样就把外面和中间的两个圆形一起选中，松开“Shift”键，【执行命令排列】→【造型】→【修剪】；也可在属性栏中单击修剪命令，如图4-65所示。同上操作按Shift键先选中最里面的圆形，再选中中间的圆形，松开“Shift”键，【执行命令排列】→【造型】→【修剪】，移开最里面的圆形的效果如图4-66所示。

注意：一般选择的顺序是第一个选中的图形减去第二个选中的图形。在属性栏里一般有一排这样的图标，分别是“焊接”、“修剪”、“相交”、“简化”、“前减后”、“后减前”、创建围绕选定对象的新对象和“对齐”和“分布”这些命令，可以对两个矢量图形进行不同的操作。

（7）在工具箱中单击“贝塞尔”工具，从而使“贝塞尔”工具为当前工作工具。在内圆的空白处向上的适合位置绘制一个直线的封口三角形（在最后要封口的时候回到第一个节点的位置上单击，即可实现节点的封口操作）。再单击工具箱中“形状”工具，对其新绘制图形进行修改，如图4-67所示。

图4-65　修剪命令

图4-66　修剪后效果

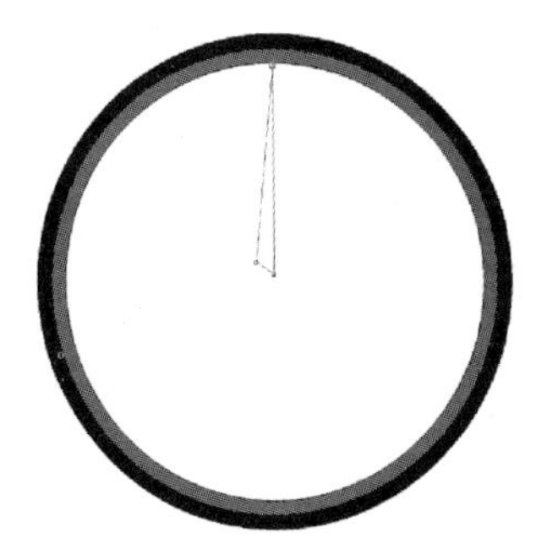

图4-67　用贝塞尔工具绘制三角形

贝塞尔工具属性栏如图4-68所示，分别为：选区范围模式、添加节点、删除节点、连接两个节点、分割曲线、转换曲线为直线、转换直线为曲线、使节点成为尖突、平滑节点、生成对称节点、反转曲线的方向、延长曲线使之闭合、提取子路径，自动闭合曲线、伸长和缩短节点连线、旋转和倾斜节点连线、对齐节点、水平反射节点、垂直反射节点、弹性模式、选择全部节点、减少节点、曲线平滑度。

图4-68　贝塞尔工具属性栏

如果要将节点由直线转化为曲线，先点选要转换的节点，再单击属性栏上的“转换直线为曲线”按钮，再拖动滑块即可完成操作，如图4-69所示。如要使节点平滑，点选要转换的节点，单击属性栏上的“平滑节点”按钮即可完成操作，如图4-70所示。其余按钮操作同上。

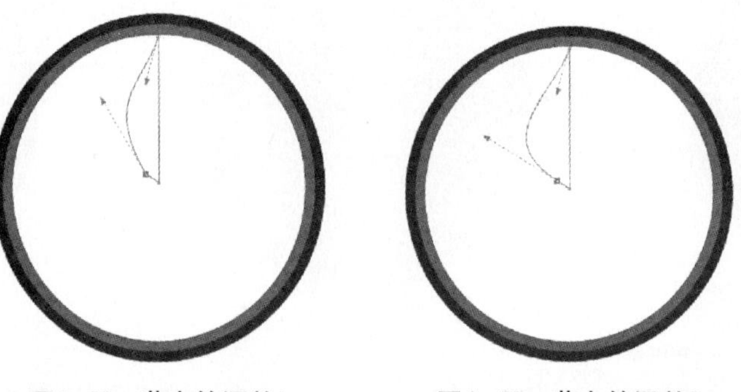

图4-69　节点的调整1　　　　图4-70　节点的调整2

在此列出CorelDRAW贝塞尔曲线操作的快捷键以供参考：在节点上双击，可以使节点变成尖角；按C键可以改变下一线段的切线方向；按S键可以改变上下两线段的切线方向；按ALT键且不松开左键可以移动节点；按“Ctrl”键，节点方向可以根据预设空间的限制角度值任意放置；要连续画不封闭且不连接的曲线按ESC键，也可以一边画一边对之前的节点进行任意移动。

（8）调整好后，在默认CMYK调色板中单击100%的黑色，单击三角形对它实行水平翻转。单击三角形后将鼠标指针放在左边的中间点上，按住Ctrl键向右边拖动鼠标，待图形翻转后单击鼠标右键，松开“Ctrl”键即可实现对象翻转。在默认CMYK调色板中单击10%的黑色，此时图形外框有一个黑色的边框，在CMYK调色板中鼠标右键单击无色彩填充☒，如图4-71所示。

图4-71　图形的翻转复制及边缘无色彩显示

（9）按“Shift”键同时选中两个三角形双击，使其四周变为带旋转的节点形式，如图4-72所示。按“Ctrl”键鼠标点击中间的旋转轴心点，将旋转轴心点移动到底部，如图4-73所示。再将鼠标指针放到三角形的右上方，呈旋转双箭头状时，单击左键不放向下旋转，到合适位置时单击右键复制相同图形，接着松开左键即可，依次向下再旋转复制一个图形。再用形状工具调整好位置即可，如图4-74所示。

图4-72 图形的旋转1　　图4-73 图形的旋转2　　图4-74 图形的旋转3

(10) 单击最外面的大圆，为其添加颜色渐变。在工具箱中单击“填充”工具，展开其中的隐藏工具栏，单击其中的“渐变”填充对话框，属性设置如图4-75a所示。单击确定，得到效果如图4-75b所示。

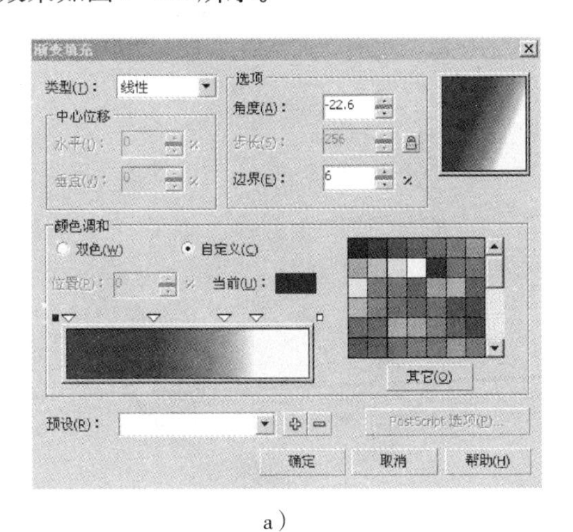

a)

b)

图4-75 渐变填充设置及效果

(11) 选中里面圆形，在工具箱中选中“渐变”填充对话框，设置如图4-76a所示，单击确定。此时图形外框有一个黑色的边框，在CMYK调色板中鼠标右键单击“无色彩显示”☒。得到效果如图4-76b所示。

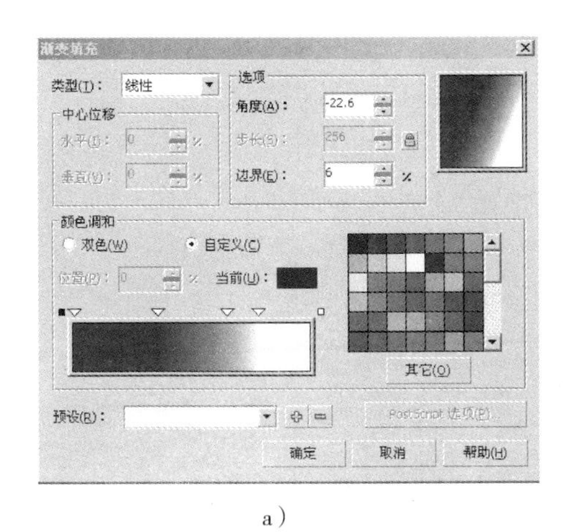

a)

b)

图4-76 渐变填充设置效果及边缘无色彩显示

（12）选中左边三角的上半部分，设置颜色为40%的黑色。再选中左边三角的下半部分，在工具箱中选中渐变填充对话框，设置如4−77a所示，单击确定。得到效果如图4−77b所示。

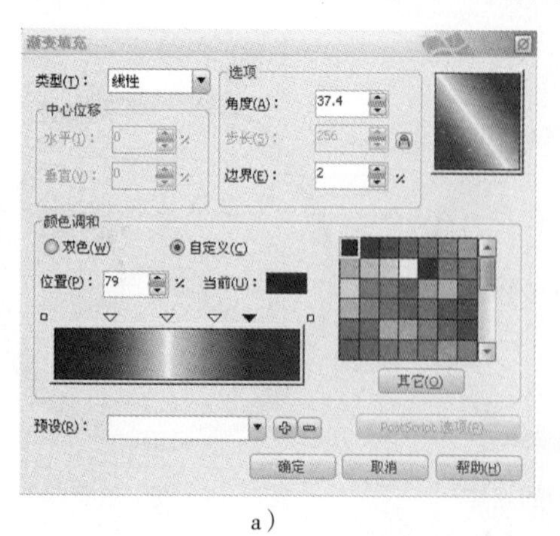

a）

b）

图4−77　渐变填充设置及效果

（13）选中右边三角的下半部分，设置颜色为40%的黑色。再选中右边三角的上半部分，在工具箱中选中渐变填充对话框，设置如图4−78a所示，单击确定。得到效果如图4−78b所示。

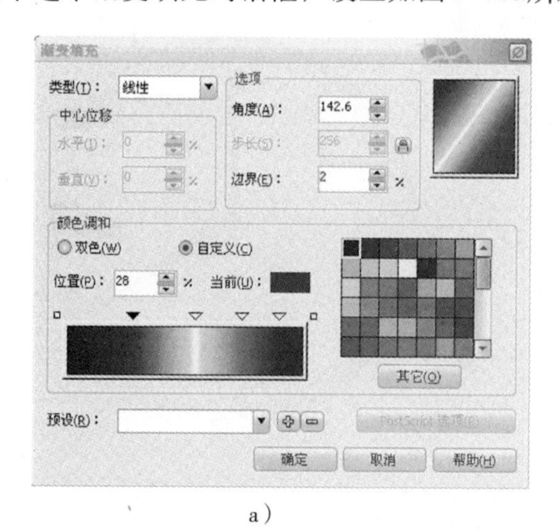

a）

b）

图4−78　渐变填充设置及效果

（14）选中全部图形元素，执行【排列】→【群组】命令，将所有绘制图形进行群组。点选工具箱中“矩形选框”工具，在空白处绘制一个200mm×120mm的长方形，在CMYK调色板中点选“深褐色”颜色，为长方形填充上颜色，并执行【排列】→【顺序】→【到页面后面】。也可执行快捷键：“Ctrl+Pgup”（到页面前面），“Ctrl+Pgdn”（到页面后面）。如图4−79所示。

（15）为标志加上阴影。选中标志，点选工具箱中“交互式调和工具”下面隐藏的“交互式阴影”工具，从标志左边拉到右边，如图4−80所示。其属性栏设置如图4−81所示。

图4−79　群组及排序

图4−80　交互式阴影工具的使用

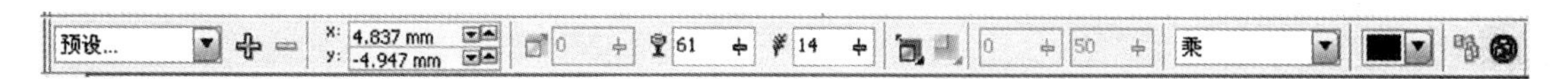

图4-81 交互式阴影工具属性栏

（16）按“Shift”键选中标志和下方深褐色长方形，执行【排列】→【对齐与分布】→【对齐与分布】，勾选两个中间对齐，如图4-82所示。得到最终效果，如图4-83所示。

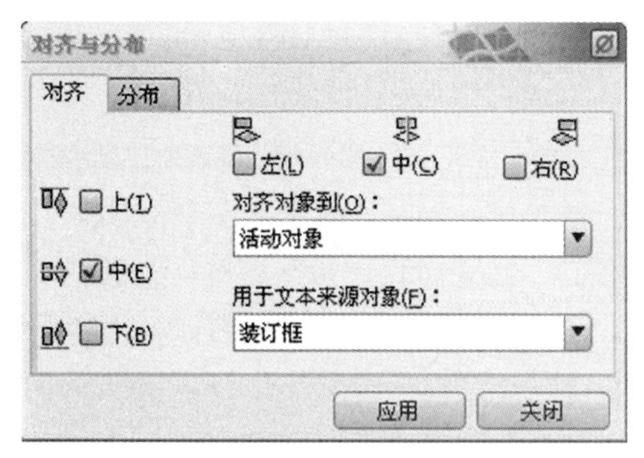

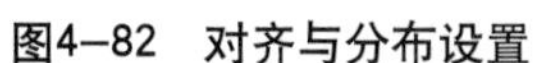

图4-82 对齐与分布设置

图4-83 最终效果

4.3.2 造型工具辅助标志图形设计

本节主要使用的工具或命令有“贝塞尔工具”、“形状工具”、“交互式填充工具”、“挑选工具”等。实例效果如图4-84所示。

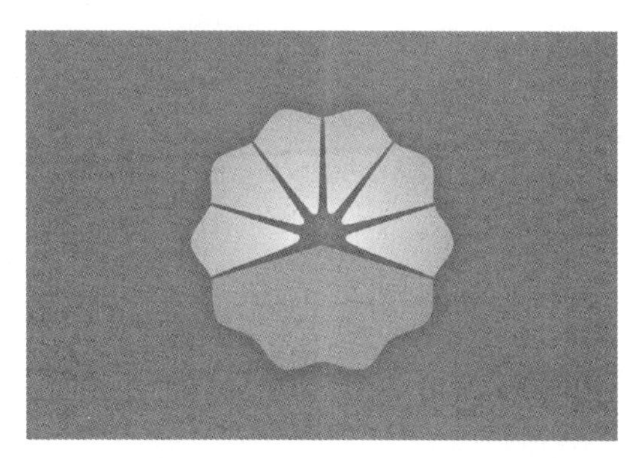

图4-84 实例效果——中国石油天然气集团公司标志

（1）打开CorelDRAW X3程序，新建一个A4文件，页面设置为“横向”，在工具箱中单击“手绘”工具右下角的小三角形，弹出一工具条并在其中点击“贝塞尔”工具，如图4-85所示。从而使贝塞尔工具为当前工作工具，并且属性栏中同时也显示了它的相关属性，如图4-86所示。

图4-85 贝塞尔工具

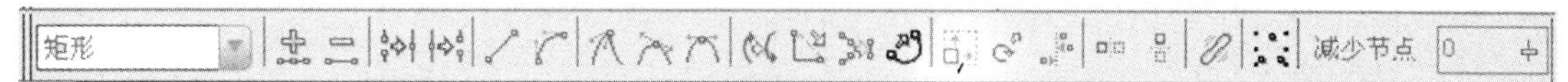

图4-86 贝塞尔工具属性栏

（2）使用贝塞尔工具绘制中国石油标志上端的扇形图形。在绘制的时候注意曲线的位置只需适当拖动即可，如图4－87所示。再使用“形状”工具对其节点处进行修改，修改好后旋转到合适位置，修改后效果如图4－88所示。

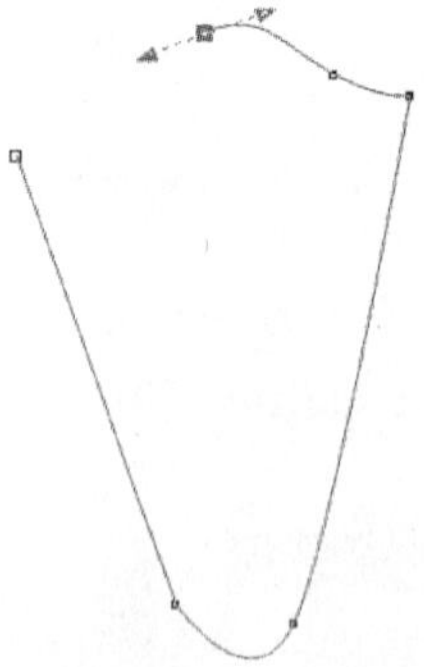

图4–87　贝塞尔工具绘制路径1 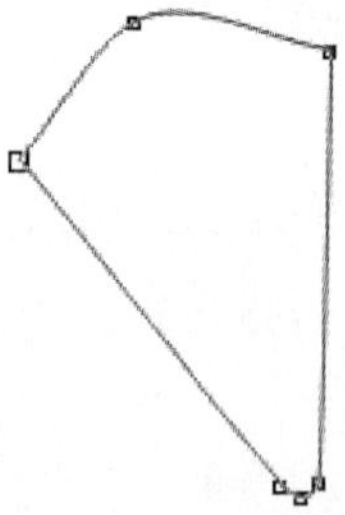　　图4–88　贝塞尔工具绘制路径2

（3）回到“挑选”工具，选中绘制好的扇形图形，点击工具箱中“交互式填充”工具对扇形图形进行颜色填充，单击属性栏中填充类型为“线性”，填充下拉式颜色土黄（C0　M60　Y100　K0），如图4–89所示。接着单击“最终填充挑选器”填充颜色为柠檬黄（C0　M0　Y100　K0），如图4–90所示，其属性栏显示如图4–91所示，得到最终效果如图4–92所示。

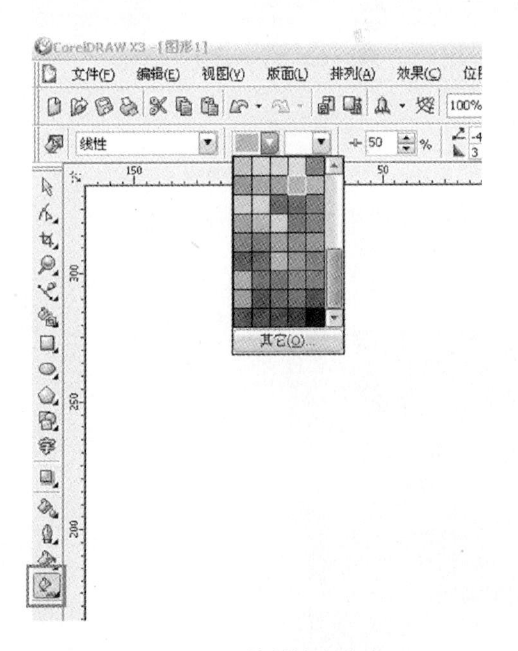

图4–89　线性填充方式1

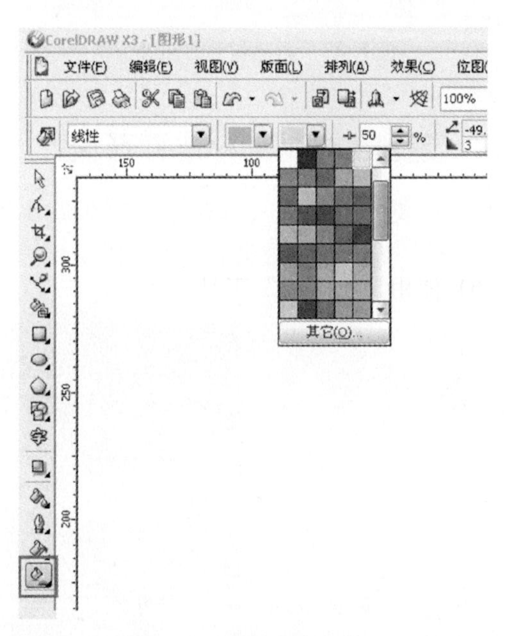

图4–90　线性填充方式2

图4–91　线性填充属性栏

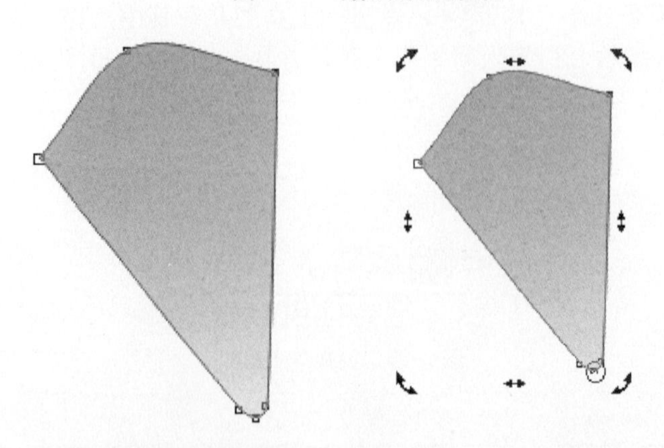

图4–92　线性填充效果　　图4–93　旋转效果

（4）选中扇形，双击扇形变为旋转状态，再移动旋转轴心点到尖角处，如图4-93所示。将鼠标放到右上角旋转角标 上，呈 旋转双箭头状时，开始按住鼠标左键向需要的方向旋转，到达指定位置后松开鼠标左键完成操作，如图4-94所示。再同上操作，使用鼠标把扇形旋转到合适位置后，再使用挑选工具将扇形移动到合适位置。此时图形外框有一个黑色的边框，选中两个扇形图形，在CMYK调色板中鼠标右键单击“无色彩显示” ，使外框显示为无，如图4-95所示。

（5）同上操作，完成图形如图4-96所示。

（6）使用“贝塞尔”工具绘制中国石油标志底部的银杏树叶图形，如图4-97所示。

（7）使用“形状”工具对其节点处进行修改，如图4-98所示。

（8）修改后的效果如图4-99所示。

（9）在CMYK调色板中点选“红色”颜色，为标志底部的银杏树叶图形填充红色，效果如图4-100所示。在CMYK调色板中鼠标右键单击“无色彩显示”，使外框显示为无，如图4-101所示。

（10）选中全部图形元素，【执行排列】→【群组命令】，将所有绘制图形进行群组。点选工具箱中“矩形选框”工具，在空白处绘制一个200mm×130mm的长方形，在CMYK调色板中点选“深褐色”颜色，为长方形填充上颜

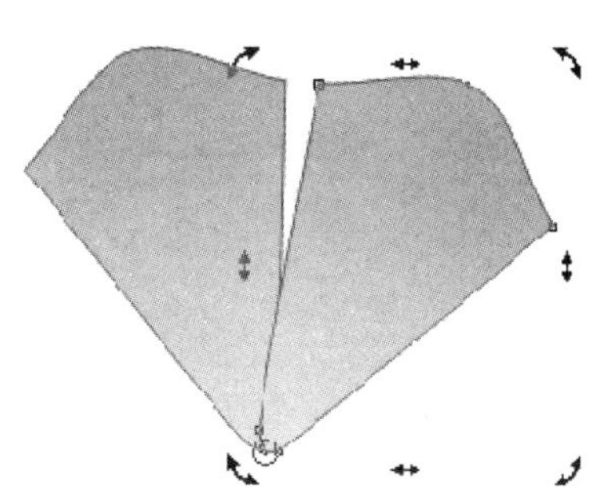

图4-94　旋转效果

图4-95　边缘无色彩显示

图4-96　上部绘制完成效果

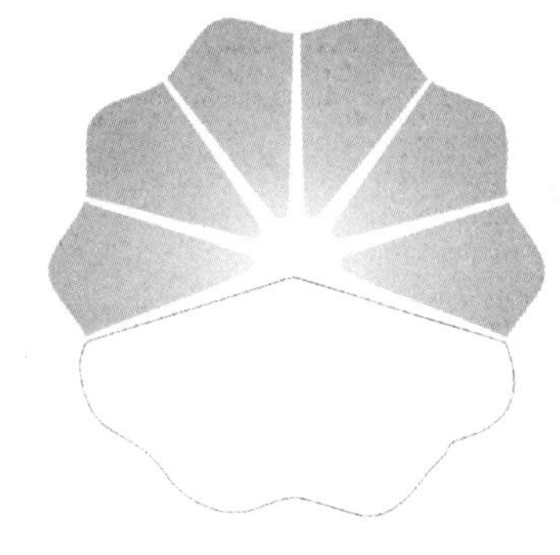

图4-97　贝塞尔工具绘制下部

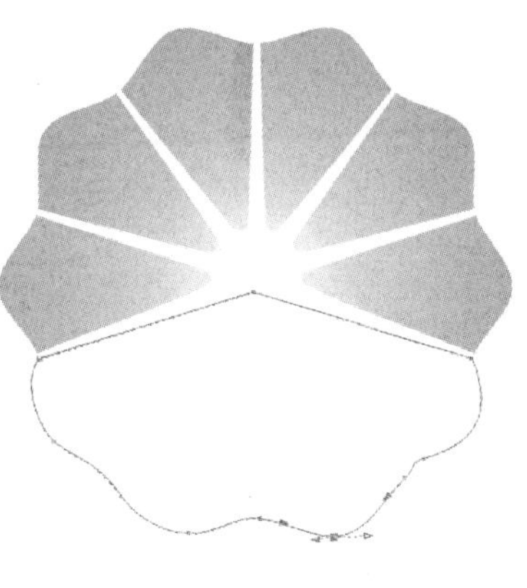

图4-98　修改节点

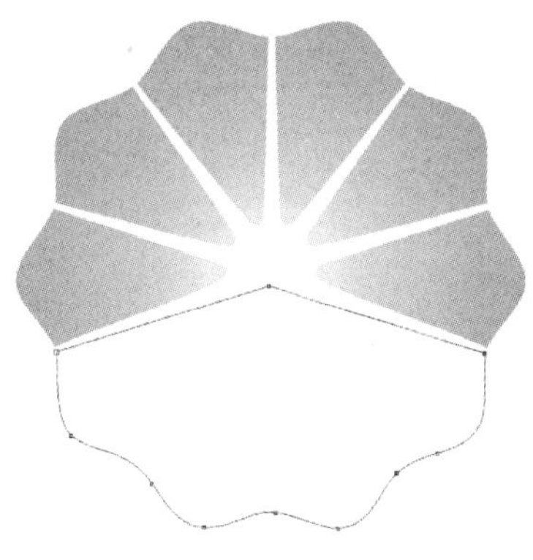

图4-99　修改节点

图4-100　填充色彩

图4-101　边缘无色彩显示

色，并执行【排列】→【顺序】→【到页面后面】。也可执行快捷键：“Ctrl+Pgup”（到页面前面），“Ctrl+Pgdn”（到页面后面），如图4–102所示。

（11）为标志加上阴影，选中标志，点选工具箱中“交互式调和工具”下面隐藏的“交互式阴影”工具，从标志左边拉到右边，如图4–103所示。其属性栏设置如图4–104所示。

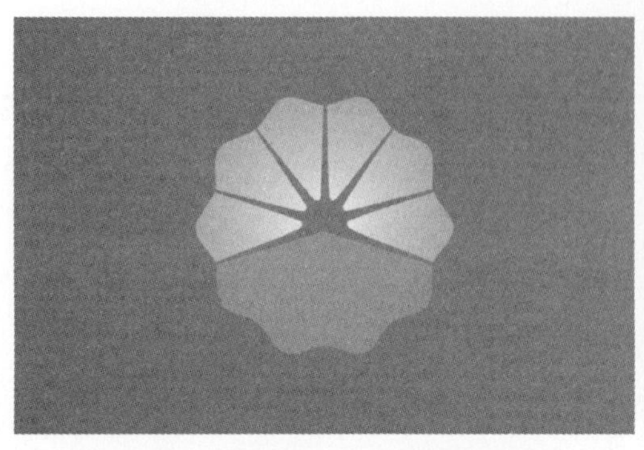

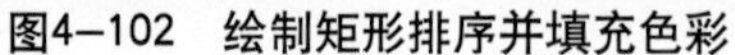

图4–102　绘制矩形排序并填充色彩

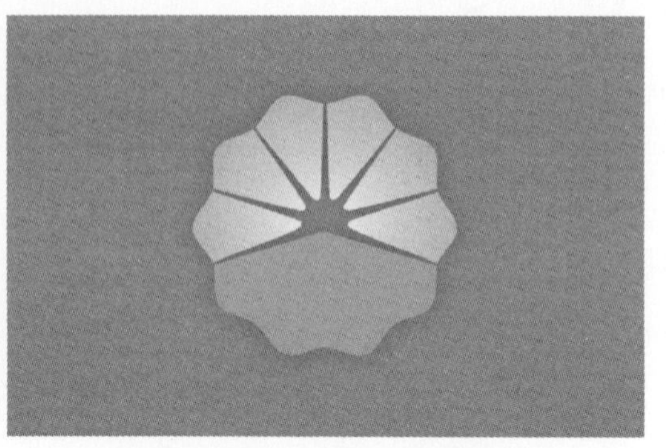

图4–103　为标志加上阴影

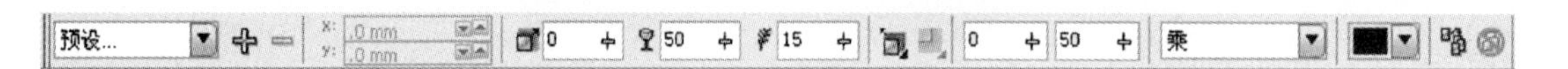

图4–104　阴影属性栏

（12）按“Shift”键选中标志和下方深褐色长方形，【执行排列】→【对齐与分布】→【对齐与分布】，勾选两个中间对齐，如图4–105所示。得到最终效果，如图4–106所示。

图4–105　对齐与分布

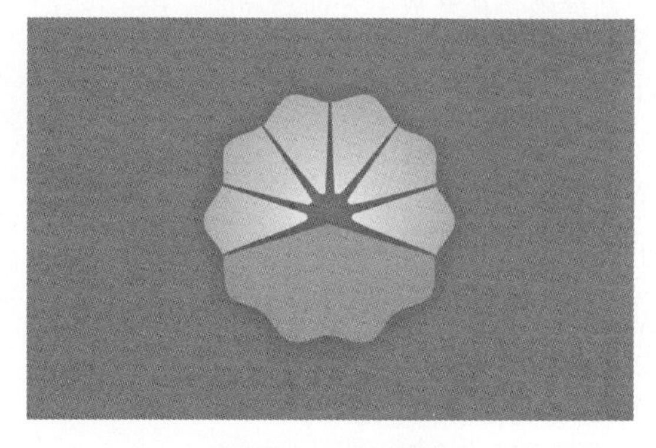

图4–106　最终效果

4.4　优秀案例设计方法剖析（图4–107）

图4–107　实例效果——中国南方电网有限责任公司标志
（设计者：北京市正邦品牌策略与设计公司）

4.4.1 项目背景

2002年12月29日中国南方电网有限责任公司正式成立。公司经营范围为广东、广西、云南、贵州和海南。主要职责为：经营管理电网，保证供电安全，规划区域电网发展，培育区域电力市场，管理电力调度交易中心，按市场规则进行电力调度。

4.4.2 面临挑战

南方电网发展的目标是：建设一个代表五省（区）人民根本利益、代表先进生产力发展要求、充满生机和活力的现代化大电网。为了配合公司的成立，树立优秀企业的形象，中国南方电网有限责任公司和正邦走到了一起，“塑造一个具有社会责任感，鲜明行业属性的形象，以及健康发展的品牌特性”成为摆在眼前的问题。

4.4.3 解决方案

经过对于行业以及品牌的分析，南方电网的标志映入人们眼帘，整体标志稳重中富有动感，大气，便于应用组合，给人以国际化的感受。

（1）标志的外形类似于汉字“电”，富有浓厚的中国文化特色，深刻、庄重；点明了南方电网公司的行业特质。

（2）标志向两方延展的线条形似纵横九州的输电线路，蕴涵畅通顺达之意，体现南方公司“经营电网”的核心业务，寓意南方电网对外无限发展，及“在发展中形成新思路，在改革中形成新突破，在开放中开创新局面，在各项工作中体现新举措”的宗旨。

（3）采用象征智慧和高科技的深蓝色作为标志主色调，体现出公司“科技兴网，自主创新”的理念。蓝色的线条为电塔和电网的抽象形，寓意通畅和顺达，蕴涵顶天立地之意。同时象征五省互动互联，是极具发展潜力的电网。

（4）标志又是一个展翅高飞的飞行物的抽象表现，体现一种向上飞翔的态势，表明南方电网公司代表先进生产力的发展要求，是开放、充满活力和生机的现代化大电网。

（5）中间的“L”形为“连接”的汉语拼音，同时也是英文“link”的首字母，“s”的变形为电力的象征符号，标志造型流畅连贯，一气呵成，便于组合应用。

4.4.4 分析制作

下面分析制作中国南方电网有限责任公司标志过程：

（1）打开CorelDRAW X3程序，新建一个A4文件，页面设置为“横向”，在工具箱中单击“矩形”工具，使矩形工具为当前使用工具，绘制一个对象大小为9.447mm×61.08mm的长方形，如图4–108所示。

（2）绘制一个对象大小为25.331mm×8.296mm的长方形，选中这两个长方形，执行命令【排列】→【对齐与分布】→【对齐与分布】，勾选下对齐命令，移动短长方形靠近长的长方形，如图4–109所示。

（3）选中短长方形，按住“Ctrl”键，单击鼠标左键向上复制此长方形，间距为4.282mm，单击鼠标右键复制结束，松开“Ctrl”键，如图4–110所示。

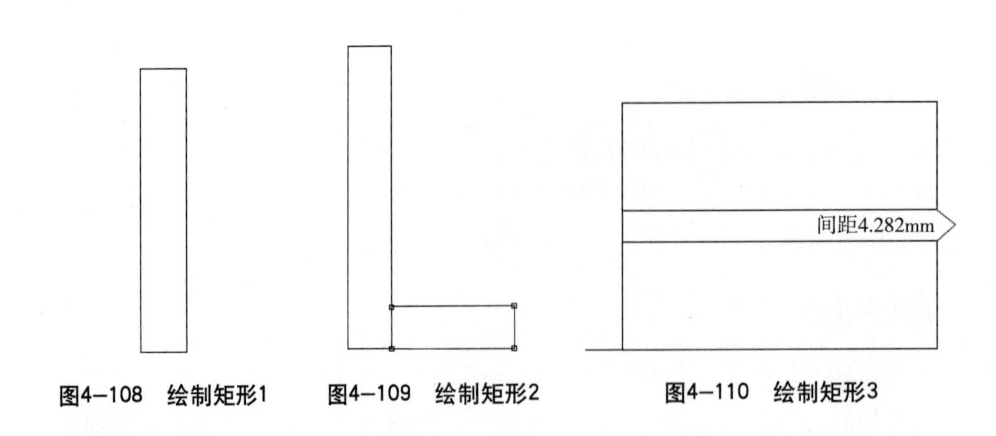

图4-108 绘制矩形1　　图4-109 绘制矩形2　　图4-110 绘制矩形3

（4）同上操作，向上再复制两个短长方形，间距为4.282mm，如图4-111所示。

（5）在工具箱中单击“矩形”工具，使矩形工具为当前使用工具，绘制一个对象大小为46.189mm×8.296mm的长方形。选中此长方形，单击右键执行“转化为曲线”命令。左键双击该图形，使其成为旋转状态，如图4-112所示。拉动左边中间双箭头向下拉动到合适位置，如图4-113所示。

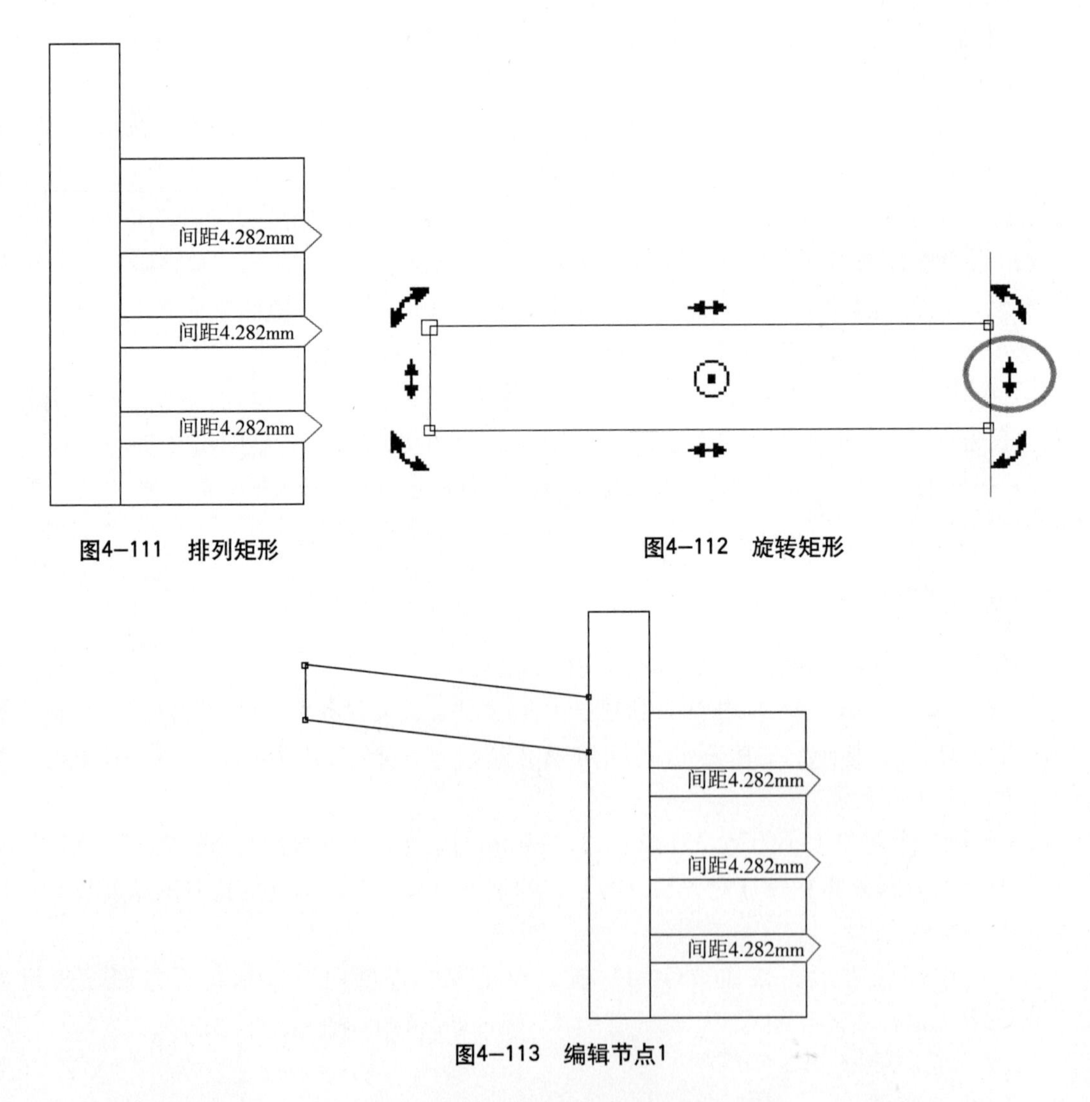

图4-111 排列矩形　　图4-112 旋转矩形

图4-113 编辑节点1

（6）使用“形状”工具对其节点处进行修改。点选右上角节点，在属性栏中点选“平滑节点”按钮，对其进行调节到合适位置，如图4-114所示。

(7) 继续使用“形状”工具对下半部分直线进行调整。点选左下角节点，在属性栏中点选“平滑节点”按钮，对其进行调节到合适位置，如图4-115所示。

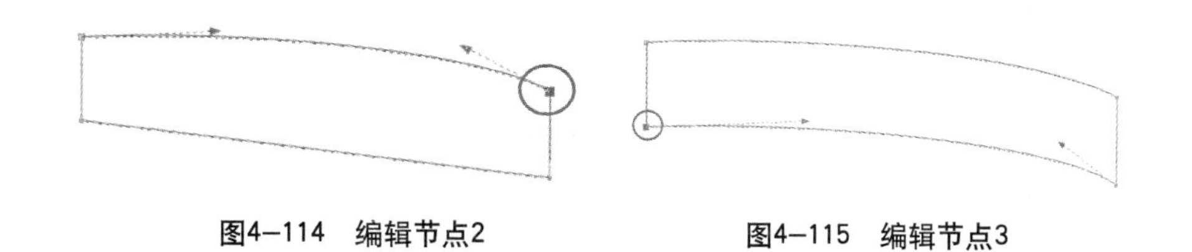

图4-114　编辑节点2　　图4-115　编辑节点3

(8) 移动此弧形到长的长方形左侧，距离最上端11.354mm，如图4-116所示。

(9) 选中弧形，按住“Ctrl”键，单击鼠标左键向下复制两个此弧形，间距为4.282mm，点击右键复制结束，松开“Ctrl”键，如图4-117所示。

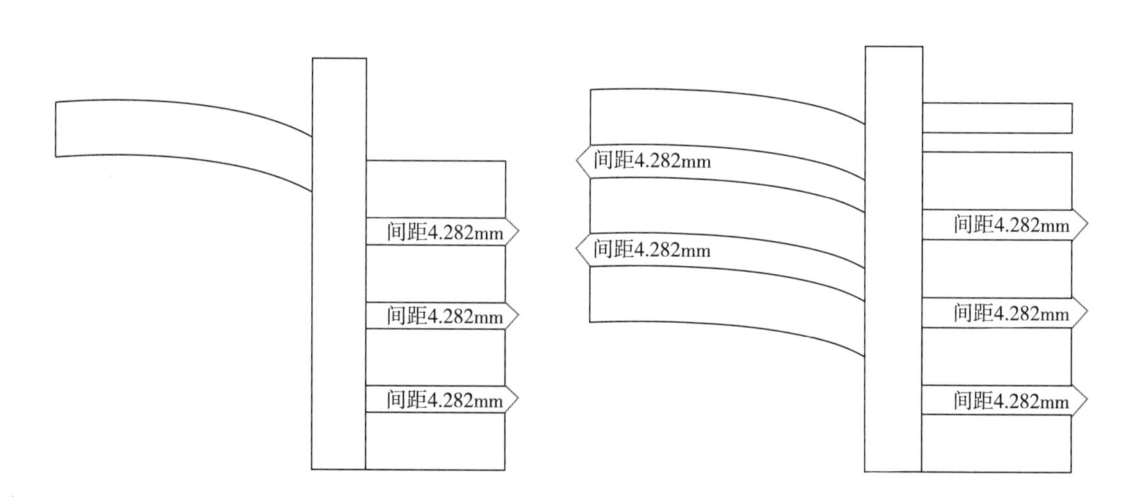

图4-116　排列矩形间距　　图4-117　排列弧形间距

(10) 选中所有绘制图形，【执行排列】→【群组命令】，点选“填充”工具下面的填充对话框，弹出均匀填充颜色对话框，设置颜色C100 M69 Y0 K38，单击确定，如图4-118所示。在CMYK调色板中鼠标右键单击“无色彩显示”，使外框显示为无，得到效果如图4-119所示。

图4-118　填充对话框

图4-119　填充效果

（11）在工具箱中单击“文字”工具字，在标志下方新建文字“中国南方电网”，字体为“汉仪大黑简”，字号为“53.568pt”，颜色黑色，如图4-120所示。

图4-120 添加汉字

（12）选中文字，将鼠标指针放在选框下中部，变为↕此双箭头形状时，向上拉动指针少许，使文字变扁一点，如图4-121所示。

中国南方电网

图4-121 汉字变形

（13）在工具箱中单击“文字”工具字，在“中国南方电网”下方新建大写文字“CHINA SOUTHERN POWER GRID”，字体为“Arial Bold”，字号为“19.396pt”，颜色黑色，如图4-122所示。

图4-122 添加英文

（14）选中文字“CHINA SOUTHERN POWER GRID”，将鼠标指针放在选框下中部，变为↕此双箭头形状时，向上拉动指针少许，使文字变扁一点，如图4-123所示。

中国南方电网
CHINA SOUTHERN POWER GRID

图4-123 英文变形

（15）移动文字“中国南方电网”和“CHINA SOUTHERN POWER GRID”到合适位置，并全部选中点击右键执行命令“转化为曲线”，【并执行排列】→【群组命令】，如图4-124所示。

中国南方电网
CHINA SOUTHERN POWER GRID

图4-124 文字转曲和群组

（16）选中群组好的标志图形，按住“Shift”键，接着选中“中国南方电网”和“CHINA SOUTHERN POWER GRID”文字图形，【执行排列】→【对齐与分布】→【对齐与分布】，勾选上面中间对齐，单击确定，如图4-125所示。得到最终效果如图4-126所示。

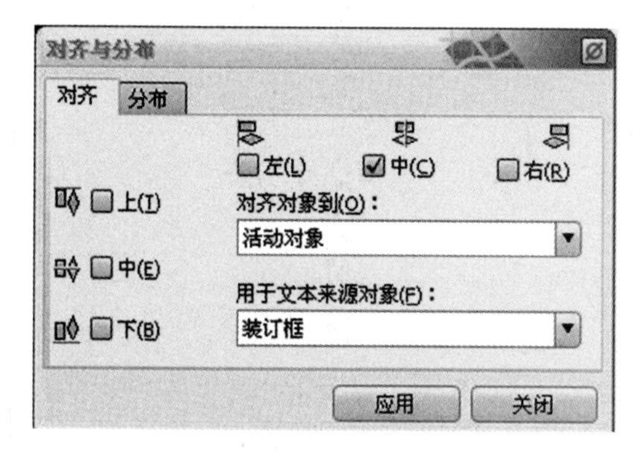

图4-125 对齐与分布

中国南方电网
CHINA SOUTHERN POWER GRID

图4-126 最终效果

4.5 思维拓展练习

我们经常在CorelDRAW中进行各种各样的标志设计，其中常用的工具为贝塞尔曲线，形状工具、挑选工具、文字工具等其他工具和命令。现在以“广西蓝川设计有限公司标志设计”的实例为据，进行思维拓展练习。

一般拿到一个项目的第一反应是了解该项目的导入背景以及项目背后的企业或公司从事的是哪方面的业务及职能，以及该企业或公司有哪些竞争对手？我们应该如何去解决？当然这必须与企业或公司的负责人进行沟通，才能最终得出设计标志的核心草图意向方案，紧接着就进入制作阶段。

分析 “广西蓝川设计有限公司”是一家进行建筑装饰设计、平面设计的公司，其主导业务为装饰工程和平面设计。

设计创意 用铅笔的变形形象为标志的主体，里面蕴含汉语拼音“L”和“C”，即蓝川的首字母。而标志整体呈现不封口的形态，寓意公司不断发展，不断吸收各种人才。

完成的标志设计，如图4-127所示。

温馨提示：可用CorelDRAW X3的“矩形”工具、“形状”工具绘制图形部分，用“文字”工具绘制字体部分。

图4-127 标志设计

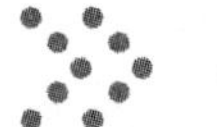

本章小结

（1）Photoshop CS4及CorelDRAW X3都拥有强大的绘图功能，Photoshop CS4主要应用钢笔工具结合路径及通道应用，CorelDRAW X3主要应用贝塞尔工具及形状工具。

（2）Photoshop CS4钢笔工具绘制如图4-16，工作路径面板如图4-17，通道目标选区载入如图4-26。

（3）CorelDRAW X3贝塞尔工具的绘制如图4-88。

思考题与习题

自拟主题，设计一个虚拟的食品类企业或公司的标志设计，分析该企业或公司的项目背景、主要业务、竞争对手、解决方案、标志的核心释义，并进行制作。

第5章 计算机辅助包装设计

学习目标

通过学习，掌握计算机辅助包装设计的技法技巧，达到熟练运用辅助软件进行包装设计的目的。

学习重点

（1）如何运用Potoshop CS4软件对包装图形、文字进行艺术处理。

（2）如何运用CorelDRAW X3软件绘制包装结构、图形编排设计。

学习建议

（1）参观设计公司，了解平面设计软件的应用领域。

（2）掌握使用平面设计软件的工作流程，有助于前期设计和实现创意。

（3）多看、多练习，熟练掌握计算机辅助包装设计的技法技巧。

5.1 计算机辅助包装设计概述

5.1.1 包装设计简介

包装设计是商业性艺术设计门类。随着时代的发展，“包装”不再仅仅是将物品包好而已，它不仅需要能够保存和保护商品、满足运输和携带的方便性、使用的经济性和科学性，同时还必须起到促销的作用，使之在同类商品中具有较强的竞争力。

包装设计是一门综合性很强的学科，它涉及的学科门类很广：在视觉传达方面，涉及造型、结构、图形、色彩、文字、编排等内容；在制作方面，涉及材料、印刷、工艺等技术环节；在销售方面又涉及消费心理学、市场营销学等学科内容。

包装设计要注意以下两点：

（1）要有利于使用的便利性　主要从携带、开启与应用三方面，结合内装物的用途、使用对象、使用环境等有关因素进行考虑。

（2）要注意独特的造型形象　为力求在销售陈列中产生最佳视觉吸引力，可从立体形态和表层装饰变化来达到特殊的视觉效果。同时，注意独特的造型形象变化必须与多数目标受众的某些习惯性认识相结合，即照顾到消费者的一些传统性概念。

5.1.2 包装的分类

（1）内包装　是指与内装物直接接触的包装。它的主要功能是归统内装物的形态、保护商品，按照内装物的需要起到防水、防潮、避光、防变形、防辐射等各种保护，并为消费者提供使用上的便利性。比如咖啡包装，打开外包装盒后，里面都有按一次量分装的小袋包装，它就是内包装。它不但使用便捷，还对咖啡起到保护的作用——不受潮湿或其他影响而变质，如图5–1所示。

（2）个包装　也叫销售包装，它的主要功能是配合销售——说明、介绍、宣传商品，在销售环节吸引消费者并同时起到保护商品的作用，如图5–2所示。

（3）外包装　也称大包装、运输包装，它的主要功能是用来保障产品在流通过程中的安全，并便于装卸、储存和运输，如图5–3所示。

图5–1　咖啡的个包装与内包装——越南速溶咖啡包装设计　阮氏秋玄

注意：由于包装方式及商品本身形态的多样性，还可以从不同的角度进行分类。

图5–2　“老北京”茉莉花茶包装设计　付腾

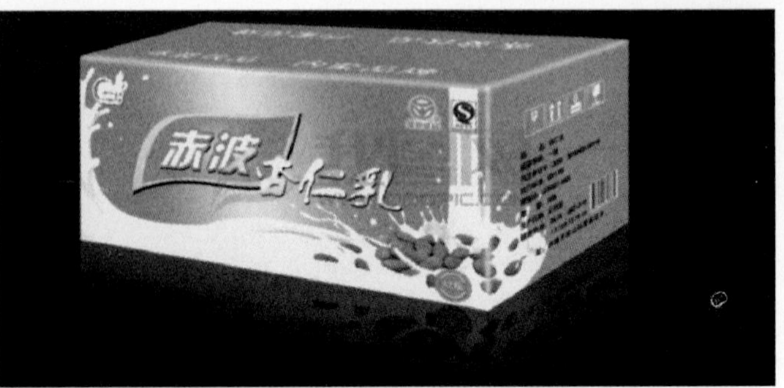

图5–3　赤波杏仁乳外包装

5.1.3 包装的功能

（1）保护功能　容纳和保护商品是包装的首要功能，作为包装设计人员，必须了解一些保护性内容，并结合具体的行业标准来进行设计。

1）防止振动、冲击。

2）防水防潮。

3）防止温度的高低变化。

4）防光线和防辐射。

5）防止与空气、环境的接触。

6）防偷盗。

（2）便利功能　无论从运输，还是消费者的使用立场来看，都应体现出包装给人们带来的便利。

1）生产制造者的便利性。

2）仓库储存者的便利性。

3）代理销售者的便利性。

4）消费者使用的便利性。

5）废弃、回收的便利性。

（3）商业功能　包装的商业功能主要体现在它能够促进商品的销售。优秀的包装能够在同类产品中脱颖而出，迅速吸引消费者的眼球，从而达到促销的目的，如图5-4和图5-5所示。一般来说，包装的商业性由两方面来体现，一是以独特、美观、适用的外观结构来吸引消费者，通常称其为结构设计；另一方面是指通过图形、色彩、文字材质的吸引力、说服力来吸引消费者，通常称其为装潢设计。计算机辅助包装设计中，Photoshop主要辅助装潢设计的图形设计部分，CorelDRAW主要辅助结构设计。作为包装设计者，要正确把握商品的诉求点，这很关键。

图5-4　良好功能的包装——老北京茉莉花茶包装设计

付腾

图5-5　良好功能的包装——葡萄酒包装设计

司艳艳

总之，优秀的包装应有吸引人的外观、使用方便、保护性好、便于携带、品牌形象突出、具有时尚感和文化特征。

（4）心理功能　消费者长期以来对商品类别的视觉印象已经形成了固定的认识，对同一产品的不同口味往往从色彩上进行辨别，比如：红色表示辣味，绿色表示酸味。消费者的这种心理定式对包装设计的影响很大。

现代市场已经进入个性化消费时代，商品的品质和个性成为消费者的首选。包装设计也随之更加追求个性化，突出商品的品质和品牌形象。

5.1.4 计算机辅助包装设计的意义

所谓计算机辅助包装设计是指设计师通过计算机技术更为直接、有效的表现设计意图。20世纪90年代初，计算机作为信息时代重要的技术工具，在包装设计领域得到普遍应用，使我们逐步摆脱了手工绘制的局限，进入一个全新的时代。特别是随着计算机软硬件的进步，计算机辅助设计已成为包装设计的主流工具。

为提升市场竞争力，包装图形必须依赖丰富多样的表现技法，以及包装材料的质感表现来实现。尤其是当代，设计师为了追求更为理想的设计效果，常常从图形、材质、光泽、肌理、空间感等方面寻求新的突破，使计算机辅助设计成为了包装设计的重要一环。由于Photoshop和CorelDRAW在图像图形处理方面具有独特的艺术表现力和多样化功能，可轻松实现各种特效，从而真实、灵活地表现包装色彩、质感等效果优势，迅速、便捷、精确地表达设计创意，而使它们成为实现包装设计创意的主要手段。

本章主要讲述在标志设计过程中，如何通过软件功能来表达包装创意效果，使学生掌握使用计算机图形软件设计包装的方法。

5.2 运用Photoshop CS4辅助图形设计

在包装设计中，经常会用到图形，这些图形以标志、产品、文字等不同的形式存在。设计时，如果设计素材不能直接运用，就必须经过处理，以使图形更好地融入包装设计之中。常用到的工具有蒙版、画笔、渐变、钢笔等；常用到的滤镜有抽出、液化等。此外，比较常用的还有图案生成器，它可以利用任何一个图像的一部分制作一个图案底纹，较适合食品包装设计。

5.2.1 常用工具

1. 蒙版

蒙版工具在制作多图层图像时经常用到，经常与渐变工具、画笔工具配合使用。使用图层蒙版是在不破坏图层图像的前提下，控制图层图像不同层次的显隐。在“图层”面板中蒙版显示为黑、白、灰。白色区域是完全可见的部分；黑色区域是完全隐藏的部分；灰色区域则依据绘制的灰度层次显示出不同层次的透明效果。

（1）添加图层蒙版　要为图层添加一个白色蒙版，可以选择需要添加蒙版的图层，单击“添加图层蒙版”按钮，就可以为图层添加一个白色蒙版，即显示全部图像。

（2）编辑图层蒙版　编辑蒙版的方法有几种，最常使用的是“渐变工具”和“画笔工具”来修改蒙版。也可以使用“色阶”、“曲线”等命令来给蒙版调色，还可以应用滤镜来编辑图层蒙版。这样就可以根据需要得到各式各样的蒙版，从而得到各种各样的图像效果。

（3）停用图层蒙版　在应用图层蒙版的时候，如果暂时用不到蒙版，可以在按住“Shift”键的同时单击图层蒙版的缩略图，缩略图上会出现一个红色的“×”，代表已经停用该蒙版，如图5-6所示。再次按住“Shift”键的同时单击图层蒙版的缩略图即可重新使用该蒙版。

图5-6 停用蒙版

（4）删除图层蒙版　使用删除图层蒙版时，所进行的操作只是将图层蒙版删除，不会对图像进行任何的修改。

2．矢量蒙版

（1）添加矢量蒙版　添加矢量蒙版和添加图层蒙版一样，也可以得到两种不同的显示效果，即完全显示图像和完全隐藏图像。

在图层面板中选择需要添加矢量蒙版的图层，选择菜单栏中的【图层】→【矢量蒙版】→【显示全部】命令，就可以得到显示全部图像的蒙版，如图5–7所示。

选择菜单栏中的【图层】→【矢量蒙版】→【隐藏全部】命令，就可以得到隐藏全部图像的蒙版，如图5–8所示。

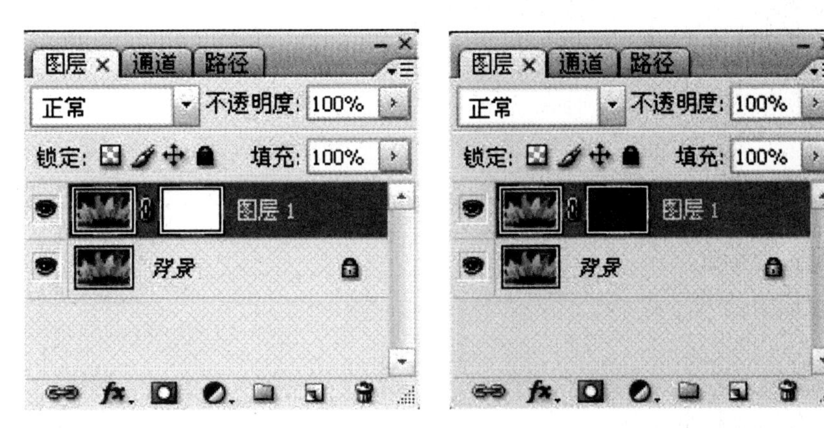

图5–7　显示全部图像的蒙版　　图5–8　隐藏全部图像的蒙版

注意：在矢量蒙版中，隐藏蒙版的颜色是灰色而不是黑色。

（2）编辑矢量蒙版　编辑矢量图形可以根据需要使用“路径选择工具”、“钢笔工具”等路径编辑工具对矢量蒙版进行编辑。

3．剪贴蒙版

（1）创建剪贴蒙版　“剪贴蒙版”是针对一组图层的总称，由基层和内容层组成，如图5–9所示。基底图层的非透明内容将在剪贴蒙版中裁剪（显示）它上方的内容图层的内容，剪贴图层中的所有其他内容将被遮盖掉。在一个剪贴蒙版中，需要一个基层和一个或多个内容层，基层位于剪贴蒙版的底部，内容层位于基层的上方，并且每个内容层前面都会有一个图标。

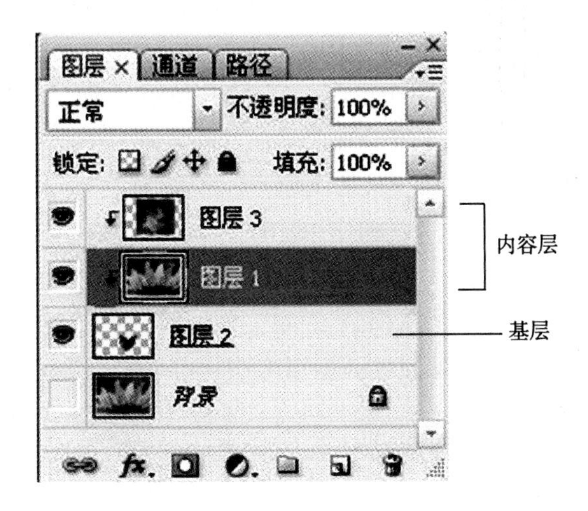

图5–9　图层状态

剪贴蒙版的内容层或基层可以由形状图层、文字图层、图片图层组成，图5–10为普通图层文件及对应的“图层”面板。图5-11为执行“创建剪贴蒙版”命令后的图像文件及对应的“图层”面板。

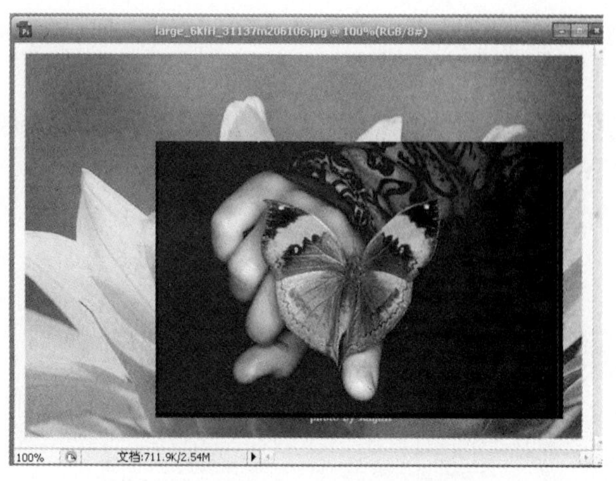

图5-10 原图文件及“图层”面板
（图片来源：http://photo.poco.cn/）

图5-11 执行“创建剪贴蒙版”命令后的图像级“图层”面板

创建剪贴蒙版：在图层的缩略图上单击鼠标右键，选择“创建剪贴蒙版”命令。

在创建完剪贴蒙版之后，仍可以为各个图层设置混合模式、不透明度以及图层样式等。

（2）在图像处理的时候，经常会用到滤镜。在使用滤镜之前，应该注意以下几点：

1）在当前的可视图层和选区中才可以运用滤镜。

2）滤镜不能用于位图模式和索引模式的图像。

3）有部分滤镜只对RGB模式的图像起作用。

4．“抽出”滤镜

在处理产品插图的时候，还会经常用到“抽出”滤镜。利用“抽出”滤镜可以很容易地将图像从背景中分离出来，是一种非常方便的抠图方法，可以精确地将图像从背景中抽出，特别适合处理边缘细微、复杂的图像（在Photoshop CS4中“抽出工具”属于“可增效工具”，如没有可下载此工具装入软件中）。

使用“魔棒工具”也可以抠图，但是“魔棒工具”更适用于颜色相近的大色块，对于边缘细微、复杂的图像，使用“魔棒工具”将图像背景删除后，图像边缘难免有些破损。而使用“抽出”滤镜则能更精确、自然地抠出图像，对比效果如图5-12所示。

图5-12 使用“魔棒工具”与“抽出”滤镜后的效果对比

可以看出，抽出图像后，图像的背景已完全清除，显示为透明，图像边缘上的像素也失去了原有背景的色调。这样处理之后的素材与新背景融合的时候会更自然。

下面演示图像的抽出过程：

(1) 打开需要抽出的图片，如图5-13所示。

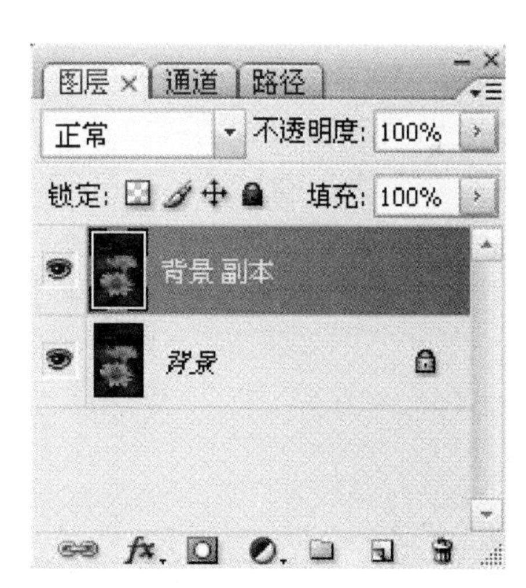

图5-13 素材图片

（图片来源：http://photo.poco.cn/）

注意：为了避免丢失原来的图像，在进行图像处理前，复制原来的图层。如果直接在背景图层上执行抽出命令，在抽出完成后背景图层就变为普通的图层。如果图层中包含有选区，那么抽出功能只能在选取范围内起作用。

(2) 选择菜单栏中的【滤镜】→【抽出】命令，弹出“抽出”对话框，如图5-14所示。

(3) 使用该对话框的“画笔大小”文本框及滑块来设置边缘高光的大小。

(4) 设置完成后，用“边缘高光器工具”沿着需要抽出的图像边缘圈选，如图5-15所示。

图5-14　“抽出”对话框

工具选项
画笔大小：15
高光：绿色
填充：蓝色

图5-15　使用边缘高光器工具

（5）使用“填充工具”填充被圈选图像，如图5-16所示。

图5-16　使用填充工具

（6）单击“确定”，这时在原来的图层，除了抽出图像以外都变成透明的，抽出后的图像效果如图5-17所示。

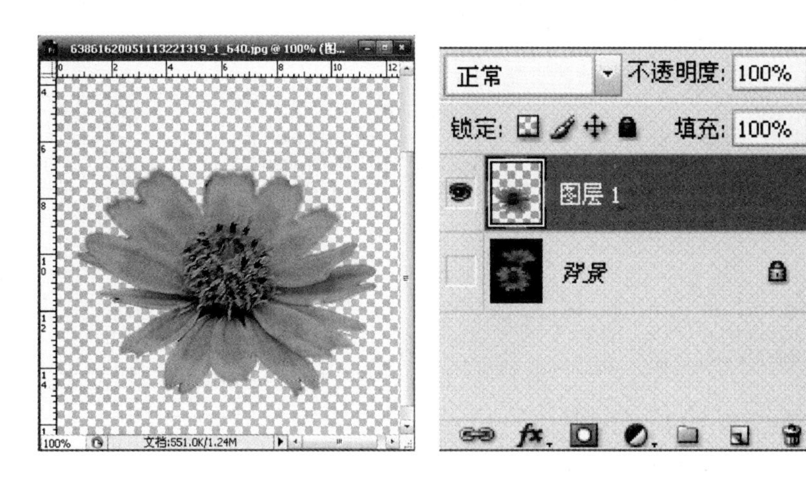

图5-17　抽出之后的效果及图层状态

要想抽出图像的边缘平滑，可以拖移“平滑”滑块。

5．“液化”滤镜

“液化”滤镜的作用是使图像产生类似于液体的变形。“液化”滤镜可使图像的任意区域产生扭曲和变形效果，扭曲的程度可以细微，也可以强烈。

选择菜单栏中的【滤镜】→【液化】命令，弹出“液化”对话框，如图5-18所示。

图5-18　液化对话框　　邓思虹

下面通过一个例子展示液化的效果：

（1）打开需要液化处理的图像。如图5-19所示：

（2）选择【滤镜】→【液化】命令。弹出“液化”对话框，在右侧的“画笔大小”调节合适的参数。选择“向前变形工具”在预览图像上拖曳，即可变形。如图5-20所示。

图5-19 素材图片 Davenit

图5-20 使用向前变形工具

（3）使用“冻结蒙版工具”，将不想改变的图像区域冻结，然后选择任意一种液化工具扭曲图像，如图5-21所示。

（4）图像处理完成后，点击确定，效果如图5-22所示。

图5-21 使用冻结蒙版工具

图5-22 最终效果

（5）如果不满意此次的变形，单击“恢复全部”按钮，就可以恢复所有的扭曲处理。

6.“图案生成器”

“图案生成器”是一个可以利用任何图案制作图案底纹的命令（在Photoshop CS4中“图案生成器”属于“可增效工具”，如没有可下载此工具装入软件中）。如果想利用一张图案或是图案的一部分制作成底纹，就可以利用这个命令，选择菜单栏【滤镜】→【图案生成器】，弹出图案生成器对话框，如图5-23所示：

下面通过一个例子演示图案生成的过程：

（1）打开需要生成图案的素材，如图5-24所示。

（2）选择菜单栏的【滤镜】→【图案生成器】，弹出“图案生成器”对话框。

（3）在预览窗口中，使用“矩形选框工具”选择一个图案区域，并在右侧设置各种选项参数，如图5-25所示。

图5-23 图案生成器对话框 邓思虹

图5-24 素材图片

图5-25 使用矩形选框工具

（4）单击“生成”按钮，单击右下方“储存预设图案”按钮，弹出“图案名称”对话框，在文本框中输入图案名称。单击“确定”完成图案的制作，如图5-26所示。

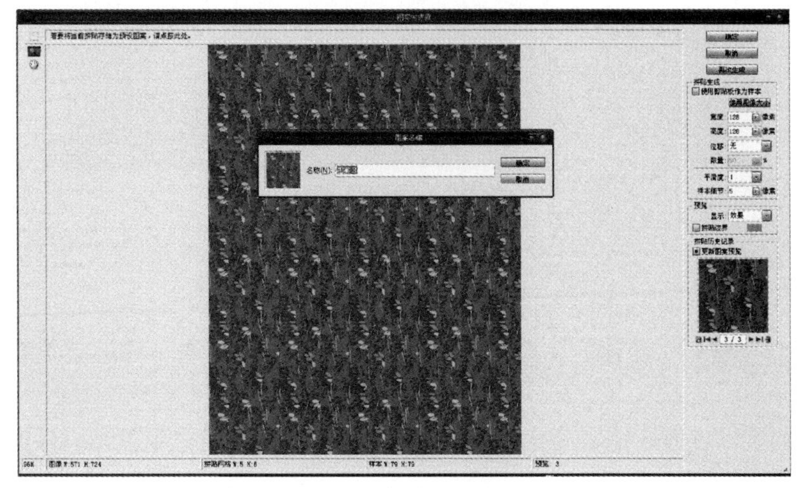

图5-26 储存预设图案

（5）如果对图案不满意，单击“从历史记录中删除拼贴”按钮，即可删除图案。

（6）如果需要观察前一个或后一个图案，单击左右箭头，2 / 4，即可预览。

5.2.2 插图“艺术效果”的改变方法

将普通的图像转变成具有艺术效果的特殊图像，可以通过滤镜来轻松实现。在进行图像处理的时候经常会用到以下这些滤镜，它们基本可以实现我们想要的效果。这些滤镜包括艺术效果、风格化、素描等。

“智能滤镜”是Photoshop CS3新增加的滤镜功能，这些滤镜是非破坏性的。智能滤镜出现在“图层”面板中应用这些滤镜的智能对象图层下方（智能对象是包含栅格或矢量图像中的图像数据的图层。智能对象将保留图像的源内容及其所有原始特性，从而能够对图层执行非破坏性编辑）。我们可以调整、移除或隐藏智能滤镜，如图5-27所示。

图5-27 智能滤镜图层面板

除了上面介绍的“抽出”、“液化”和“图案生成器”命令之外，还可以将任何滤镜转化为智能滤镜。

下面重点介绍这些滤镜的用法：

1. 艺术效果

艺术效果滤镜可以为普通的图像制作绘画效果或其他艺术效果。可以通过滤镜库来应用所有的“艺术效果”滤镜。

下面以一张原始图片与艺术效果处理之后的图像进行对比。打开任意一张图像，如图5-28所示。

图5-28 素材图片

（图片来源：http://photo.poco.cn/）

（1）壁画　“壁画”滤镜是使用粗略涂抹的小块颜料，制造一种粗糙的绘画风格，如图5-29所示。

（2）彩色铅笔　“彩色铅笔”滤镜是使用彩色铅笔在纯色背景上绘图，保留重要的边缘，外观呈粗糙阴影线，如图5-30所示。

图5-29 “壁画”滤镜

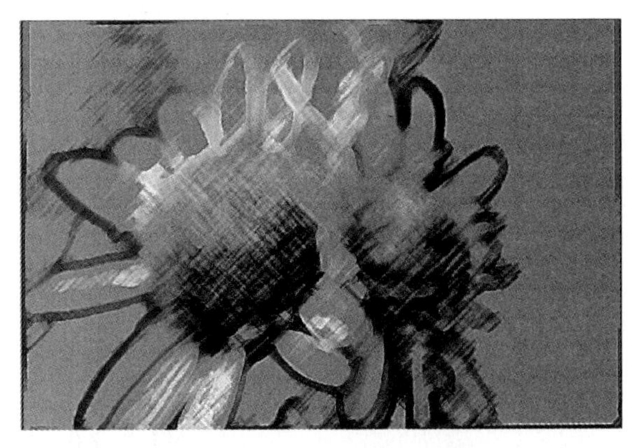

图5-30 “彩色铅笔”滤镜

（3）粗糙蜡笔 “粗糙蜡笔”滤镜是类似于使用蜡笔在粗糙的背景上绘画，在亮色区域，蜡笔颜色看上去很厚重，在暗色区域，颜色很轻薄，如图5-31所示。

（4）底纹效果 “底纹效果”滤镜用于在有纹理的背景上绘图，如图5-32所示。

图5-31 “粗糙蜡笔”滤镜

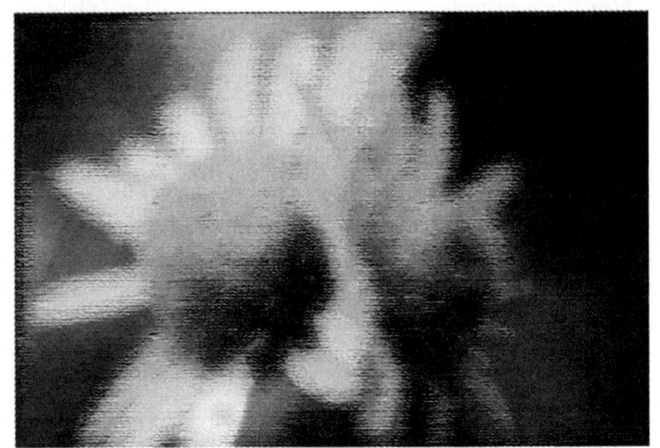

图5-32 “底纹效果”滤镜

（5）调色刀 “调色刀”滤镜相当于用调色刀在画布上涂抹的大色块，如图5-33所示。

（6）干画笔 “干画笔”滤镜是通过干画笔技术绘制图像边缘，亮部可以清晰地看出干画笔绘画时那种特有的质感，如图5-34所示。

图5-33 “调色刀”滤镜

图5-34 “干画笔”滤镜

（7）木刻 “木刻”滤镜类似彩纸剪贴而成，边缘粗糙，色块叠加，高对比度的区域看起来像剪影，如图5-35所示。

（8）水彩　“水彩”滤镜用来模拟水彩画的效果，当边缘有显著的色调变化时，此滤镜会使颜色更饱满，如图5-36所示。

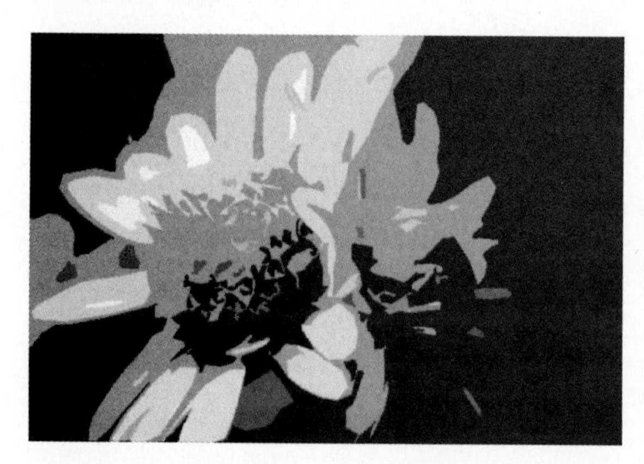

图5-35　“木刻”滤镜

图5-36　“水彩”滤镜

图5-37　“塑料包装”滤镜

（9）塑料包装　“塑料包装”滤镜用于给图像包上一层光亮的塑料，强调表面细节，如图5-37所示。

2．风格化

“风格化”滤镜，可以将普通的图像制作成具有印象派风格的绘画。选择菜单栏中的【滤镜】→【风格化】，弹出风格化子菜单，如图5-38所示。

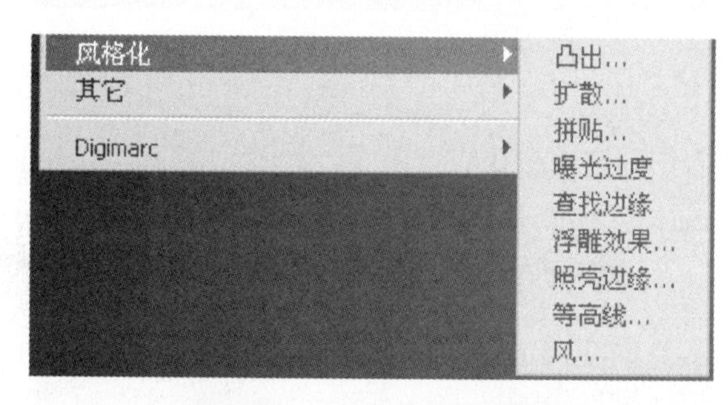

图5-38　“风格化”滤镜菜单

下面具体讲解几个运用滤镜进行制作的案例：

（1）扩散　“扩散”滤镜可以制造在布面上绘画的感觉，有明显的颗粒，边缘不齐，如图5-39所示。

（2）查找边缘　“查找边缘”滤镜，重点勾画图像的边缘，并突出边缘，有铅笔画的味道，如图5-40所示。

（3）风　“风”滤镜用来模拟风吹的视觉效果。

图5-39　“扩散”滤镜

图5-40　“查找边缘”滤镜

选择菜单栏中的【滤镜】→【风格化】→【风】，弹出 “风”对话框，在“方法”选项组中可以点选“风”、“大风”、“飓风”来确定风影响的程度；在“方向”选项组中可以点选“从左”或“从右”以确定风吹的方向。设置好后点击“确定”，如图5-41所示。

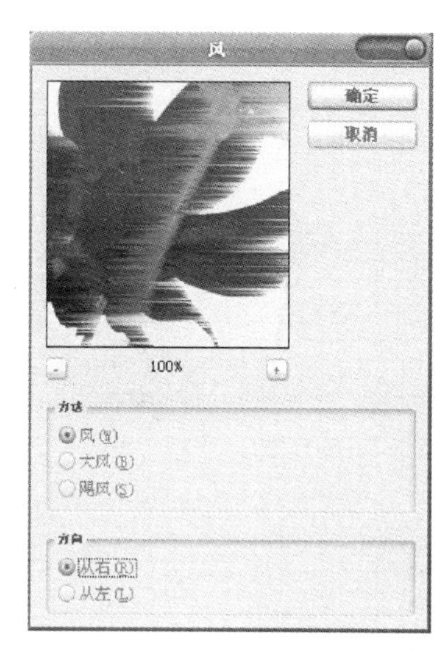

图5-41 “风”滤镜

（4）照亮边缘 “照亮边缘”滤镜类似于用荧光棒勾勒出边缘。

选择菜单栏中的【滤镜】→【风格化】→【照亮边缘】，弹出 “照亮边缘”的对话框，有三个选项：边缘宽度、边缘亮度和平滑度，如图5-42所示。

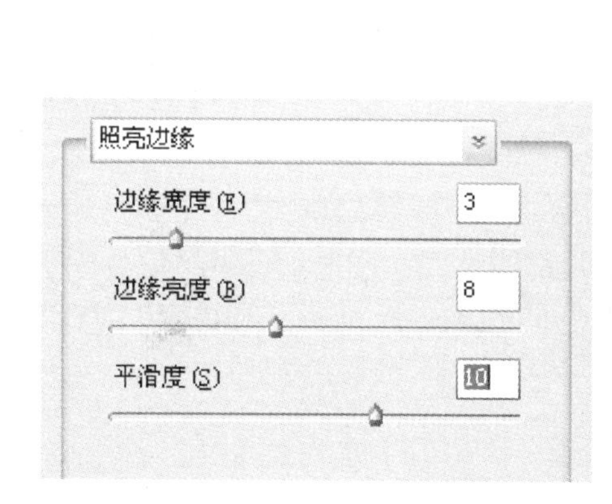

图5-42 “照亮边缘”滤镜

5.3 运用CorelDRAW X3绘制包装结构图形

我们将通过案例，把以下知识点融入在其中，带领大家完成从包装的构思、草图、结构图到最后的效果制作的全过程。

注意：（1）外包装展开图的制作 首先确定好包装盒的尺寸，然后用简单的几何图形拼合而成。注意：必须要绘制10mm的贴位及3mm的出血位。

（2）包装效果图的制作 需要用形状工具控制节点去修饰图片，透视效果主要是用挑选工具将图像变形而来。

5.3.1 创意来源

速溶咖啡的购买主体多是年轻一族或者是喜欢激情、简洁和快捷生活的人群。因此，速溶咖啡的包装应洋溢着现代的气息。另一方面，为达到地域文化的拓展和沿袭，达到传统与现代的有机结合，从越南铜鼓上选择一些越南文化特色浓郁的纹样（一只以山体为背景、站立在铜环上的鸟儿）以勾勒出越南文化历史悠久的韵味，如图5-43所示。

图5-43 实例效果——越南速溶咖啡包装设计

阮氏秋玄

为将咖啡杯图案处理成很现代的感觉，在图形处理上将现代图形与越南民族文化的图案相结合。包装形态采用了菱形，既便于组合展示，也便于运输需要。视觉新颖、美观，达到了设计目的。

5.3.2 绘制构思图（见图5-44）

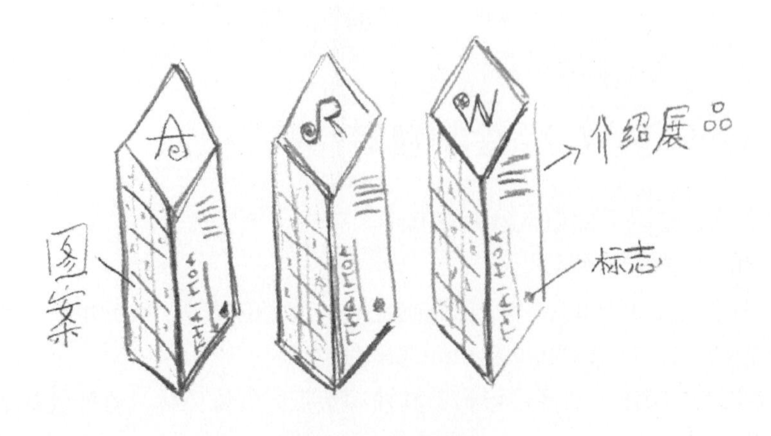

图5-44 设计草图

5.3.3 运用CorelDRAW X3绘制包装结构展开图。

(1) 新建文件 打开CorelDRAW X3软件，设置页面大小为310mm×297mm，如图5−45所示。

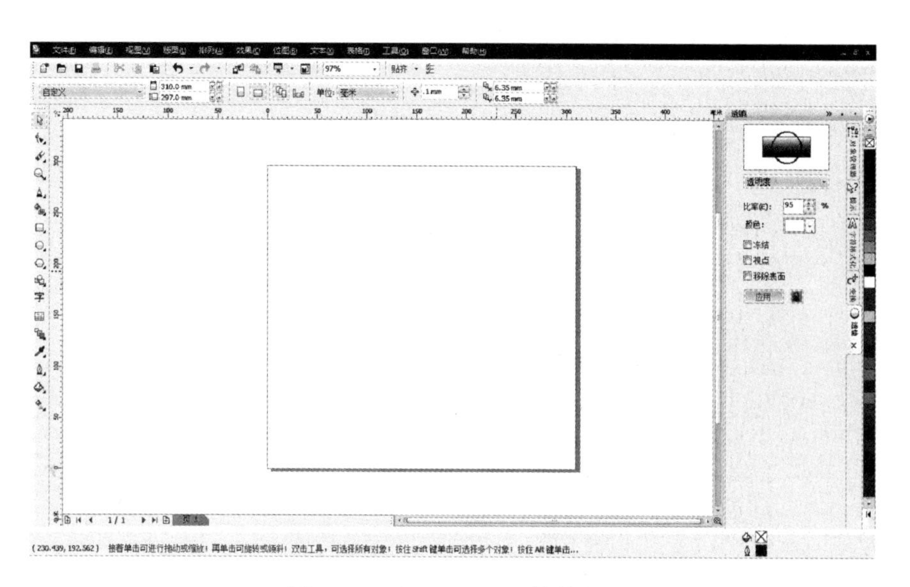

图5−45 CorelDRAW X3软件界面

(2) 确定包装盒的尺寸，运用“矩形工具”绘制一个矩形，设置笔画宽度为0.353mm，按Ctrl+Q，转为曲线，再用形状工具，调整节点，如图5−46所示。

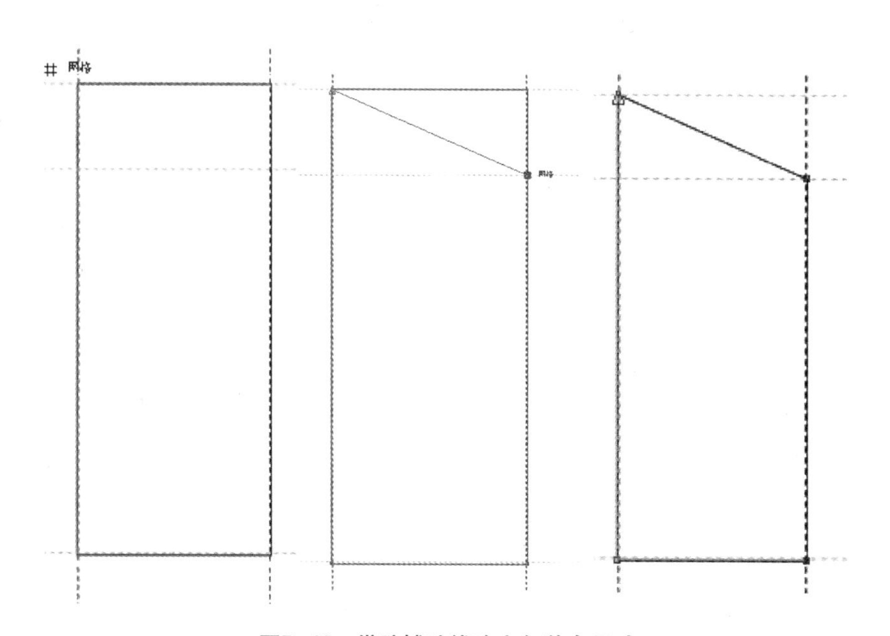

图5−46 借助辅助线确定包装盒尺寸

在绘制的过程中，可以借助辅助线，选择菜单栏中【查看】→【辅助线】。

(3) 用同样的方法绘制另一个图形，对齐节点。如图5−47所示。

(4) 用挑选工具全选，水平镜像复制一个（先按住“Shift”，再选择物件，然后从物件边缘的黑点拖动，注意是反方向拖动，在不放开左键的情况下按一下右键），如图5−48所示。

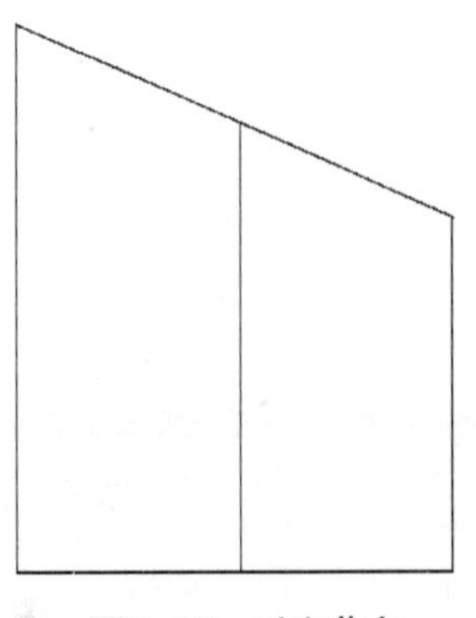

图5-47　对齐节点

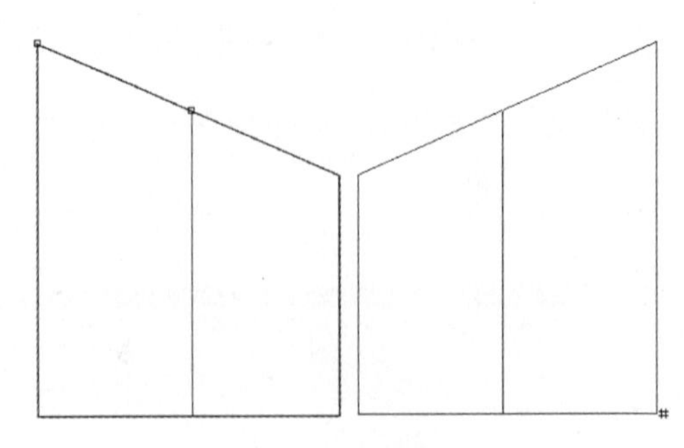

图5-48　镜像复制

（5）用“矩形工具”，绘制一个矩形，按“Ctrl+Q”，转为曲线，再用形状工具选取节点，拖动，调整节点，如图5-49所示。

（6）用“折线工具”绘制一个几何形，按“Ctrl+Q”，转为曲线，再用形状工具选取节点，拖动，调整节点，如图5-50所示。

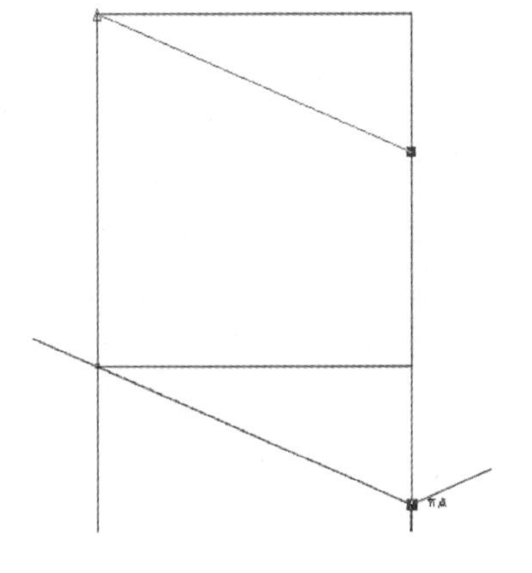

图5-49　用矩形工具调整节点

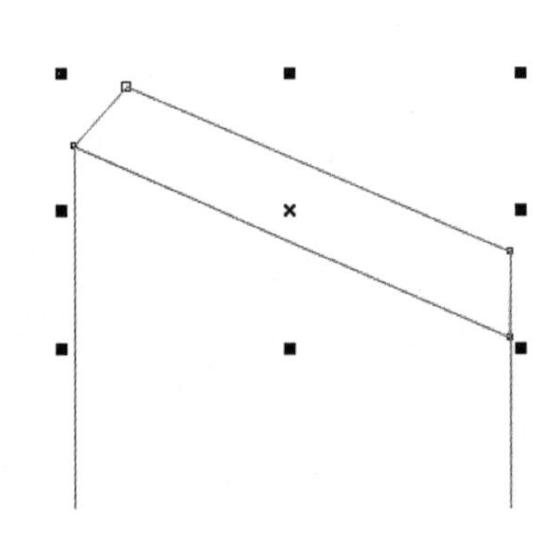

图5-50　用折线工具调整节点

（7）用“矩形工具”，绘制三个矩形，按“Ctrl+Q”，转为曲线，如图5-51所示。

（8）选择“形状工具”，在曲线上双击左键添加节点，调整节点，如图5-52所示。

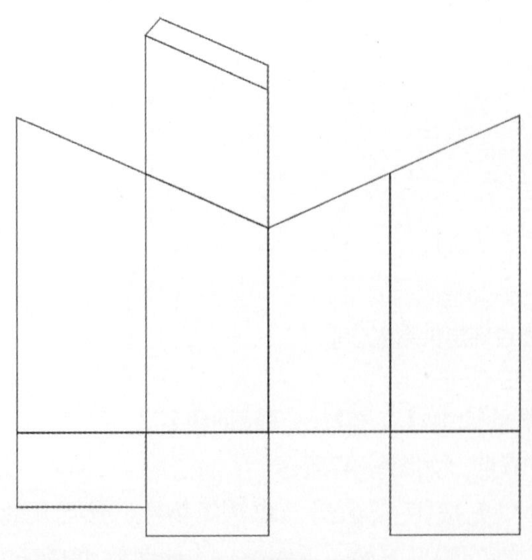

图5-51　绘制三个矩形

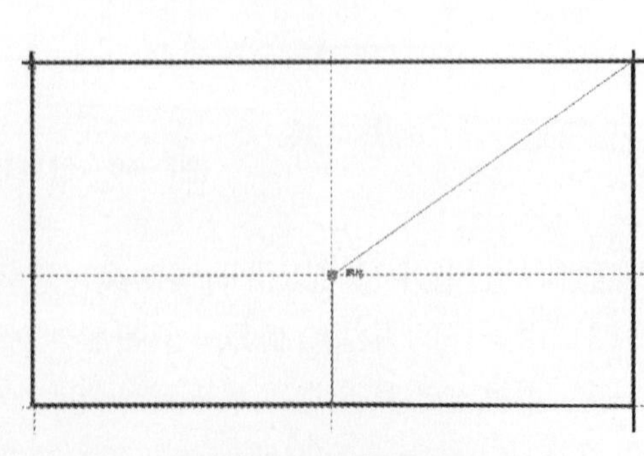

图5-52　添加调整节点

（9）用“矩形工具”，绘制一个矩形，用“挑选工具”选择二个矩形，选择菜单栏中【排列】→【修整】→【后减前】，如图5-53所示。

图5-53　修整图形

（10）选择“形状工具”，在曲线上双击左键添加节点，调整节点，如图5-54所示。

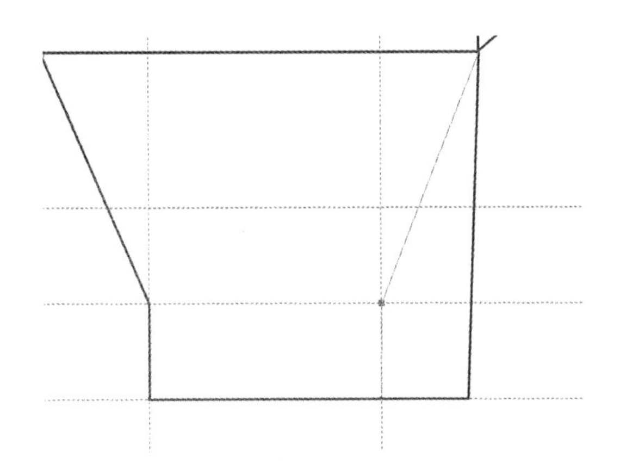

图5-54　添加调整节点

（11）选择图形，用上述的方法，镜像复制，如图5-55所示。

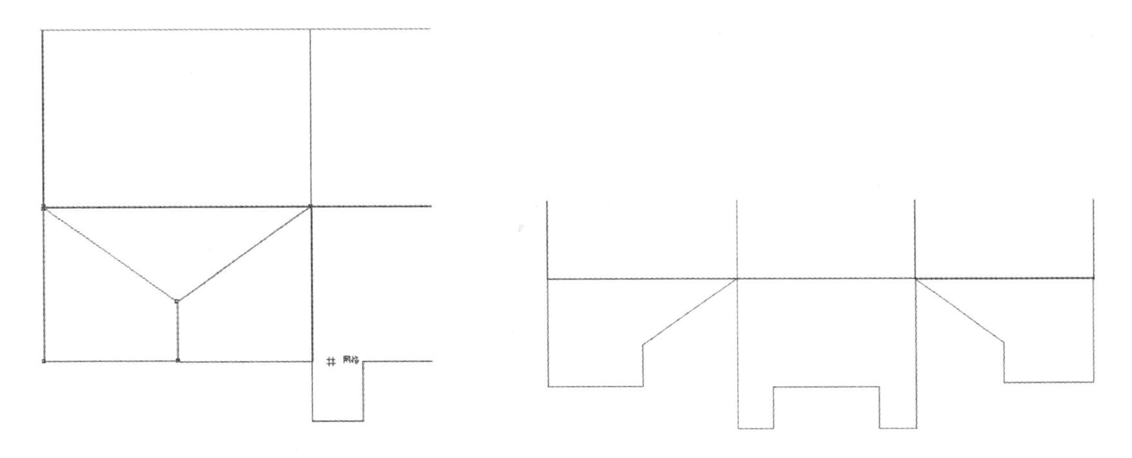

图5-55　镜像复制

（12）用同样的方法制作10mm的贴位和3mm的出血位。速溶咖啡包装的结构图就完成了，如图5-56所示。

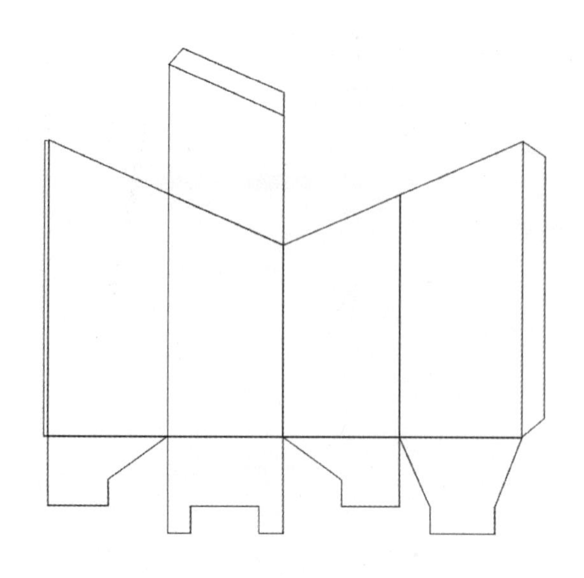

图5-56　制作贴位和出血位

（13）在刚才绘制好的包装结构图的基础上，导入事先准备好的素材图片，复制一个，按“Ctrl+G”群组，用“挑选工具”选择图片，选择菜单栏中【效果】→【精确裁减】→【放入容器内】，出现一个黑色箭头，再点击容器，如图5-57所示。

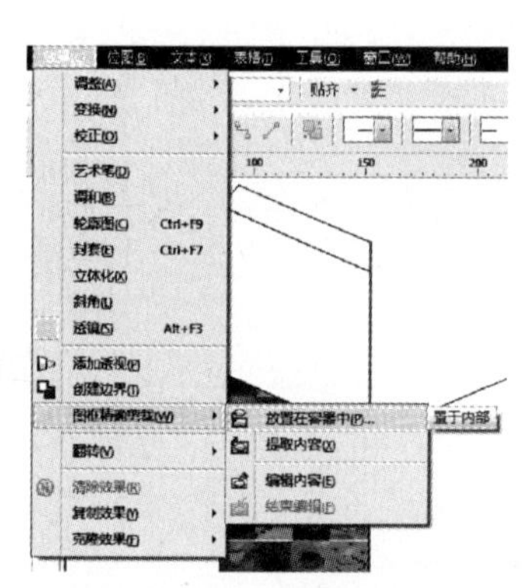

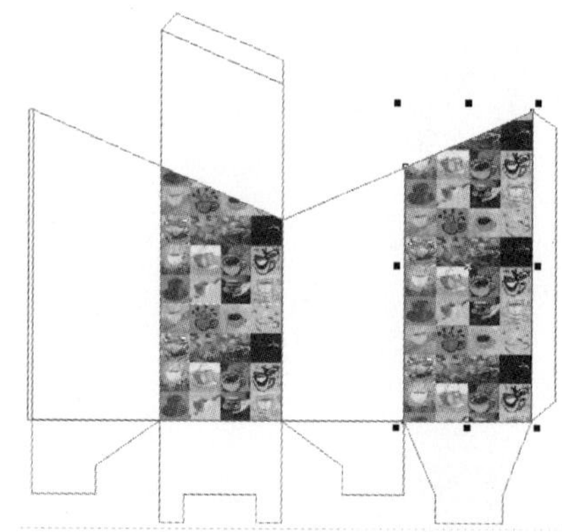

图5-57　将图片放入容器内

（14）绘制“鸟”的图案。

1）选择“多点线工具”，绘制一个闭合曲线，填充蓝色（C、M、Y、K值分别为60、60、0、0）。用“挑选工具”全选，按“Ctrl+Q”，转为曲线，选取节点，用“平滑节点工具”平滑曲线，同理，调整其他节点，然后删除多余的节点，用“形状工具”选取节点，进一步进行调节曲线，直到满意。绘制“鸟的脖子”，填充白色，如图5-58所示。

图5-58　绘制“鸟”的身体

2）绘制“鸟的眼睛”，选择“椭圆工具”，按住“Shift”，绘制一个正圆，将笔画颜色设置为“白色”，按“Shift”等比例缩小，在不放开左键的同时，点击右键，得到一个同心圆，如图5-59所示。

图5-59 绘制“鸟”的眼睛

3）将以上绘制的几个图形用“挑选工具”全选,然后“群组”，鸟的图案完成了，如图5-60所示。

图5-60 群组绘制“鸟”的图案

4）将“鸟”的图形复制2个，调整它的大小，放置在合适的位置上。

5）调整图形的透明度,使其层次丰富。打开菜单栏【效果】→【透镜】,调整透明度，如图5-61和图5-62所示。

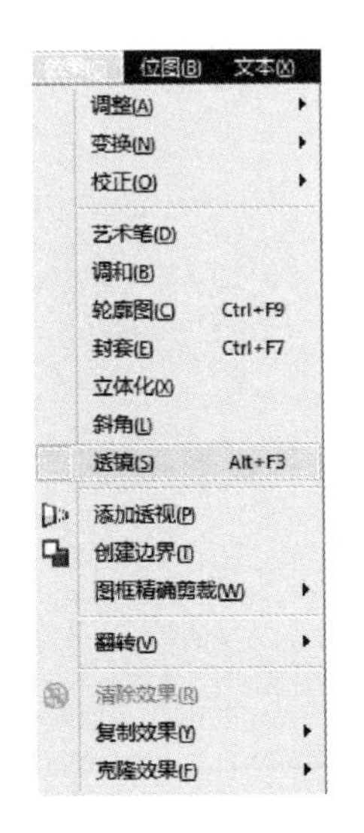

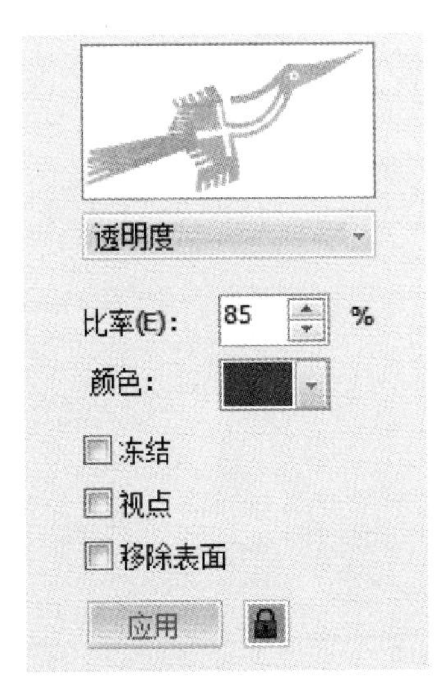

图5-61 透镜菜单栏

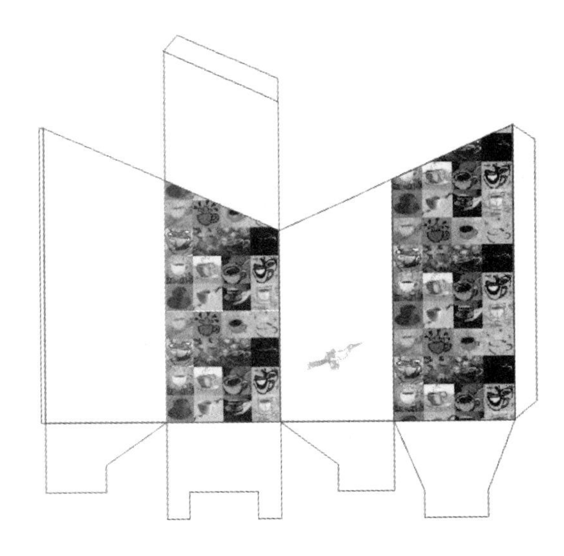

图5-62 调整透明度之后的效果

（15）制作漩涡字母A。这一步骤将在Photoshop CS4中利用通道制作。

1）打开Photoshop CS4软件，选择通道面板，新建一个Alpha通道，如图5-63所示。

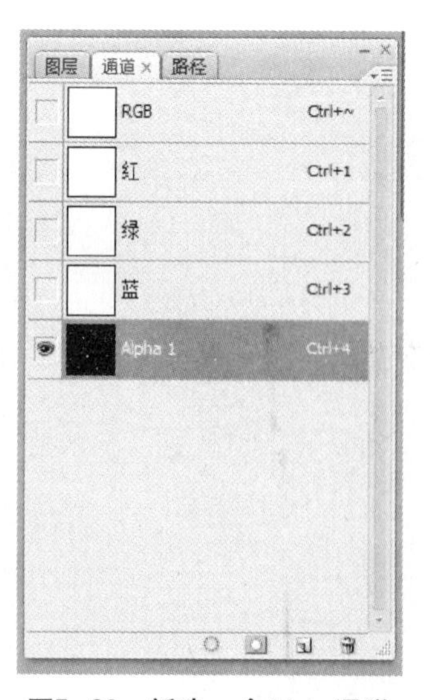

图5-63　新建一个Alpha通道

2）选择文字工具，选择合适的字体,输出大写字母“A”，如图5-64所示。

3）选择椭圆工具，按住“Shift”键在字母“A”的下方绘制一个圆形，如图5-65所示。

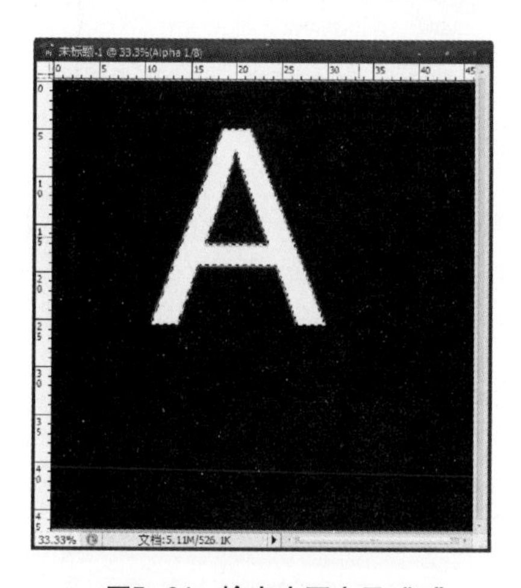

图5-64　输出大写字母“A”

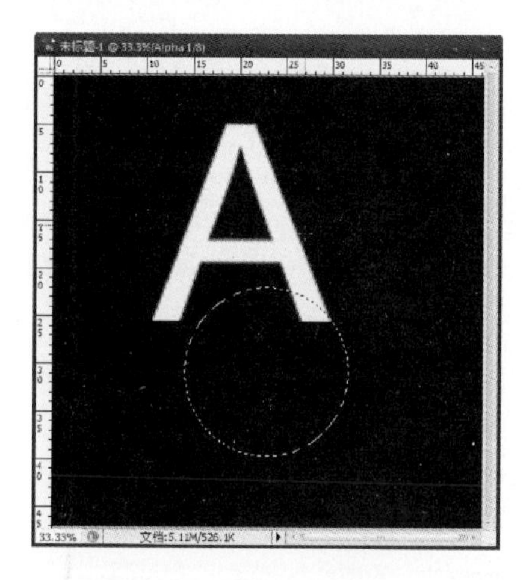

图5-65　绘制一个圆形

4）选择菜单栏中的【滤镜】→【扭曲】→【旋转扭曲】。打开“旋转扭曲”面板，调整角度到适合的状态，如图5-66所示。

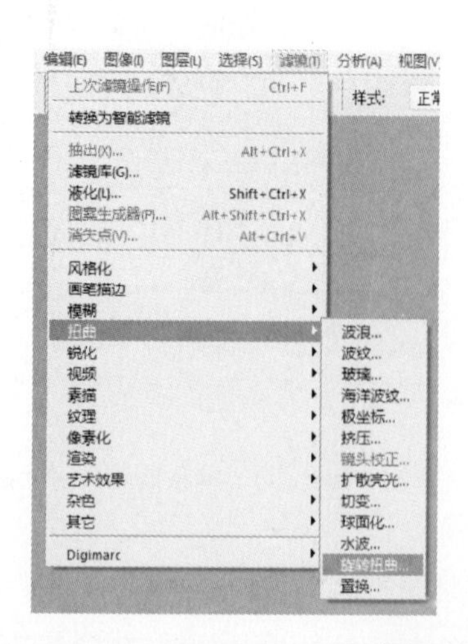

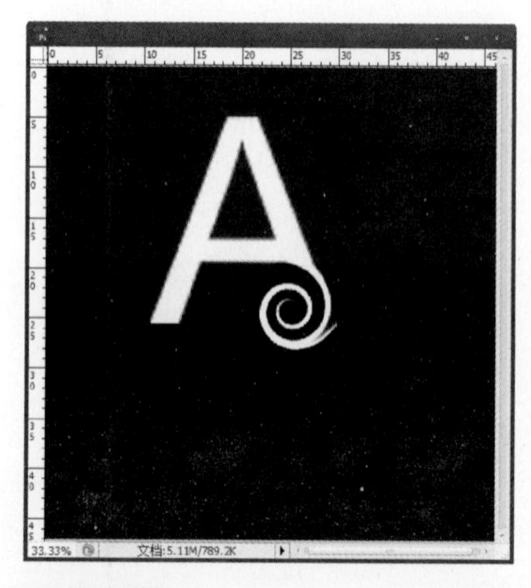

图5-66　旋转扭曲图形

5）选择刚才的新建通道，按住“Ctrl”，点击缩略图，载入选区，如图5–67所示。

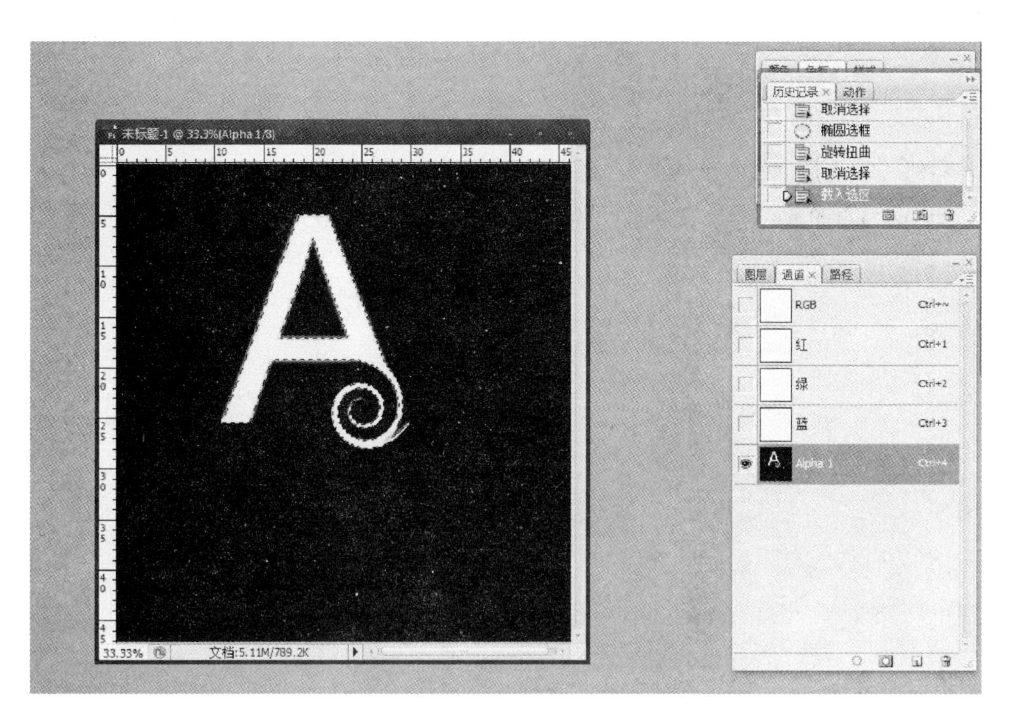

图5–67　将图形载入选区

6）选择图层面板，点击渐变工具，编辑渐变颜色，从红色渐变到绿色，红色（R、G、B值分别为:209、24、29），绿色（R、G、B值分别为:15、93、50），填充渐变色，按Ctrl+D取消选区，如图5–68所示。

图5–68　填充渐变颜色

到此，漩涡字母A已经完成。

7）点击“文字工具”，输入“Arabica”，调整好位置，导出图片，如图5–69所示。

（16）现在回到CorelDRAW X3的界面中，把制作好的漩涡文字导入CorelDRAW文件中，调整好位置，如图5–70所示。

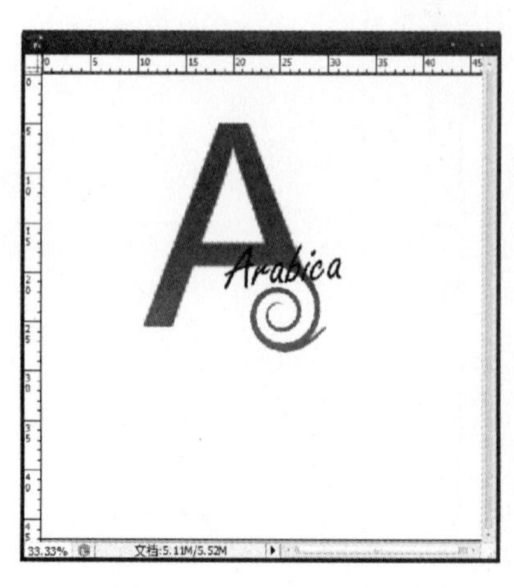

图5-69 输入“Arabica”

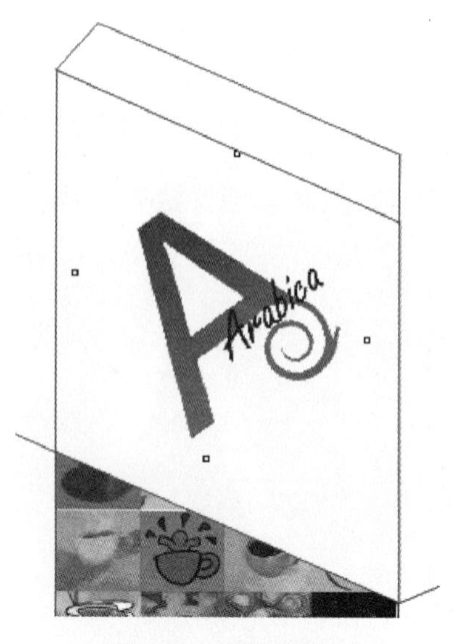

图5-70 调整位置

（17）选择文字工具，输入文字THOIHOA，用“交互式填充工具”填充一个渐变，从红色渐变到绿色，红色（R、G、B值分别为:209、24、29），绿色（R、G、B值分别为:15、93、50），如图5-71所示。

（18）选择文本工具，调整字体颜色，（C、M、Y、K值分别为：43、100、100、11）输入产品内容，如图5-72所示。

（19）条形码制作。选择菜单栏中的【编辑】→【插入条形码】，打开条形码制作导向，将生成的条形码放置在合适的位置上，如图5-73所示。

（20）插入图标、时间，完成速溶咖啡包装展开图的制作，如图5-74所示。

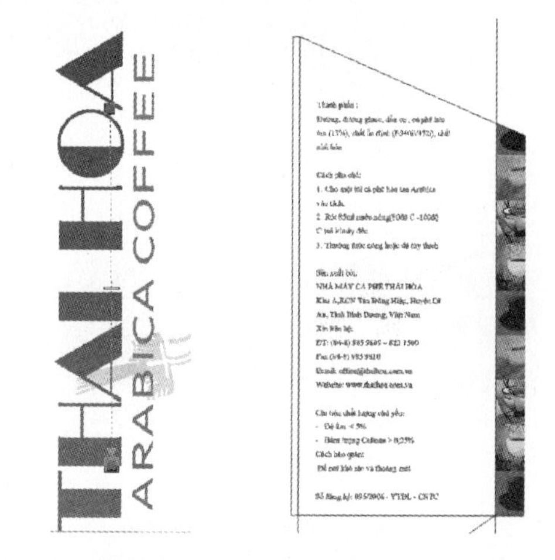

图5-71 填充渐变色 图5-72 调整字体颜色

图5-73 条形码制作导向

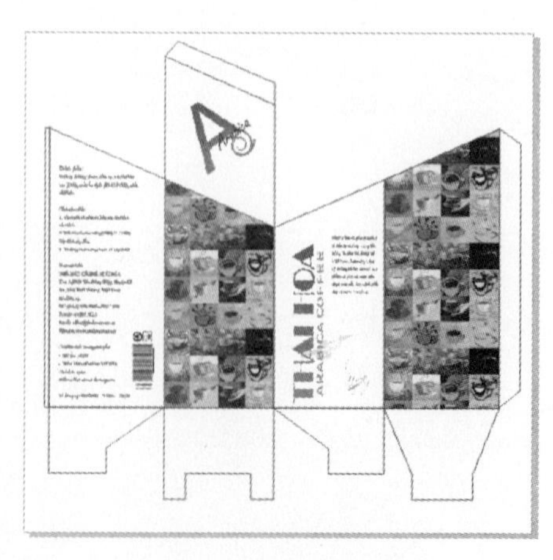
图5-74 完成展开图

5.3.4 绘制效果图

下面将在Photoshop CS4中，根据刚才制作的展开图制作此速溶咖啡包装效果图。

（1）新建文件　打开Photoshop软件，设置名称为“效果图”，页面大小为A4（210mm×297mm），分辨率为300像素/in，颜色模式为RGB模式，如图5-75所示。

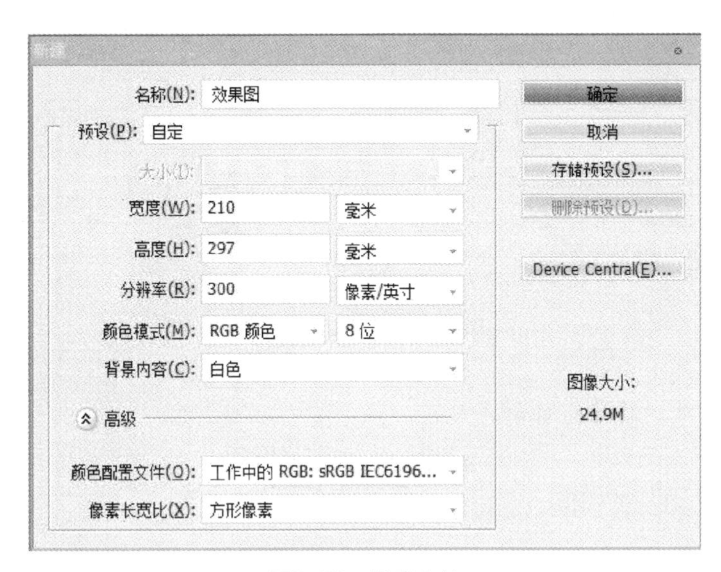

图5-75　新建文件

（2）将背景填充渐变色，从黑色渐变到白色，如图5-76所示。

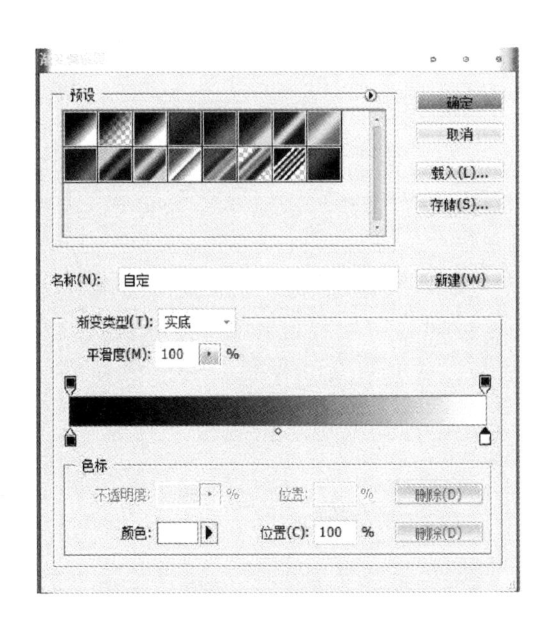

图5-76　填充渐变色

（3）刚才已经在CorelDRAW X3中绘制好了包装的展开图，现在只需将需要的部分截取并导入到Phptoshop CS4中，按“Ctrl+T”，右键选择扭曲，拖动节点，调整之后如图5-77所示。

（4）同理制作其他两个面。效果如图5-78所示。

图5-77 图片变形

图5-78 完成单个盒子制作

（5）制作倒影。复制两个图层置于盒子的下方，按"Ctrl+T"，单击鼠标右键，选择垂直翻转，并调整下方图层的透视角度，使其与盒子对接好，然后为该图层添加图层蒙版，选择渐变工具，渐变隐藏部分图像。最后调整该图层的不透明度。效果如图5-79所示。

（6）制作暗角或阴影。新建一个图层，用钢笔工具绘制如下图形，按"Ctrl+Enter"转换为选区，填充黑色到白色的渐变，按"Ctrl+D"取消选区，然后在混合模式的下拉菜单中选择"正片叠底"，如图5-80所示。

（7）同理制作其他三个的投影，总体效果图如5-81所示。

图5-79 制作倒影

图5-80 制作阴影

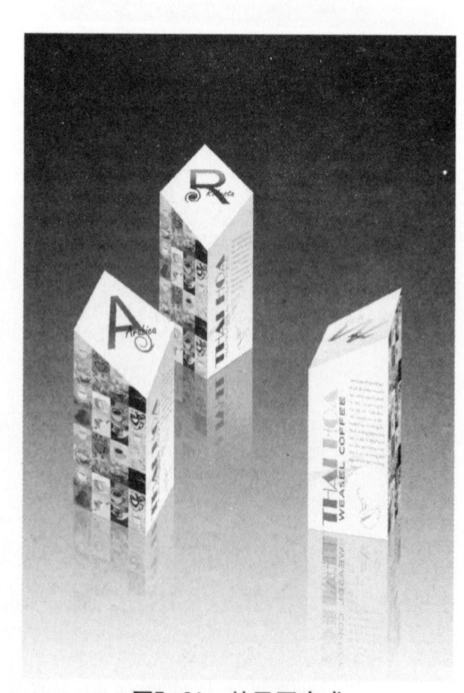

图5-81 效果图完成

5.4 优秀案例设计与制作方法剖析

5.4.1 优秀案例一

下面通过经典案例剖析，来了解好的包装设计是怎样从一个想法到最后制作完成的。

1. 设计定位及设计元素选取

本案例为研焙咖啡系列（个）包装，研焙咖啡具有悠久的历史，可以说是咖啡饮品的鼻祖。因此在材质、色彩、结构、花纹的选择上要符合古典、悠久的美感，同时要兼顾吸引力元素。因此在容器的材料上选择了传统的玻璃瓶，加上咖啡豆形状的包装函套，寓意从咖啡豆、烘焙、研磨，最后形成极具诱惑力的咖啡的过程，以起到广告效应的功效，如图5-82所示。

下面详细讲解研焙咖啡系列的瓶贴以及个包装函套设计的过程。

2. 绘制草图

按照上面的创意思路，考虑到包装结构等问题，展开了草图构思，如图5-83所示。

图5-82 越南研焙咖啡包装设计

阮氏秋玄

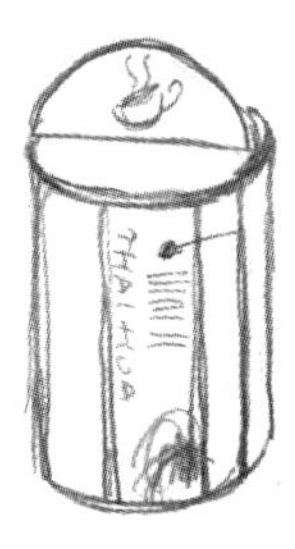

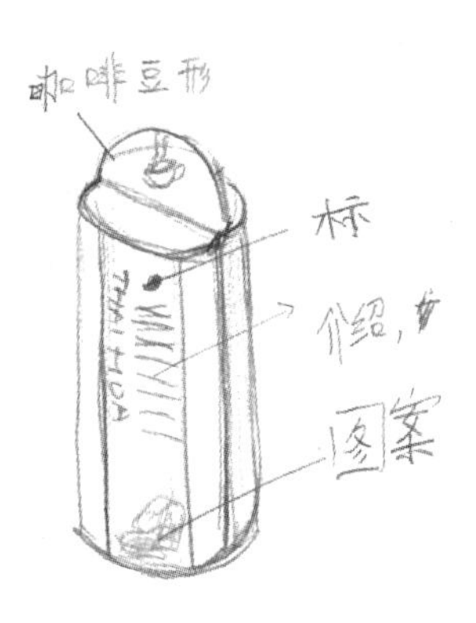

图5-83 研焙咖啡包装设计草图

3. 研焙咖啡系列包装的色彩运用

在研焙咖啡系列包装中使用红色与黄色搭配，给人一种雅致的气氛，与设计定位相符。利用咖啡的原色做背景色，让人直观联想到产品——咖啡。

4. 研焙咖啡系列包装的图形运用

在该系列的图案选择上使用了咖啡从原始的咖啡豆到最终成为一杯香醇咖啡的全过程的照片，直观地传达了企业的咖啡品质特征，如图5-84所示。

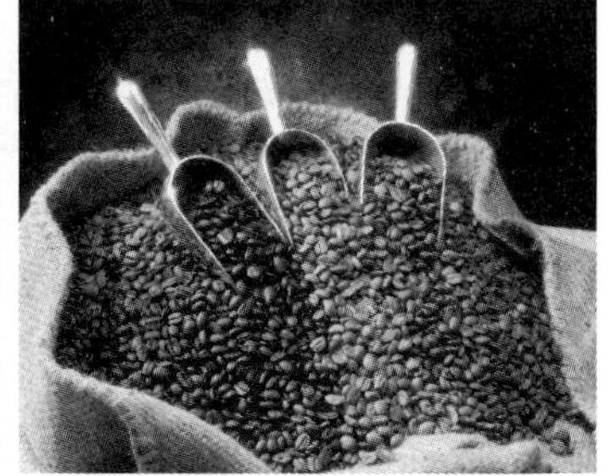

图5-84 研焙咖啡系列设计元素

5．制作电子稿

（1）瓶贴

1）按“Ctrl+N”键，新建一个文件，名称为“瓶贴”，宽度为6cm，高度为12cm，分辨率为300像素/in，颜色模式为RGB，背景内容为白色，单击确定按钮，如图5−85所示。

2）将背景填充为黑色，如图5−86所示。

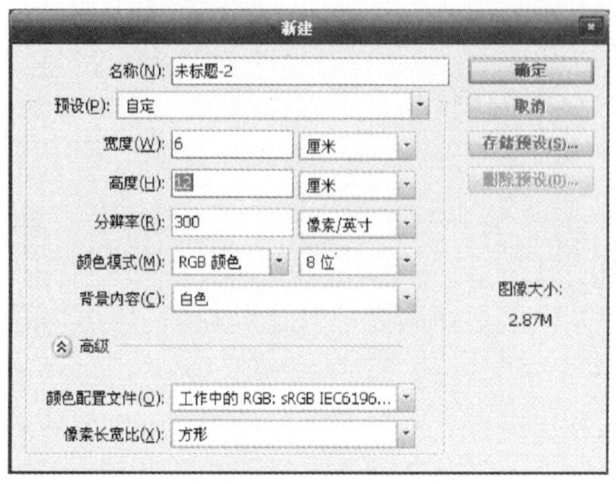

图5−85　新建文件

图5−86　填充黑色

3）打开素材图片，将其拖拽到文件合适的位置，这时，文件“图层”面板自动生成图层1，如图5−87所示。

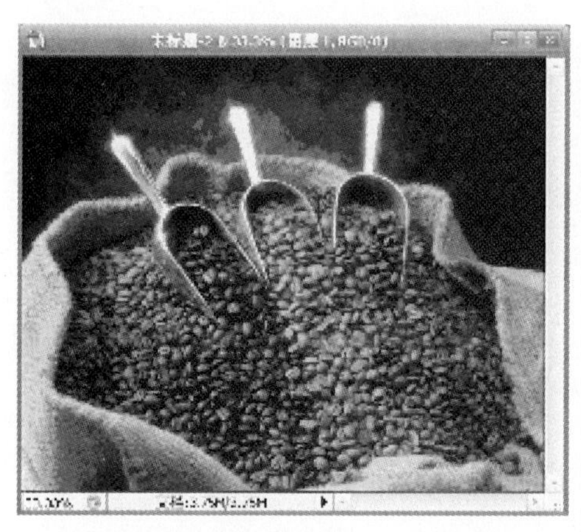

图5−87　打开素材图片

4）单击“图层”面板下方的“添加图层蒙版”按钮，为图层1添加渐变蒙版。再用黑色画笔工具在图层1的蒙版上涂抹，让图层1的边缘虚化，使图层1与黑色背景自然过渡，如图5−88所示。

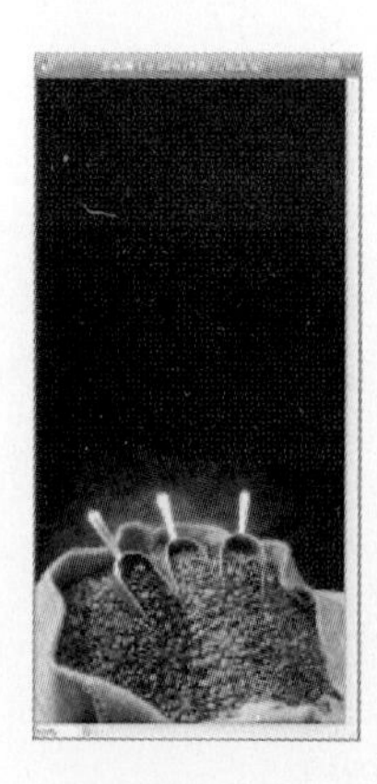

图5−88　添加图层蒙版

5）新建一个图层2，用钢笔工具绘制出2条闭合路径。按“Ctrl+Enter”键，转换为选区，然后填充暗黄色（R、G、B的值分别为32、30、6），按“Ctrl+D”键，取消选区，如图5-89所示。

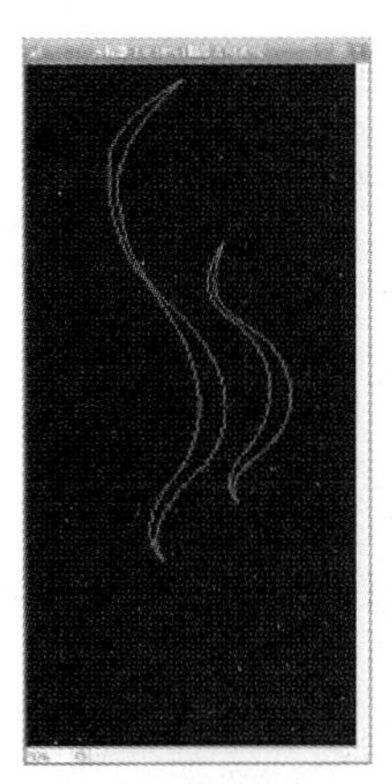
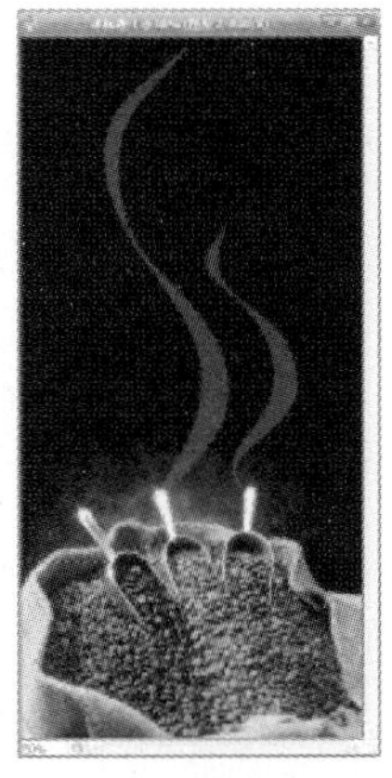

图5-89　绘制青烟

6）新建一个图层3，用钢笔工具绘制出产品名称的路径，按“Ctrl+Enter”键，转换为选区，然后填充渐变色，按“Ctrl+D”键，取消选区，如图5-90所示。

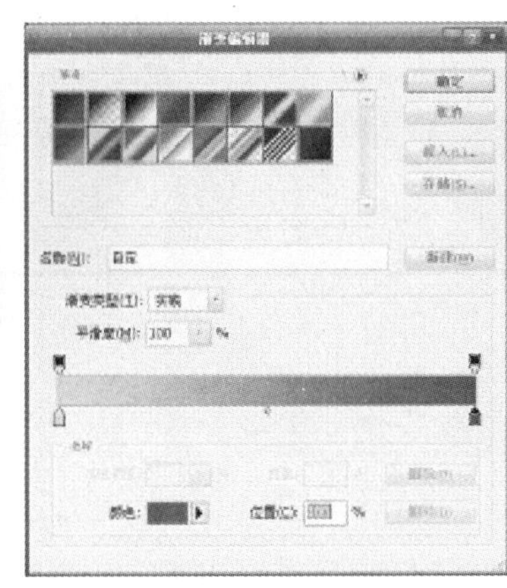

图5-90　绘制文字

7）添加文字。将其放在合适的位置上，如图5-91所示。

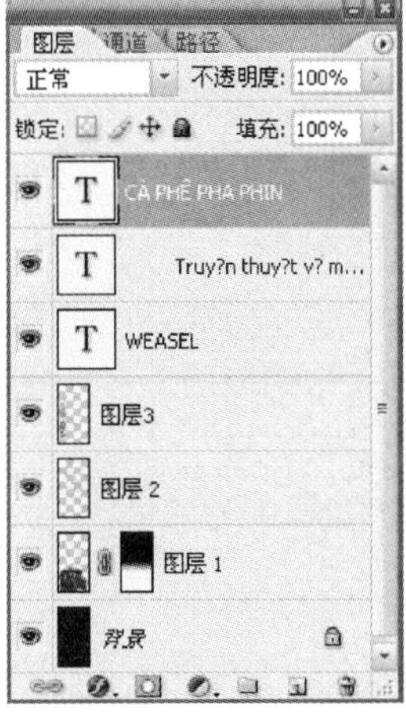

图5-91　添加文字

8）绘制标志。根据草图制作电子稿，如图5-92所示。

①新建一个图层4，用钢笔工具绘制一个闭合路径，按“Ctrl+Enter”键，转换为选区，填充白色，按“Ctrl+D”键，取消选区，如图5-93所示。

在绘制路径时，“路径”面板会自动生成一个路径图层，如果完成此次路径绘制再进行新的路径绘制，那么旧的路径就会被新的工作路径覆盖。如果想要保留旧的路径，就要在绘制新路径之前在“路径”面板建立一个新的路径图层。

②用钢笔工具绘制一个闭合路径，点击路径面板，点击画笔工具，调节画笔主直径为3px，设置前景色为黄色（R、G、B值分别为193、182、29），点击“用画笔描边路径”，按“Ctrl+Enter”键，转换为选区，按“Ctrl+D”键，取消选区，如图5-94所示。

③用钢笔工具绘制一个闭合路径，按“Ctrl+Enter”键，转换为选区，填充白色，按“Ctrl+D”键，取消选区，如图5-95所示。

④给外轮廓描边，用钢笔工具绘制三条不闭合曲线，调节画笔主直径为3px，设置前景色为黄色（R、G、B值分别为193、182、29），点击“用画笔描边路径”，按“Ctrl+Enter”键，转换为选区，按“Ctrl+D”键，取消选区，如图5-96所示。

⑤同理，用钢笔工具绘制一个闭合路径，填充黄色（R、G、B值分别为193、182、29），如图5-97所示。

⑥最后，画出上升的青烟。同样使用钢笔工具绘制两条闭合的路径，填充同样的黄色，如图5-98所示。

图5-92 标志草图

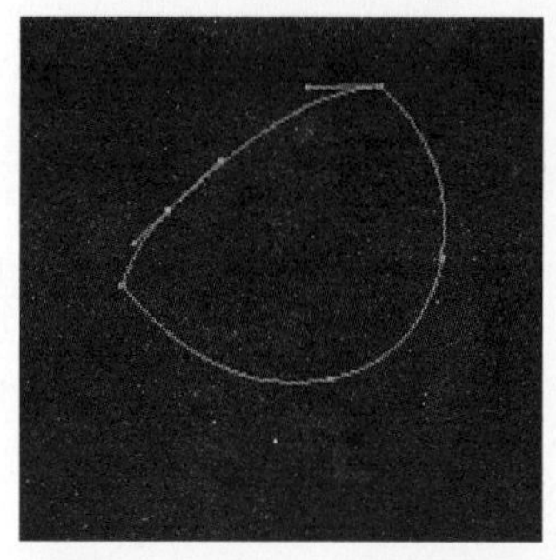

图5-93 绘制图形

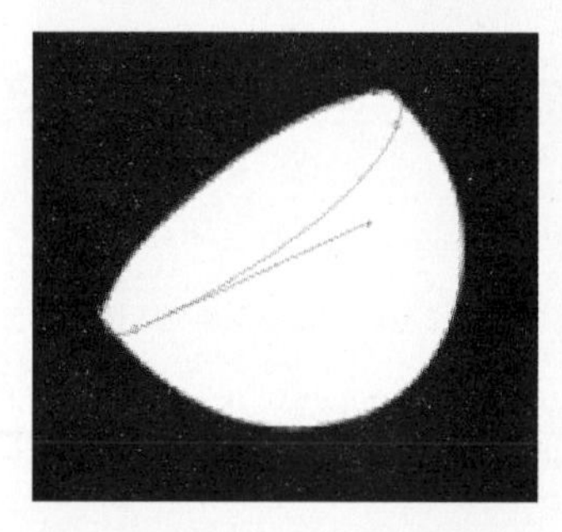

图5-94 描边

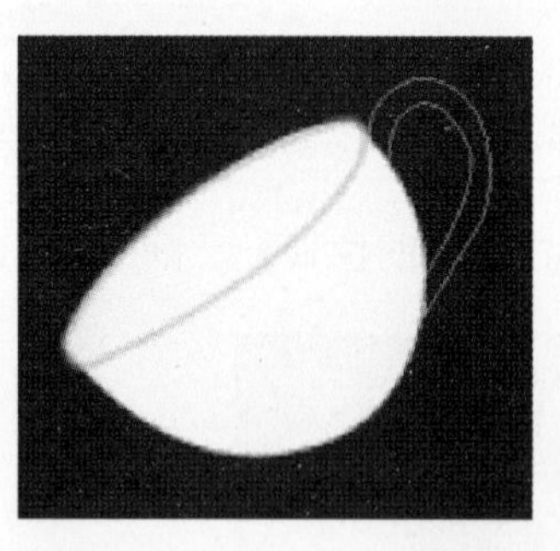

图5-95 绘制图形

图5-96 描边

9）将标志放入文件中合适的位置。至此，瓶贴已经制作完成，如图5–99所示。

（2）函套设计

下面用同样的方法制作包装函套，如图5–100所示。

函套由两部分组成，前半部分和后半部分。

1）下面开始制作函套的前半部分。函套与瓶贴使用的元素大部分相同，可以直接将前面做好的元素直接复制到函套文件里。

①按“Ctrl+N”键，新建一个文件，名称为“函套”，宽度为10cm，高度为36cm，分辨率为300像素/in，颜色模式为RGB，背景内容为白色，单击确定按钮，如图5–101所示。

图5–97　绘制液体

图5–98　绘制青烟

图5–99　完成瓶贴

图5–100　系列瓶贴

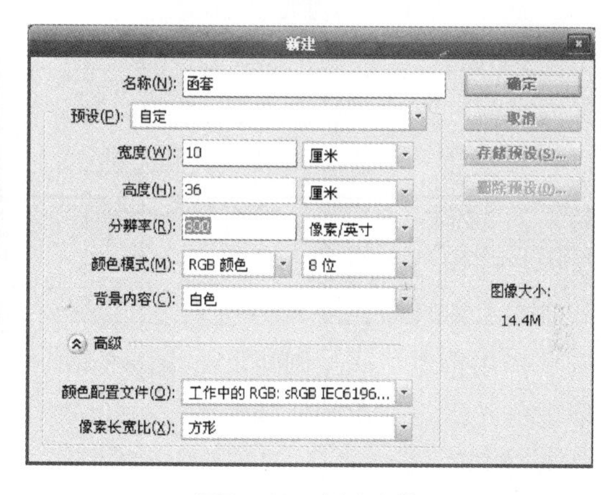

图5–101　新建文件

②新建一个图层，用“矩形选框工具”绘制一个矩形，填充黑色，如图5–102所示。

③将素材图片拖拽到文件合适的位置，如图5–103所示。

④用钢笔工具绘制文字路径，点击文字工具 T，选择合适的文字，将光标放在刚才绘制的路径上，点击，然后开始输入文字，文字输入完成之后，按“Ctrl+Enter”键，转换为选区，按“Ctrl+D”键，取消选区，如图5–104所示。

⑤将咖啡杯的标志拖拽到文件合适的位置，如图5–105所示。

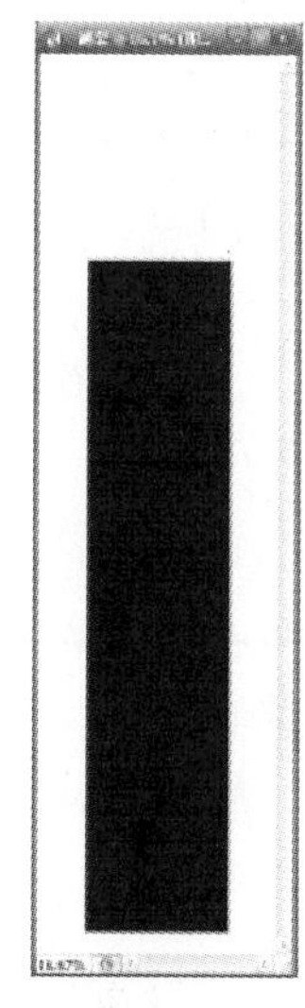

图5–102　绘制矩形

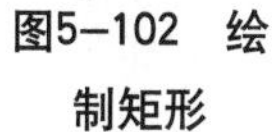

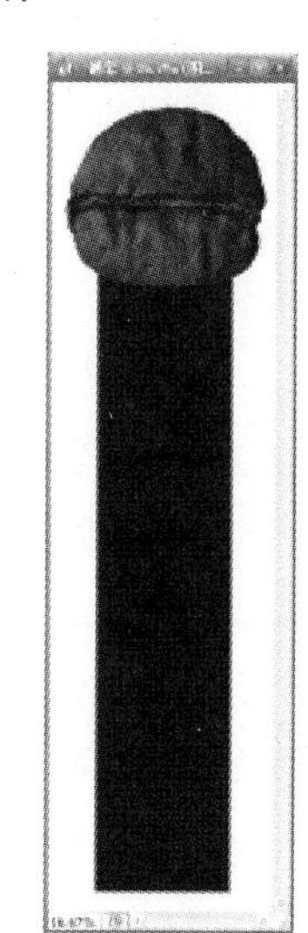

图5–103　导入素材

图5-104 添加文字

图5-105 导入标志

⑥将之前已制作好的瓶贴元素（文字、图片、标志）拖拽到文件中，放在合适的位置即可，如图5-106所示。

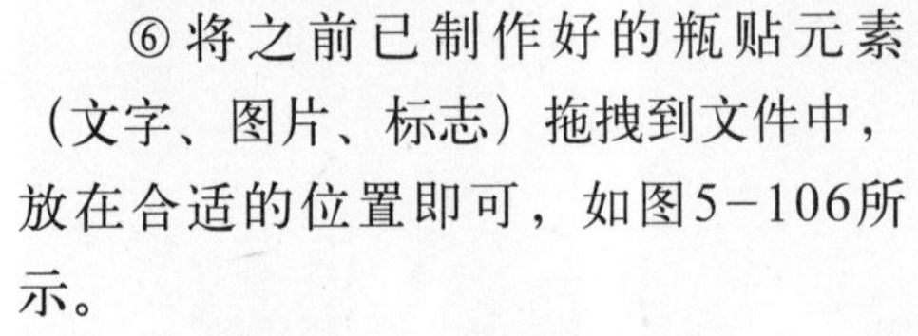

⑦用同样的方法制作另外两个函套，如图5-107所示。

2）函套的前半部分做好了，下面继续制作函套的后半部分：

①按“Ctrl+N”键，新建一个文件，宽度为10cm，高度为36cm，分辨率为300像素/in，颜色模式为RGB，背景内容为白色，单击“确定”按钮。

②新建一个图层，用“矩形选框工具”绘制一个矩形，填充黑色。将素材图片拖拽到文件合适的位置。这一步与制作函套的前半部分一致。

③用钢笔工具绘制两条曲线，填充暗黄色（R、G、B的值分别为32、30、6），然后“Ctrl+J”复制一个图层，将其放置在右上方合适的位置上，如图5-108所示。

④点击文字工具，居中对齐，输入文字内容，如图5-109所示。

⑤将条形码、生产日期及图标放置上去，如图5-110所示。

⑥用钢笔工具绘制文字路径，点击文字工具，选择合适的文字，将光标放在刚才绘制的路径上，点击，然后开始输入文字，文字输入完成之后，按Ctrl+Enter键，转换为选区，按Ctrl+D键，取消选区，如图5-111所示。将咖啡杯的标志放置于文字的中间。

图5-106 函套的前半部分完成

图5-107 系列函套

图5-108 绘制曲线图形

图5-109 添加文字

图5-110 添加条形码及图标

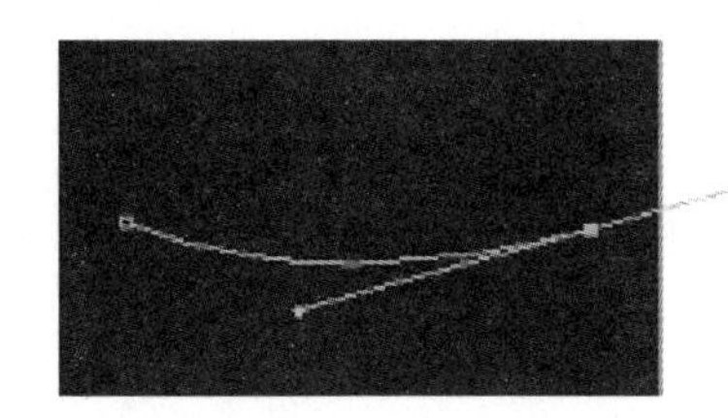

图5-111 绘制文字路径并添加文字

⑦函套的后半部分就这样做好了，如图5-112所示。

（3）函套的前半部分和后半部分都做好了，将其贴合，就形成了完整的个包装。效果图展示如图5-113所示。

图5-112 函套后部

图5-113 研焙咖啡系列效果图

5.4.2 优秀案例二

包装设计包括容器的设计和外包装的设计，一般在草图上绘制了容器的外形之后，为了让客户更清晰、直观地了解最终的效果，还必须制作效果图。下面就以Calvin Klein的香水瓶为例，用CorelDRAW X3和Photoshop CS4结合，制作逼真的效果图（图5-114）。

（1）新建文件 打开CorelDRAW软件，设置页面大小为，300mm×300mm，如图5-115所示。

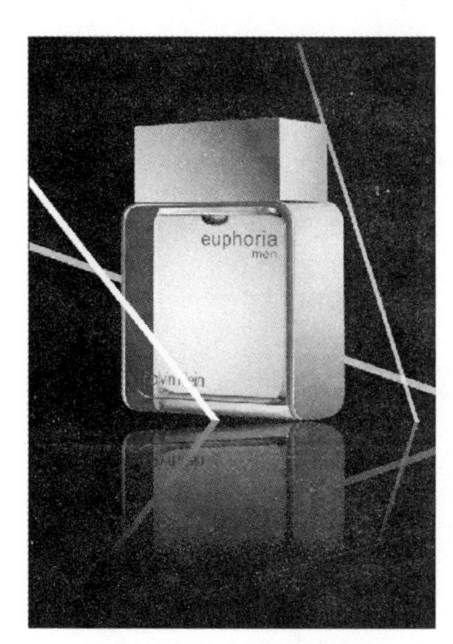

图5-114 实例效果

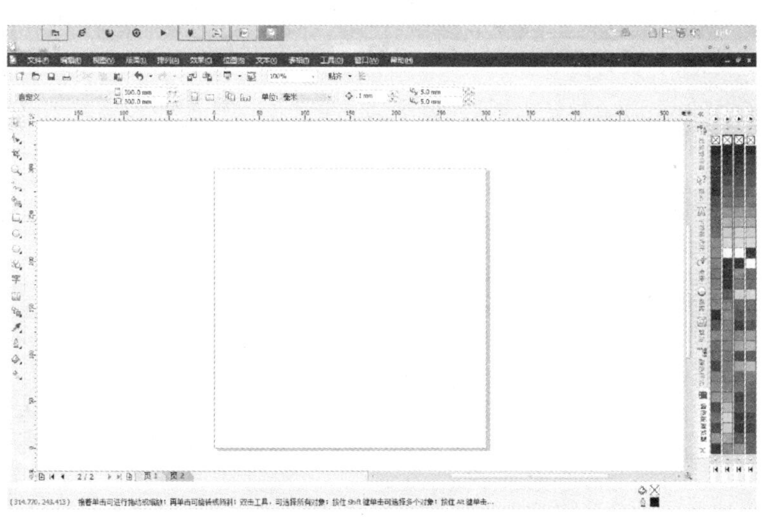

图5-115 新建文件

（2）选择“矩形工具”，绘制一个矩形，填充黑色，无笔画颜色，如图5－116所示。

（3）选择“形状工具”拖动矩形的四个顶点，使其圆角化，如图5－117所示。

（4）按“Ctrl+Q”键，转为曲线，调整节点，如图5－118所示。

图5－116　绘制矩形

图5－117　顶点圆角化

图5－118　调整节点

（5）选择“折线工具”，绘制如图5－118所示的形状，按Ctrl+Q键，转为曲线，选取需要调整的节点，用“平滑节点工具”，平滑曲线，然后删除多余的节点。

选择“交互式填充工具”，填充“射线”渐变，打开渐变填充面板，设置渐变颜色从左到右分别为C：81，M：73，Y：67，K：54；C：37，M：40，Y：40，K：1；C：19，M：22，Y：19，K：0；C：11，M：12，Y：11，K：0；C：8，M：9，Y：8，K：0。如图5－119所示。渐变之后效果如图5－120所示。

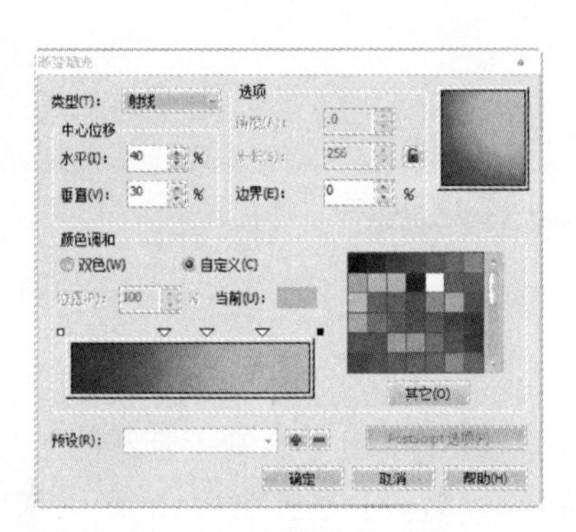

图5－119　渐变填充面板1

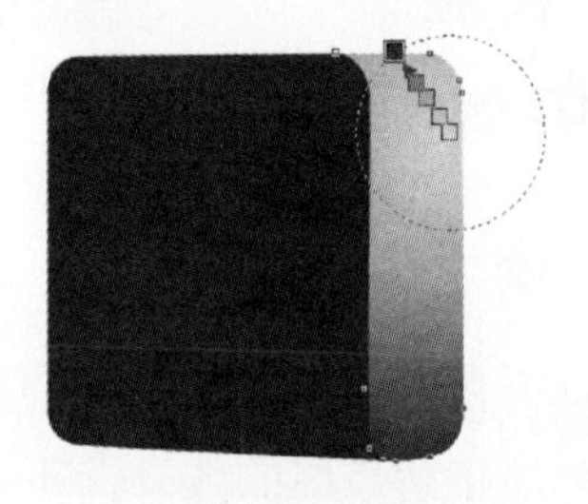

图5－120　填充渐变色1

（6）绘制液体，颜色要通透。

选择“折线工具”，绘制如图5－120所示的形状，按“Ctrl+Q”键，转为曲线，选取需要调整的节点，用“平滑节点工具”，平滑曲线，然后删除多余的节点。

选择“交互式填充工具”，填充“射线”渐变，打开渐变填充面板，设置渐变颜色从左到右分别为C：48，M：50，Y：72，K：2；C：14，M：20，Y：28，K：0；C：5，M：10，Y：16，K：0；C：3，M：5，Y：11，K：0。如图5－121所示。渐变之后效果如图5－122所示。

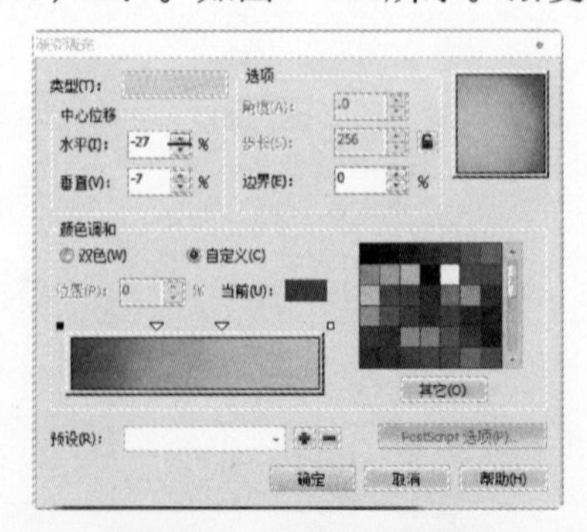

图5－121　渐变填充面板2

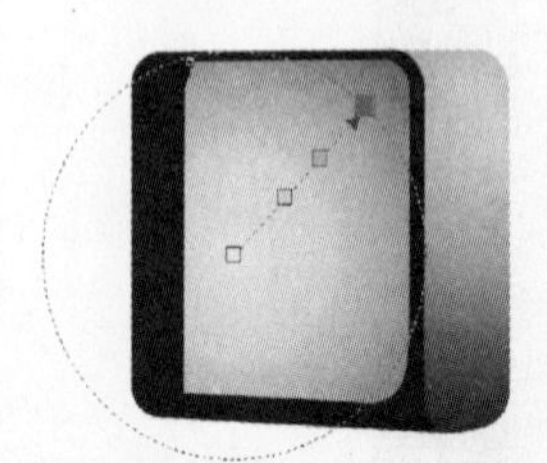

图5－122　填充渐变色2

（7）绘制瓶盖，要体现出金属质感。

选择“矩形工具”，绘制一个矩形，选择“形状工具”拖动矩形的四个顶点，使其圆角化。按“Ctrl+Q”键，转为曲线，调整节点的位置。

选择“交互式填充工具”，填充“线性”渐变，打开渐变填充面板，设置渐变颜色从左到右分别为C：11，M：12，Y：8，K：0；C：36，M：36，Y：33，K：1；C：63，M：60，Y：61，K：8；C：84，M：73，Y：73，K：91；C：84，M：73，Y：70，K：75。渐变之后效果如图5-123所示。

图5-123 填充渐变色3

（8）选择“矩形工具”，绘制瓶盖的另一部分，方法同步骤（7）。选择“交互式填充工具”，填充“线性”渐变，打开渐变填充面板，设置渐变颜色从左到右分别为C：38，M：40，Y：37，K：1；C：25，M：26，Y：23，K：0；C：14，M：13，Y：15，K：0；C：11，M：9，Y：13，K：0；C：16，M：14，Y：13，K：0。如图5-124所示。渐变之后效果如图5-125所示。

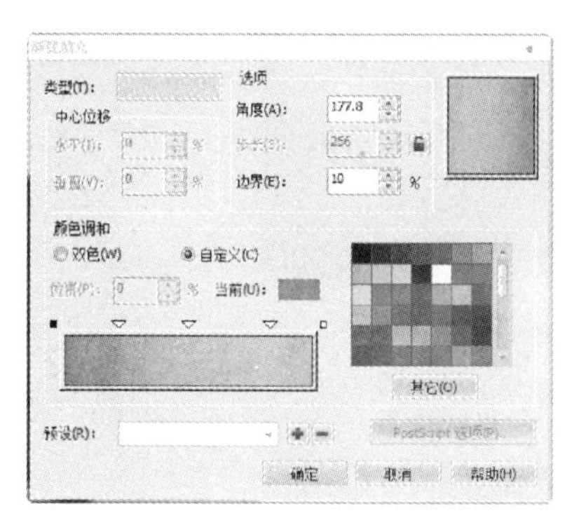

图5-124 渐变填充面板及填充渐变色

图5-125 填充渐变色4

（9）用“折线工具”，绘制一个如图5-126所示的闭合曲线，按“Ctrl+Q”键，转为曲线，选取需要调整的节点，用“平滑节点工具”，平滑曲线，然后删除多余的节点。设置颜色为C：0，M：0，Y：0，K：50 和 C：0，M：0，Y：0，K：100，填充“线性”渐变，选择“交互式填充工具”修改渐变的方向，渐变之后效果如图5-127所示。

图5-126 绘制曲线1

图5-127 填充渐变色5

（10）用“折线工具”，绘制一个如图5-128所示的闭合曲线，按“Ctrl+Q”键，转为曲线，选取需要调整的节点，用“平滑节点工具”，平滑曲线，然后删除多余的节点。设置颜色为C：0，M：0，Y：0，K：90和 C：69，M：61，Y：48，K：6，填充“线性”渐变，选择“交互式填充工具”修改渐变的方向，渐变之后效果如图5-129所示。

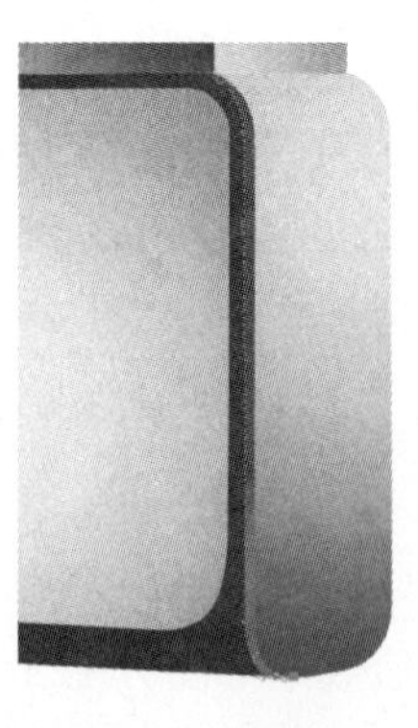
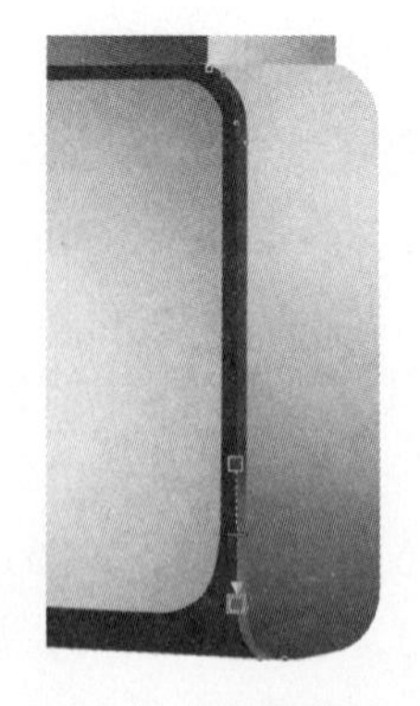
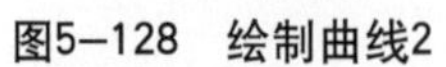

图5-128　绘制曲线2　　　　图5-129　填充渐变色6

（11）绘制瓶底，玻璃瓶底有很多光的折射，这使得玻璃瓶底看起来颜色比较微妙、复杂，绘制的时候如果颜色变化少了体现不出来玻璃的质感。绘制这种色彩变化丰富的区域，有两种方法可以解决：第一种是分层，把复杂的色彩分成很多层，然后逐一绘制，最后叠加；第二种是利用“网格填充”工具，首先画出物体的外轮廓，再在内部添加网格渐变。下面分别用这两种方法绘制玻璃的反射、折射区域。这是体现玻璃质感的关键区域。

（12）用“折线工具”绘制一条闭合曲线， 按“Ctrl+Q”键，转为曲线，选取需要调整的节点，用“平滑节点工具”，平滑曲线，然后删除多余的节点。打开渐变填充面板，设置颜色为C：0，M：0，Y：0，K：100；C：21，M：24，Y：27，K：39和C：35，M：40，Y：44，K：1，如图5-130所示。选择“交互式填充工具”，填充“射线”渐变。渐变之后效果如图5-131所示。

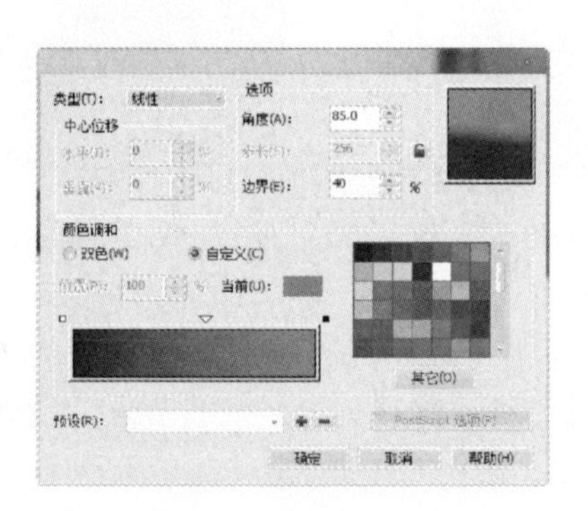

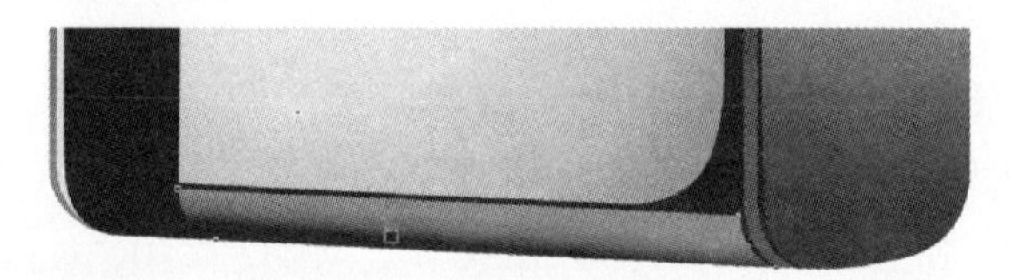

图5-130　渐变填充面板3　　　　图5-131　填充渐变色7

（13）用同样的方法绘制闭合曲线，打开渐变填充面板，设置颜色为C：84，M：73，Y：73，K：91；C：58，M：73，Y：57，K：5和 C：31，M：33，Y：43，K：0如图5-132所示。选择“交互式填充工具”，填充“射线”渐变。渐变之后效果如图5-133所示。

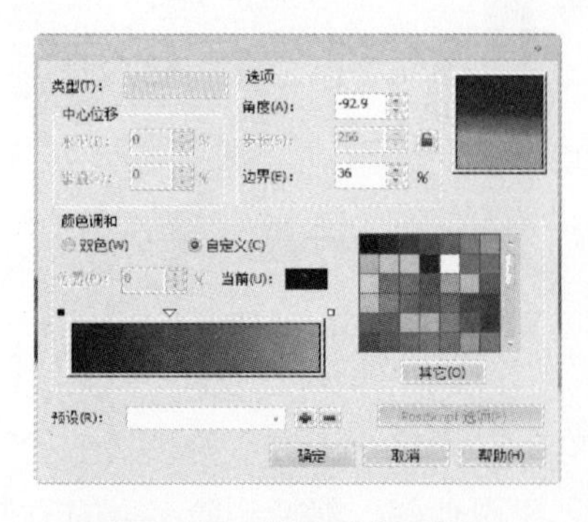

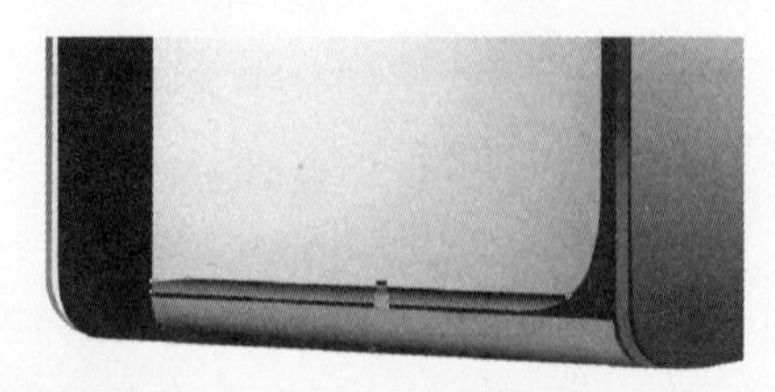

图5-132　渐变填充面板4　　　　图5-133　填充渐变色8

（14）绘制亮部区域，用“折线工具”，绘制一条闭合曲线，调整节点之后，打开渐变填充面板，设置渐变颜色从左到右分别为C:25，M:25，Y:23，K:0；C:15，M:13，Y:9，K:0和C:12，M:9，Y:8，K:0，如图5-134所示。选择“交互式填充工具”，填充“射线”渐变。渐变之后效果如图5-135所示。

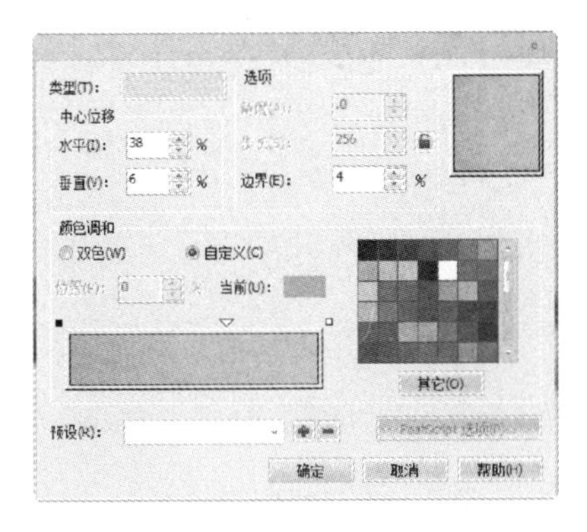

图5-134　渐变填充面板5

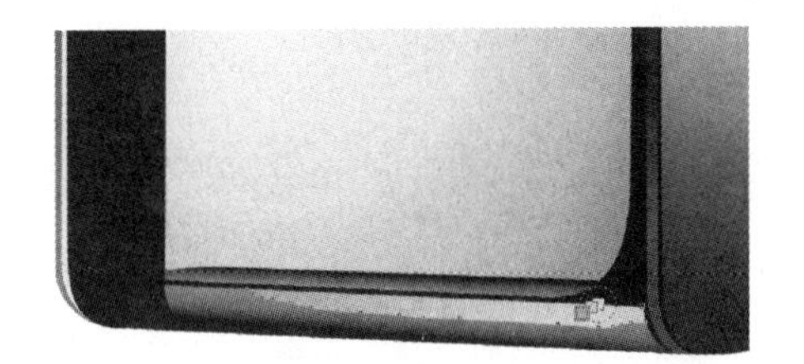

图5-135　填充渐变色9

（15）照此方法，继续为瓶身添加细节，使其具有玻璃的质感与通透感。效果如图5-136和图5-137所示。

图5-136　为瓶身添加细节1

图5-137　为瓶身添加细节2

（16）添加高光，用“折线工具”，绘制一个如图5-137所示的闭合曲线，调整节点之后，打开渐变填充面板，设置渐变颜色从左到右分别为C:0，M:0，Y:0，K:20；C:13，M:10，Y:30，K:0和C:20，M:16，Y:42，K:0；C:0，M:0，Y:20，K:0，如图5-138所示。选择“交互式填充工具”，填充“线性”渐变。渐变之后效果如图5-139所示。

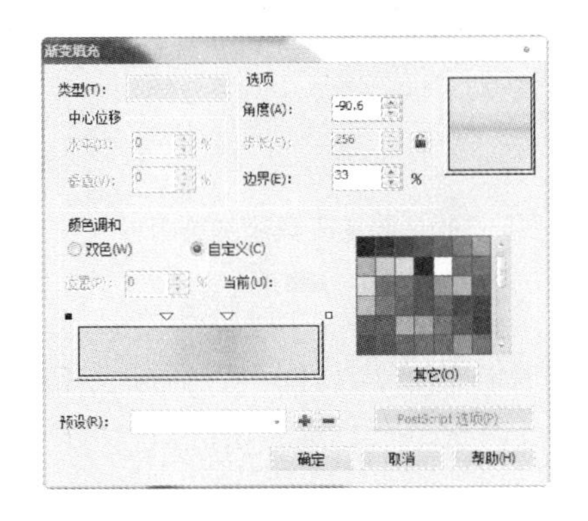

图5-138　渐变填充面板6

图5-139　填充渐变色10

（17）绘制瓶身上部分的玻璃折射、反射区域。这一部分，可以用网格渐变来实现。

先用“折线工具”，绘制一个如图5-140所示的闭合曲线，填充一个主色调，如图5-140所示。

图5-140 绘制曲线

选择“网格填充”工具，在其内部填充网格，在网格点添加色彩，如图5-141和图5-142所示。

图5-141 填充网格

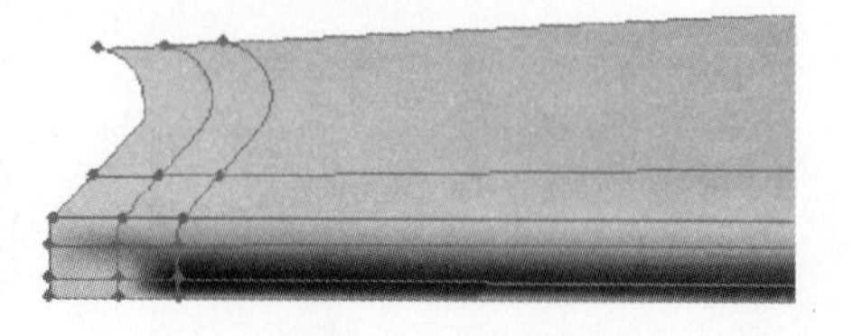

图5-142 添加色彩

继续为其添加网格，在网格点添加颜色，注意渐变得自然。颜色变化越丰富的区域，网格分布得越密集。如图5-143所示。

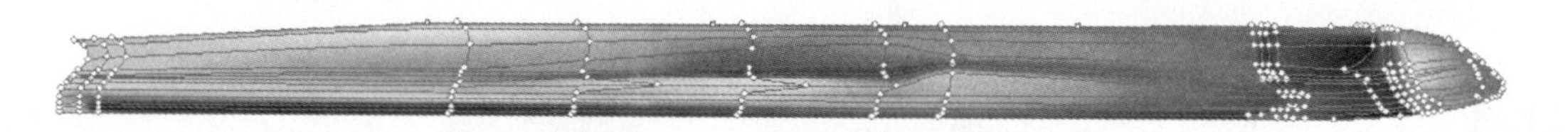

图5-143 添加网格点色彩

整体效果如图5-144所示。

（18）把文件保存，导入Photoshop中，下面将在Photoshop中对图形进行进一步的处理。新建一个图层，在瓶子的右侧，如图5-145所示，用“画笔工具”绘制一些重颜色，在图层混合模式的下拉菜单中，选择“叠加”。再用“橡皮擦工具”适当地擦掉一部分，使得光影的感觉更自然。

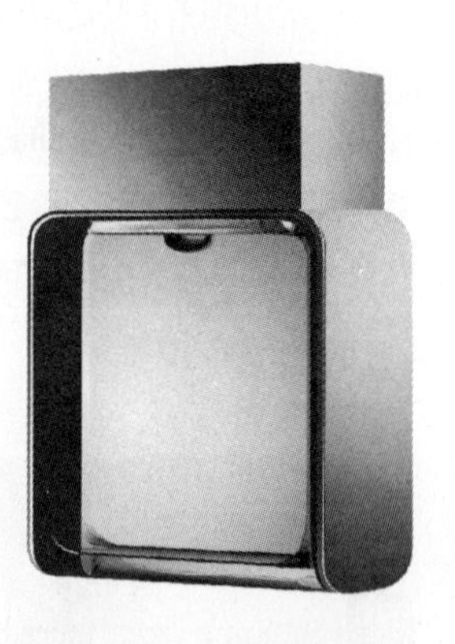

图5-144 整体效果

图5-145 画笔工具添加细节

（19）添加LOGO。

选择文字工具，设置合适的字体，输入“euphoria”，在图层面板，右键点击该图层，选择“栅格化文字”，按“Ctrl+T”，右键选择“透视”，调整节点，满意了之后，回车确定。

同理，添加文字“men”和“Calvin Klein”。

（20）至此，Calvin Klein的香水瓶制作完成。如图5-146所示。

（21）为其添加背景，增强视觉效果。

在Photoshop中新建一个文件，将背景填充为黑色，将刚才制作好的Calvin Klein的香水瓶拖拽到文件中，摆放在合适的位置，如图5-147所示。

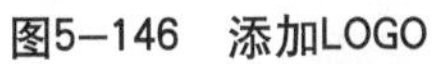
图5-146 添加LOGO

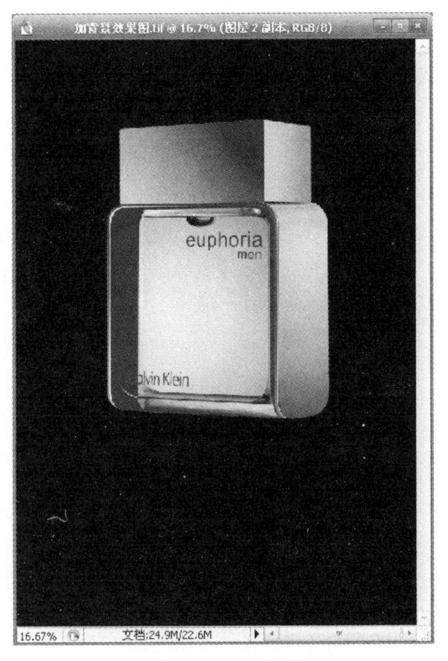

图5-147 添加背景色

（22）添加白色线条，表现聚光效果。部分线条可以添加图层蒙版，做渐变效果。线条的位置摆放恰当，如图5-148所示。

（23）将白色线条与Calvin Klein的香水瓶按“Ctrl+E”群组，按“Ctrl+J”复制，按“Ctrl+T”，单击右键，选择垂直翻转。按住“Shift”键，垂直移动到正下方，如图5-149所示。

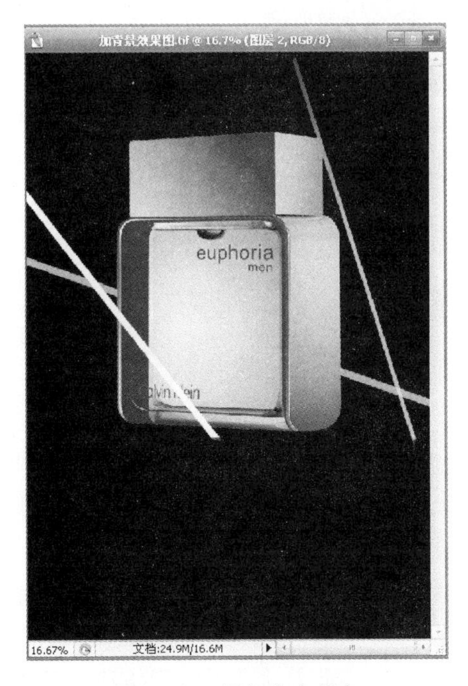

图5-148 添加白色线条

图5-149 镜像复制线条

（24）为刚才复制的图层添加图层蒙版，选择渐变工具，从黑渐变到白，做一个渐变，将部分图像隐藏，然后调整图层的不透明度，如图5-150所示。

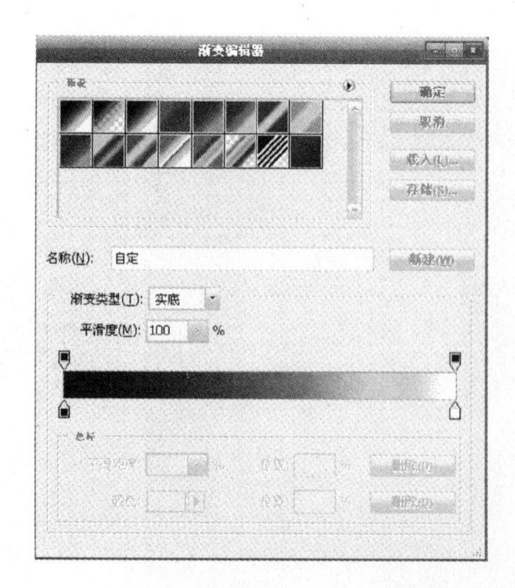

图5－150 添加渐变蒙版

(25) 最后，选择“橡皮擦工具”将多余的白色线条擦除，最终Calvin Klein的香水瓶的效果图就制作完成了，如图5－151所示。

图5－151 最终效果图完成

5.5 思维拓展练习

这一章我们学习了怎么用Photoshop CS4和CorelDRAW X3这两个软件结合来制作包装的结构图和效果图。下面具体来看几个案例，分析一下这些包装是如何用之前运用的方法制作出来的。

图5－152是一套模拟衣服样式的外包装，造型别致，其实制作方法很简单，没有颜色的渐变，只有一些深色的线条勾勒出服装的形状。

整套包装都是由曲线构成。绘制曲线的三种方法：第一种方法，可以用折线工具先绘制一个大概的外形，转为曲线之后，再用形状工具调整；第二种方法，可以先绘制一个几何形状，转为曲线，同样用形状工具加以调整；第三种方法，可以选择钢笔工具，直接绘制出来。

图5－153是葡萄酒手提袋设计，用Photoshop来做十分简单，红底上加上浅红色的文字就构成了LOGO。下面三个圆形图案的制作也很容易，可以先创建一个圆形，再用剪贴蒙版，就可以

得到圆形的图案了。至于外包装，只要把底纹排放好，再添加图片就可以了。

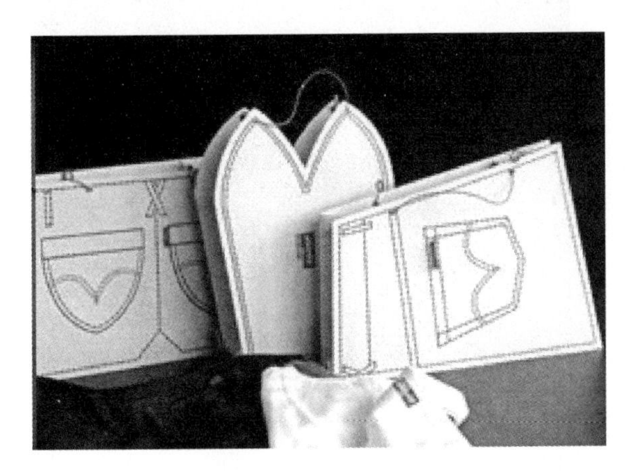

图5-152 服装包装

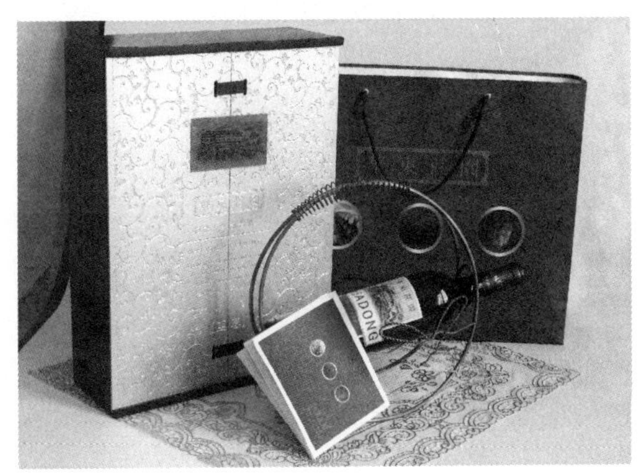

图5-153 葡萄酒包装 司艳艳

图5-154是一套玫瑰精油包装的展开图，按照之前讲过的方法，先绘制一个几何形，转为曲线之后，再通过形状工具调整节点，最后添加图案，就完成了。

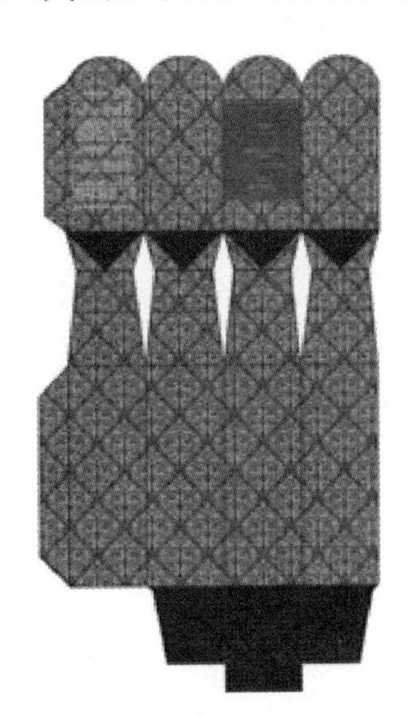

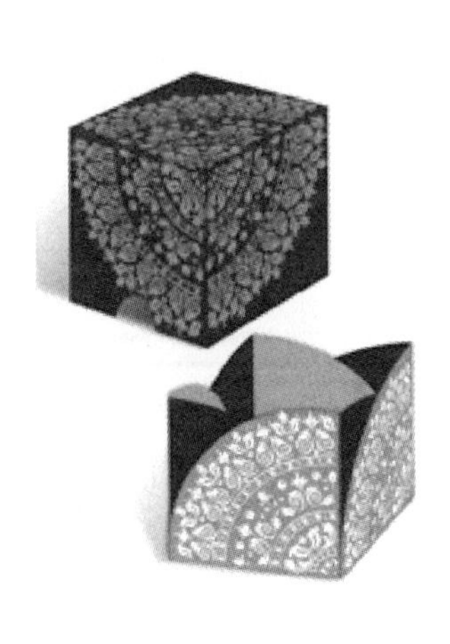

图5-154 化妆品外包装 史杰

用这一章学到的内容举一反三几乎可以制作任何包装设计。以下作品赏析，都是按照这样的方法做出来的，如图5-155～图5-158所示。

图5-155 越南咖啡礼盒包装 阮氏秋玄

图5-156 巧克力包装 唐宁

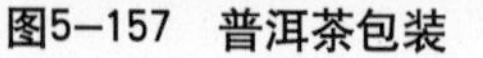
图5-157　普洱茶包装　　韩笑

图5-158　茶包装　　谢青

本章小结

（1）蒙版工具在制作多图层图像时经常用到，主要配合“画笔工具”、“渐变工具”使用，能使多个图层自然融合。

（2）Photoshop“艺术效果”滤镜可以为插图制作多种艺术效果。

（3）CorelDRAW制作包装的结构图、效果图主要运用“折线工具”、“形状工具”、“平滑工具”、“多点线工具”、“矩形工具”以及“交互式填充工具”。“交互式填充工具”应配合不同的渐变方式使用。

思考题与习题

（1）在市场中找出一款你认为图形不成功的产品包装，分析原因，并为此产品重新绘制图形。可以手绘完成，再导入Photoshop进行处理，最后运用到包装上。

（2）进行市场调查，找出一款你认为设计不成功的产品包装，认真分析各设计要素及其不成功的原因，并分析设计定位的缺陷。针对这些存在的问题，进行全面包装设计改进，要求设计并制作出包装的结构图及立体色彩效果图。

第6章　计算机辅助书籍设计

学习目标

运用简单几何形元素，配合“交互式透明”工具，创造时尚杂志封面。

学习重点

几何形体的重复变化，“交互式透明”工具的灵活运用。

学习建议

（1）了解书籍设计知识，了解计算机在书籍设计中的作用。

（2）掌握使用平面设计软件的工作流程，更好地利用计算机软件完成书籍设计工作。

（3）虚拟课题或实际项目进行练习，熟练掌握计算机辅助书籍设计的技巧。

6.1 计算机辅助书籍设计概述

现代书籍设计离不开计算机软件的支持，它可以使书籍设计达到更精细、更完美的境界。本章节通过对Photoshop CS4辅助书籍插画设计及CorelDRAW X3辅助页面版式设计，对经典案例设计方法剖析及思维拓展练习等学习，旨在使学习者利用计算机软件更有效率地工作。

6.1.1 Photoshop CS4辅助书籍插画设计中常用工具、命令

在书籍设计中，经常利用插画设计来增加书籍的可读性和趣味性，有些是利用图片，有些是卡通，将这些设计元素处理、排版使之更加协调，下面讲解Photoshop CS4辅助书籍插画设计中常用工具、命令。

1. 通道

使用通道工具帮助我们制作书籍插画的图像，通过通道可以完美去除背景，并可以对选区进行艺术效果的处理。通道的学习非常重要也是Photoshop CS4的学习难点。

（1）新建通道　新建通道要为图片添加一个Alpha 1，可以通过选区建立新的通道，单击“添加通道”按钮，就可以添加一个Alpha 1，即黑色Alpha 1，如图6–1所示。

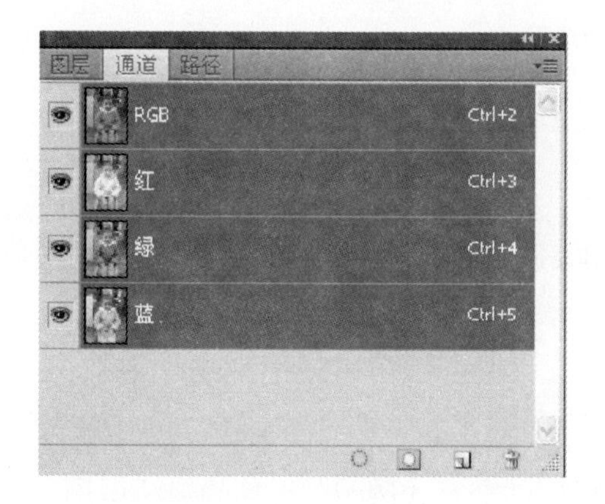

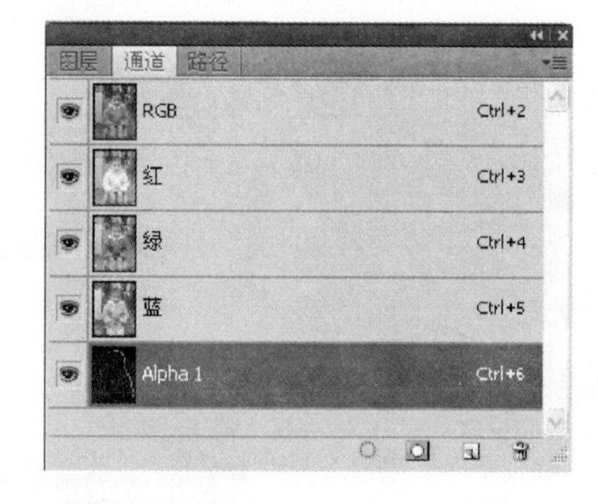

图6–1　新建通道面板

（2）建立选区通道　建立选区通道的方法有几种，最常使用“钢笔工具”和“画笔工具”、“绳套工具”、“魔术棒工具”等来修改通道。可以使用“滤镜”命令来给通道选取做特殊效果，得到千变万化的图像效果，如图6–2所示。

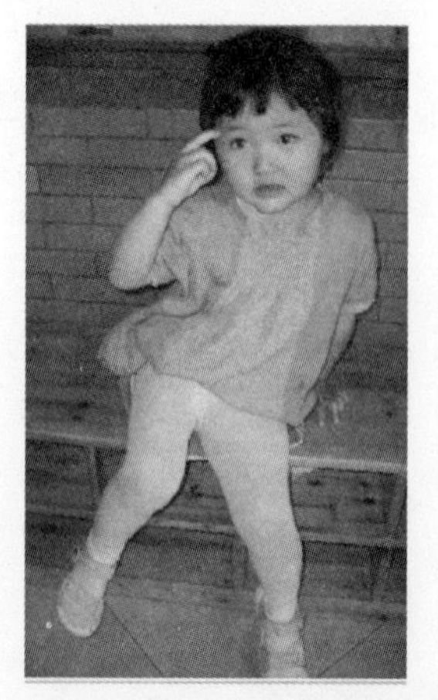

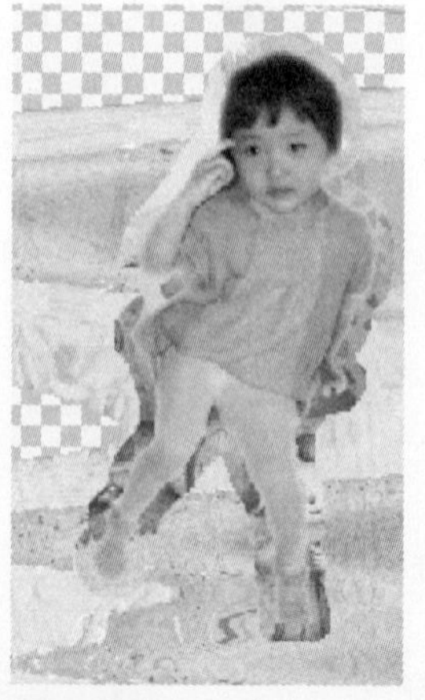

图6–2　去背滤镜后效果

(3) 选区通道及反选通道　通过容差数值的设置，建立选区通道调整选区范围。反选通道是利用现有选区通道而形成新的相反通道。

(4) 删除通道　使用删除通道操作时，选择通道将不需要通道删除操作，图像恢复红、绿、蓝及全色通道。

2. 专色通道

(1) 生成专色通道　在书籍插画设计中，可以建立专色通道，形成专色通道后，系统将自动对选区添色。

(2) 打开一幅素材图片，选择工具栏中的“魔术棒工具”，选择选区然后选择工具栏中【路径】→【工作路径】命令，如图6–3所示。

图6–3　显示工作路径

在“路径”面板中选择“载入选区”，打开“通道”面板右上角三角形按钮，在弹出的菜单中，选择“新建专色通道”命令，弹出“新建专色通道”对话框，单击色块，选择R230、G175、B10，设置后确定，在“通道”面板中出现专色1。

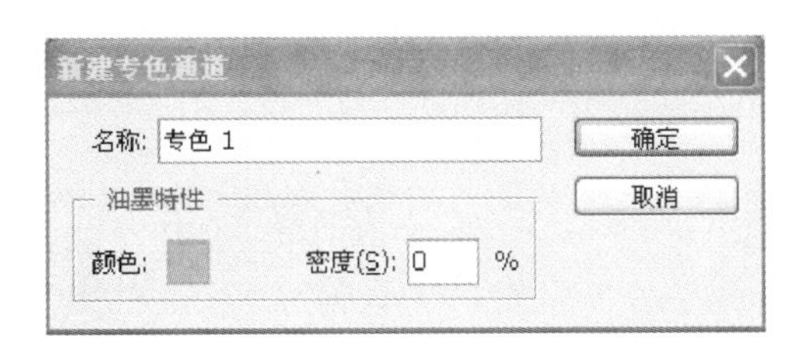

图6–4　新建专色通道

(3) 复制和删除通道　打开一幅素材图片，选择“通道”面板，选择“复制通道”命令，然后复制出相同像素尺寸的通道。选择“删除通道”命令，删除不需要的通道。如图6–5所示。

(4) 分离和合并通道　打开一幅素材图片，选择【窗口】→【通道】命令，在“通道”面板中，单击右上角的三角形按钮，弹出扩展菜单，选择“分离通道”命令，图像就分离为三个通道的图像。如图6–6所示。

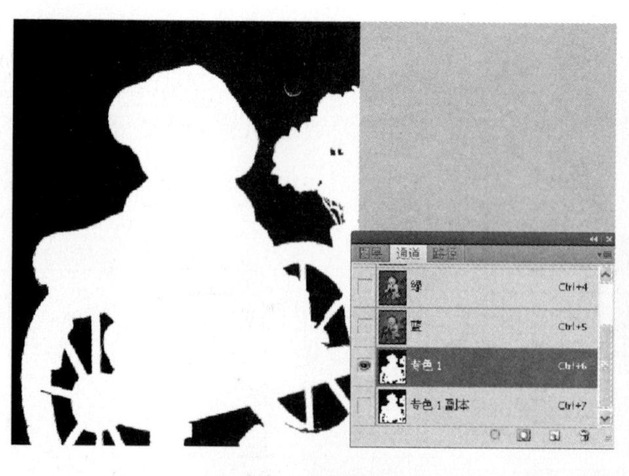

图6-5 通道面板

图6-6 分离合并通道

单击“通道”面板右上角的三角形按钮，弹出扩展菜单，选择“合并通道”命令，弹出“合并通道”对话框，设置“模式”为“RGB颜色”，“通道”为3，完成设置后单击“确定”按钮，如图6-7和图6-8所示。

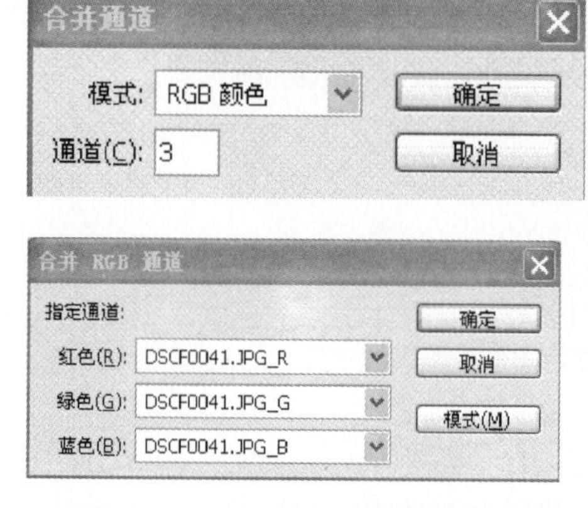

图6-7 合并通道及指定通道模式选择　　图6-8 合并通道效果 素材图片

6.1.2 运用Photoshop绘制个性插画

(1) 首先启动Photoshop CS4软件，新建一个文件，命名为“个性插画”，在属性栏中设置大小高为210mm，宽为297mm，分辨率为150像素/in，如图6-9所示。

(2) 打开一张照片拖拽到其中，按“Ctrl+T”组合键，并进行自由变换，对头像图层进行旋转、缩小、移动及画面轮廓进行必要的操作，如图6-10所示。

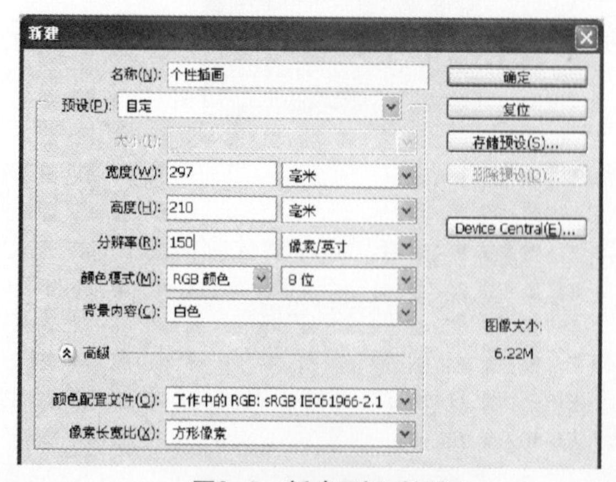

图6-9 新建面板对话框

图6-10 打开操作图片

（3）双击人物图层，弹出“图层样式”对话框，勾选“投影”复选框，各项设置如图6–11所示。

（4）单击“形状”工具，并在工具选项栏中设置属性为图层，选择自己想要的形状加以变化，将颜色设置为R0、G0、B0，结合“Shift”键在画布上绘制出一个正圆形状，如图6–12所示。

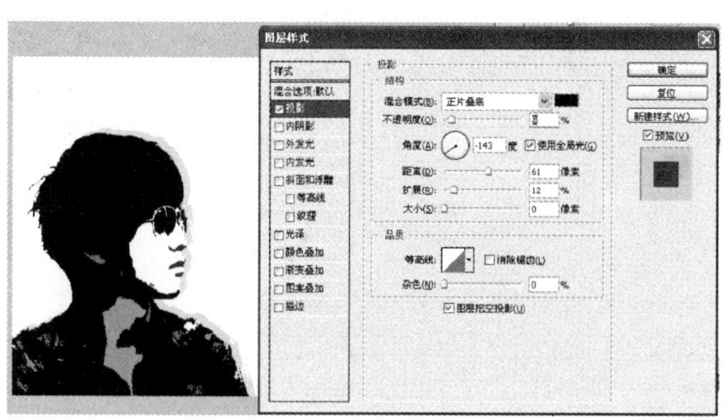

图6–11 通过图片样式调整图片

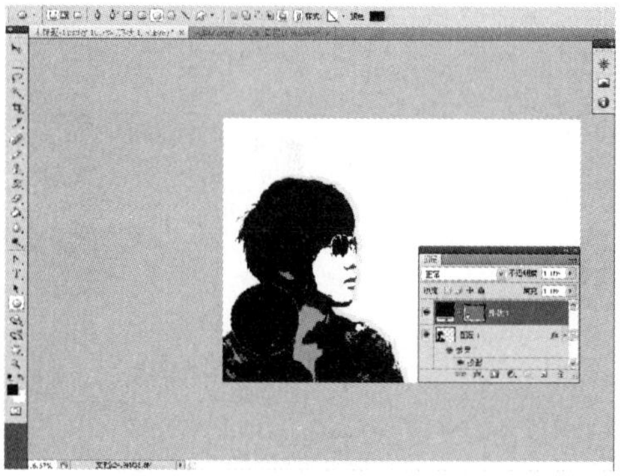

图6–12 利用形状工具画图

（5）运用与前面同样的方法再制作一个白色的圆置于中间，在其圆外框选一个圆，单击“选框”工具，在画布上绘制一个圆形状选区，执行菜单“编辑”/“描边”如图6–13所示，按“Ctrl+D”取消选区。

（6）选择“图层2”，按“Ctrl+J”组合键复制图层，并按“Ctrl+T”组合键自由变换旋转及缩小“图层2副本”，再用相同的方法复制出“图层2副本2”，如图6–14所示。

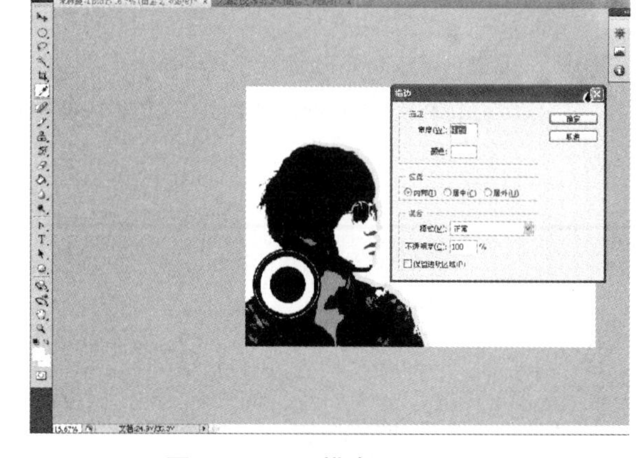

图6–13 设置描边工具对话框

（7）新建一个“图层3”置于“图层1”下方，再选择“矩形框选”工具，在画布上框选一个矩形状及填色，并按“Ctrl+T”组合键自由变换旋转及缩放，放于想要的位置，如图6–15所示。

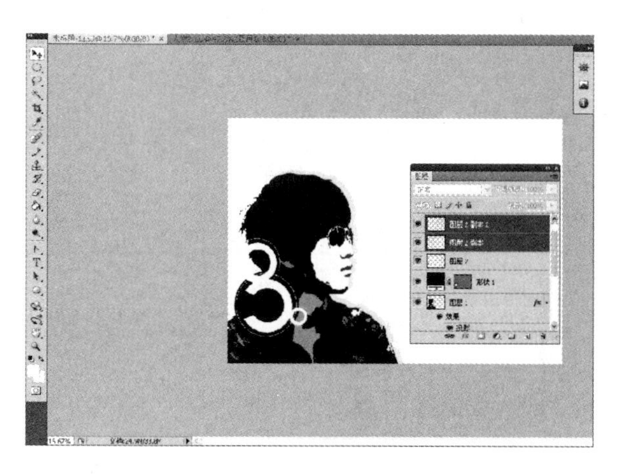

图6–14 复制图层操作

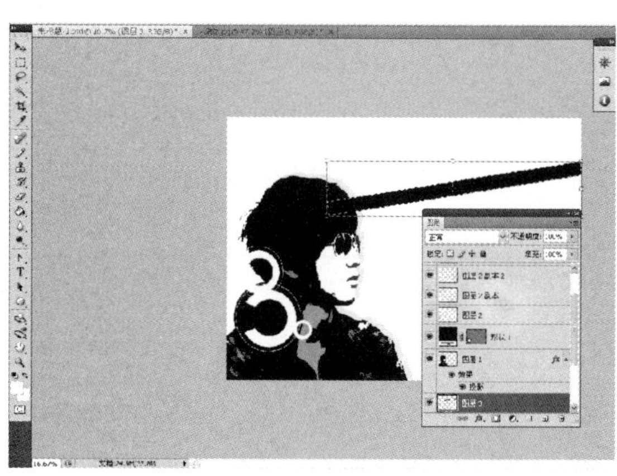

图6–15 调整图层操作

（8）再用相同的方法复制出多个图层，并按“Ctrl+T”组合键自由变换旋转及缩放，放于想要的位置，如图6–16所示。

（9）为了不使黑条过于单调，利用铅笔工具在周围画出几条细线，使画面更生动，如图6–17所示。

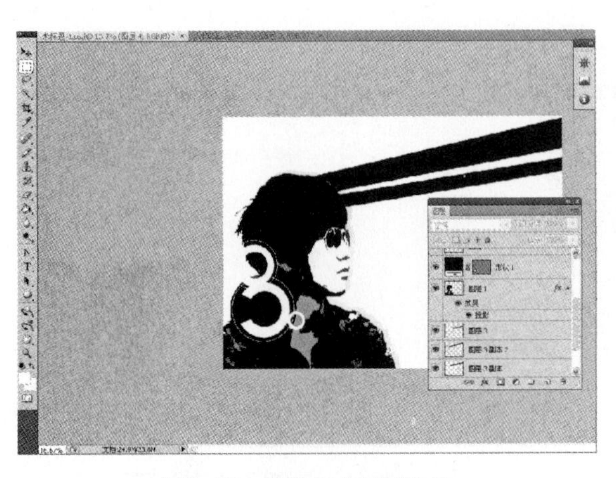

图6–16　调整多个图层操作

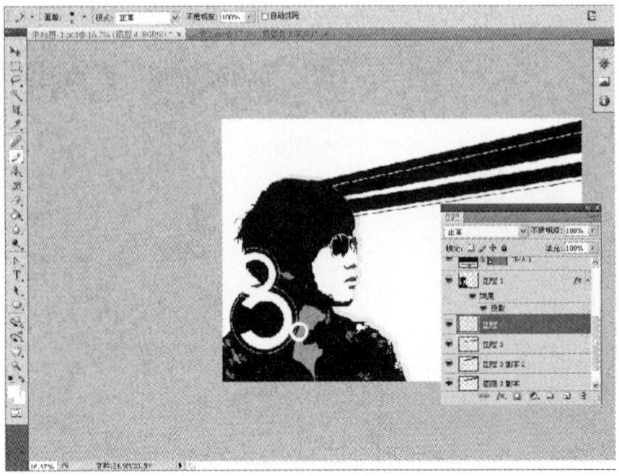

图6–17　利用铅笔工具勾线

（10）单击“形状”工具，并在工具选项栏中设置属性为图层，选择自己想要的形状加以变化，如图6–18所示。

（11）再利用前面所掌握的给画面贴加细小的东西，如图6–19所示。

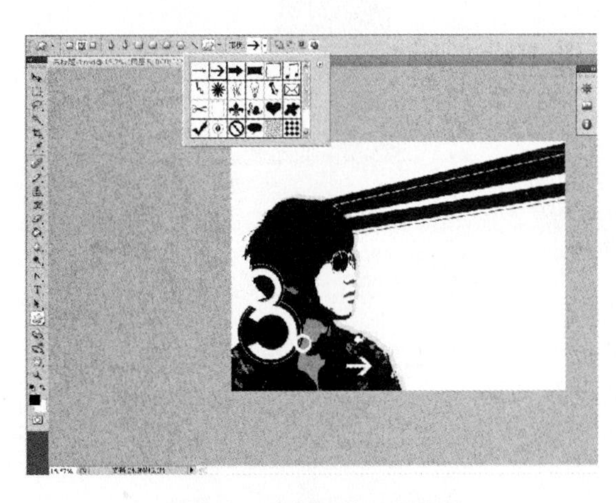

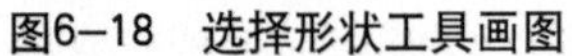

图6–18　选择形状工具画图

图6–19　添加图形细节

（12）新建一个“图层6”，选择“铅笔”工具，设置好画笔大小，进入“画笔预设”框中设置“间隔”百分比，在画面上画出想要的虚线，如图6–20所示。

（13）选择“图层6”，按“Ctrl+J”组合键复制图层，并按“Ctrl+T”组合键自由变换旋转及缩小“图层6副本”，再用相同的方法复制出“图层6副本2”和“图层6副本3”，如图6–21所示。

（14）选择“图层6副本3”　→【不透明度】设置“50%”，如图6–22所示。

（15）最后根据画面整体感加入小图案，用前面所述的步骤绘制图案，如图6–23所示。

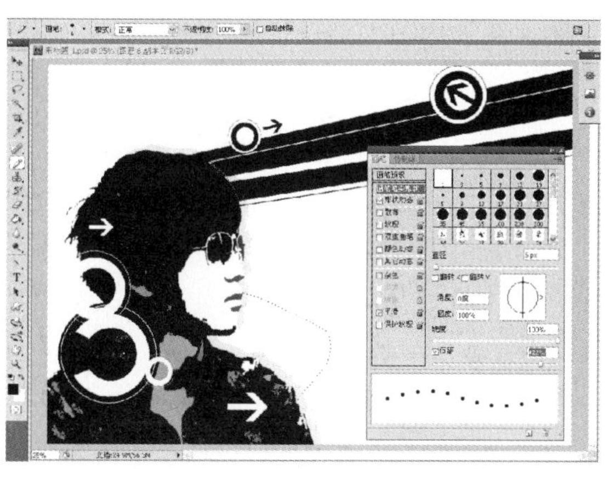

图6-20 绘制画面虚线

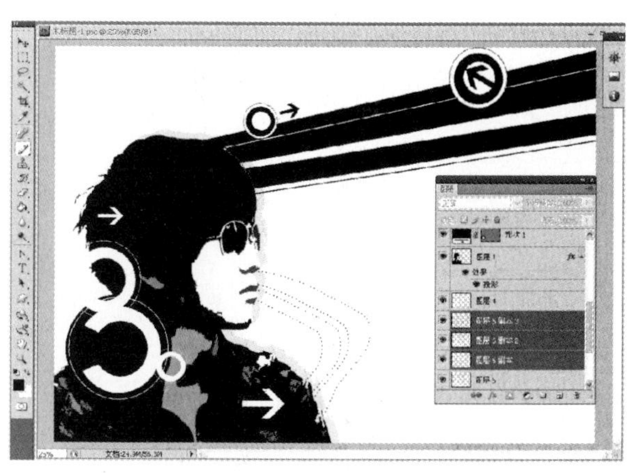

图6-21 复制新图层操作

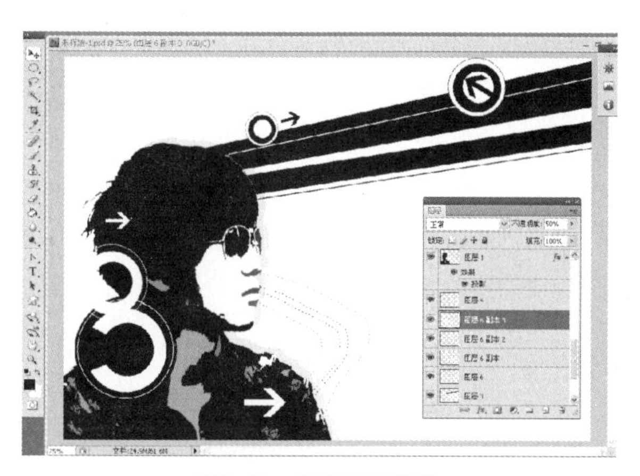

图6-22 不透明度操作

图6-23 显示最终效果

6.2 运用CorelDRAW X3辅助书籍页面版式设计

6.2.1 设置书籍的版面大小和开本方式

（1）首先启动CorelDRAW X3，新建一个文档，在属性栏中设置页面大小为400mm×260mm。

（2）单击工具箱中“矩形工具”按钮，在页面中绘制一个185mm×260mm矩形。

（3）单击鼠标右键，选取矩形，单击菜单中的【排列】→【对齐和分布】命令，选择“对齐和分布”对话框，勾选左（L）及顶部（T）对齐方式，对齐对象到（O）页边，单击【应用】→【关闭】如图6-24所示。

（4）选取矩形，单击菜单列【编辑】→【复制】命令，在页面右边空白处，单击鼠标右键选择菜单列【编辑】→【粘贴】命令。

（5）拖动鼠标左键，移动新建矩形，单击菜单中的【排列】→【对齐和分布】命令，选择“对齐和分布”对话框，勾选右（R）及顶部（T）对齐方式，对齐对象到（O）页边，单击【应用】→【关闭】，如图6-25所示。

（6）书脊厚度＝纸张厚度×印张数，这里我们设定书脊厚度为30mm，如图6-26所示为封面版式轮廓图。

（7）书籍开本方式按1168mm×850mm的纸张尺寸，如图6-27所示。

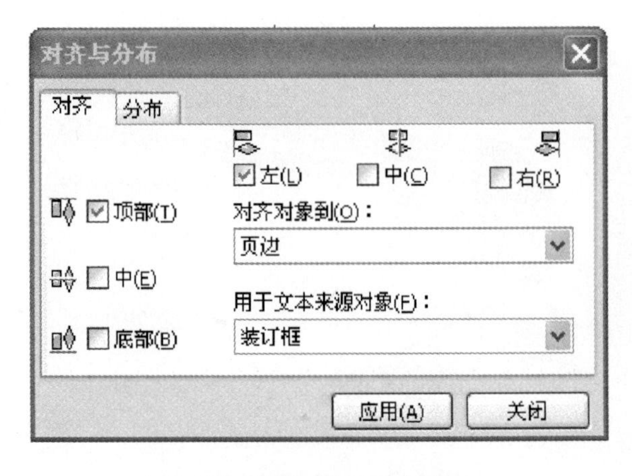

图6–24　选择对齐与分布面板

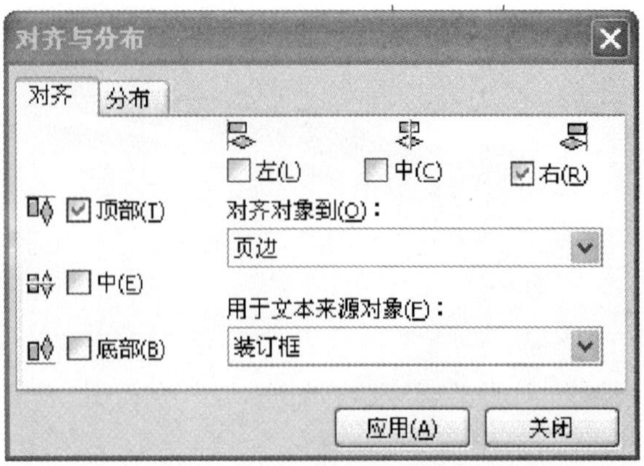

图6–25　设置顶部、右部、页边对齐方式

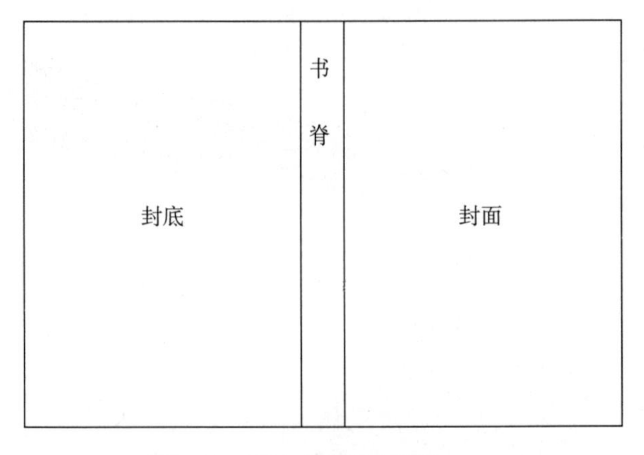

图6–26　设定书脊厚度为30mm

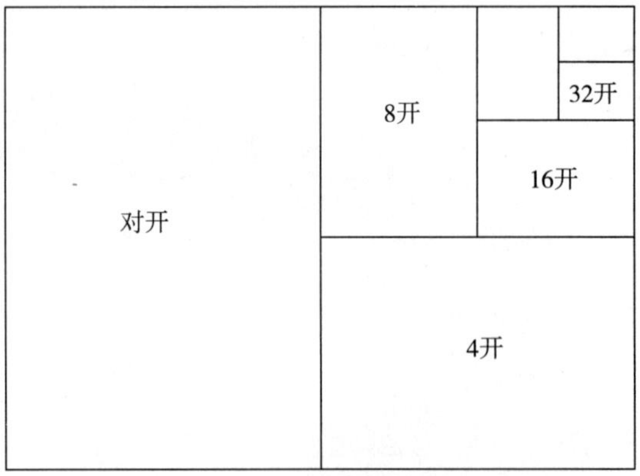

图6–27　书籍开本方式设计

6.2.2　版式设计网格设定

版式设计是书籍设计的重要组成部分，将插画、文字、图形等设计元素整体设计安排，使得读者能够更轻松阅读并达到视觉享受。

版式设计主要分为3种模式：古典版式设计、网格式版式设计及自由式版式设计。下面利用CorelDRAW工具进行网格设定。

（1）首先启动CorelDRAW X3，新建一个文档，在属性栏中设置页面大小为220 mm × 140mm。

（2）绘制网格需要借助辅助线，如图6–28所示拉出辅助线，为绘制网格打下基础。

图6–28　设定参考辅助线

（3）单击工具箱中“矩形工具”按钮，在页面中绘制一个30mm×30mm矩形，单击菜单【视图】→勾选【对齐辅助线】命令，移动矩形贴齐辅助线。

（4）单击菜单列【窗口】→【泊坞窗】→【变换】→勾选【位置】命令，在“变换”对话框中“水平位置”输入31.5 mm，“垂直位置”输入0 mm，单击“应用到再制”向右复制两个矩形。如图6-29所示。

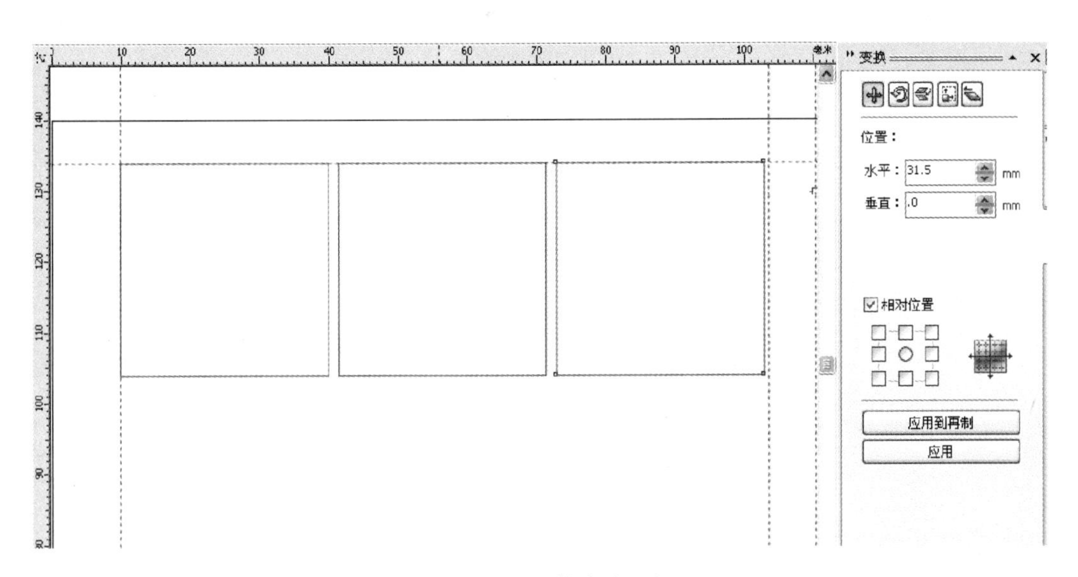

图6-29 设置网格宽度及间距

（5）在“变换”对话框中“水平位置”输入0mm，“垂直位置”输入－32.1 mm，单击“应用到再制”向下复制三个矩形。用步骤（4）同样的方法完成所有的网格绘制并“复制”、“移动”，如图6-30所示。

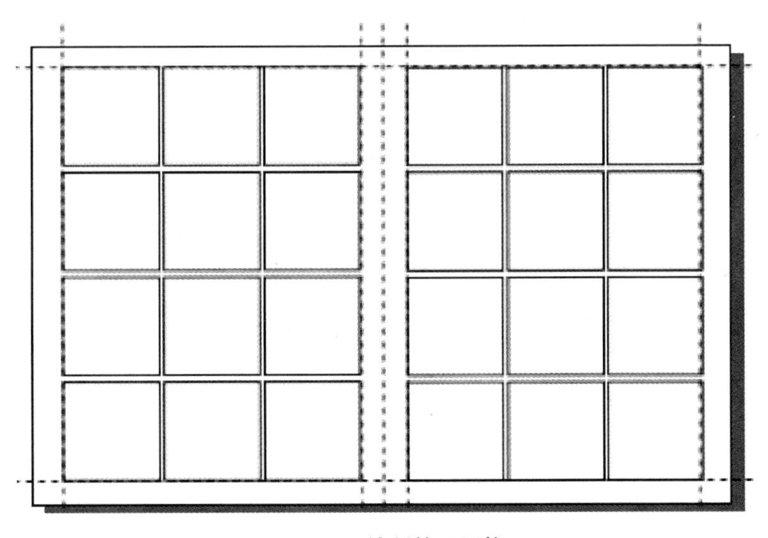

图6-30 绘制等距网格

6.2.3 文本和段落的编排

以文字为主的书籍编排，比如字典、汇编和清单等，应确保书籍设计的文本内部结构合理，方便读者使用，视觉的层次也应该清晰识别。下面利用CorelDRAW工具进行文本和段落的编排。

（1）运行CorelDRAW X3，新建一个文档，按下快捷键“Ctrl+N”新建一个文件。在属性栏中设置页面大小为220 mm×140mm。双击“矩形工具”，创建数个矩形分割页面并添加数条辅助线，如图6-31所示。

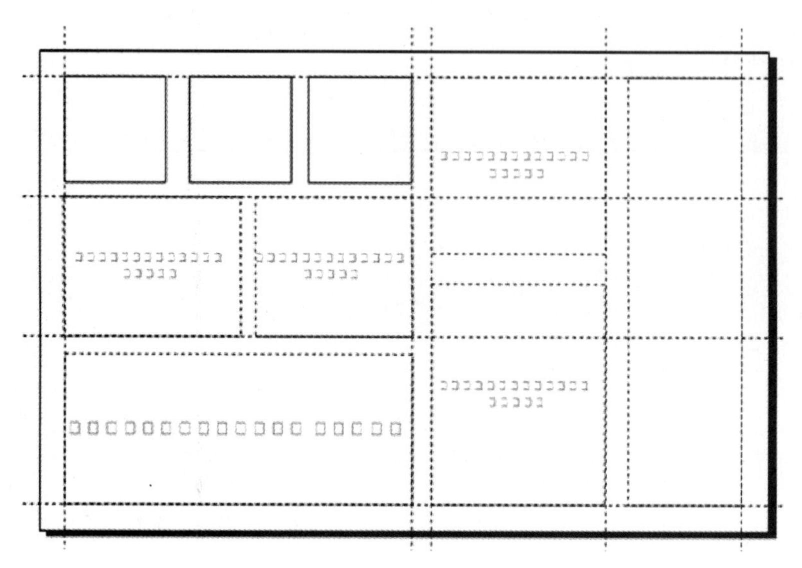

图6-31　设置网格框架图

（2）单击工具箱中“文本工具”按钮，在页面中单击鼠标左键，拖拽一个文本框，单击鼠标右键选择编辑文本，输入文本信息至编辑框内，选择字体、字号及对齐方式。如图6-32所示。

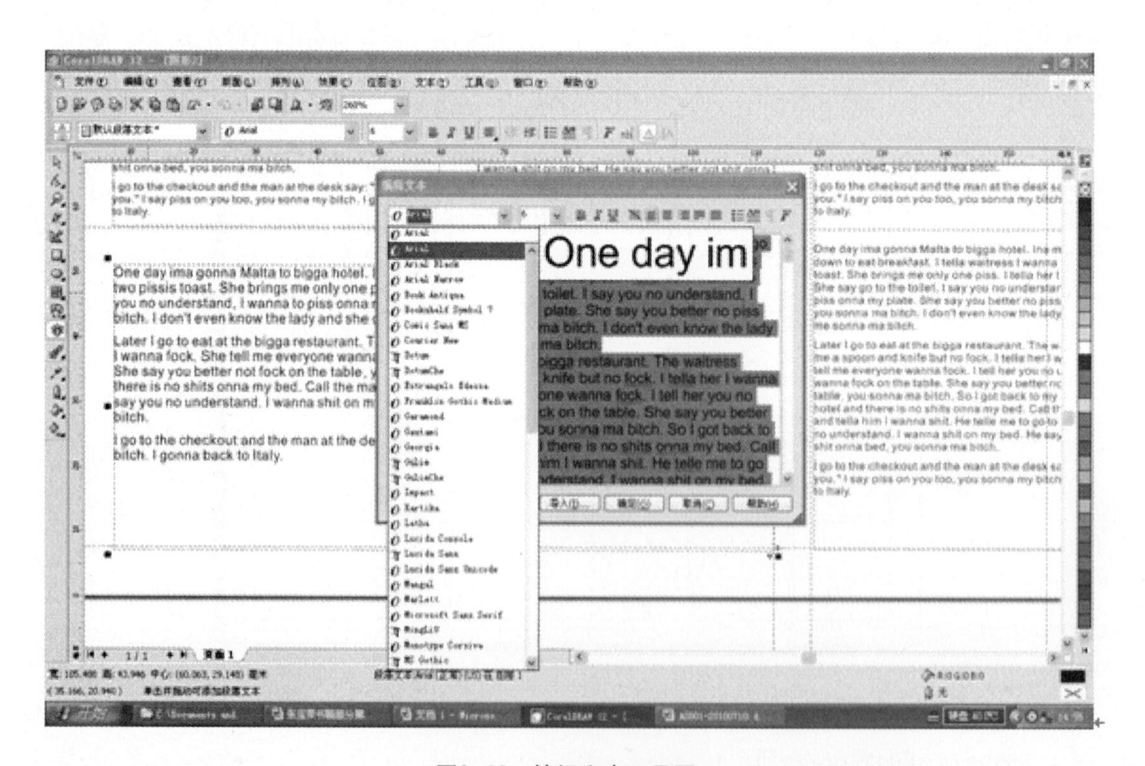

图6-32　编辑文本工具图

（3）在“文本框”中出现，就表示所有的文字都编辑进去，出现表示还有文字没有在文本框内，可以通过调整字号及拉大文本对话框把所有的文字都编排进去，如图6-33和图6-34所示。

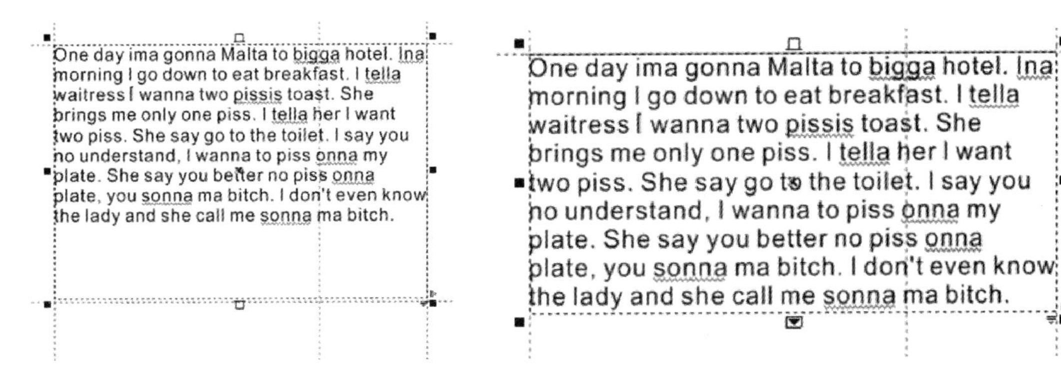

图6–33 文字完全显示标记　　图6–34 文字未完全显示标记

（4）单击菜单栏中“文本”下拉菜单，选择“文本格式”鼠标左键打开“格式化文本”对话框，如图6–35所示。

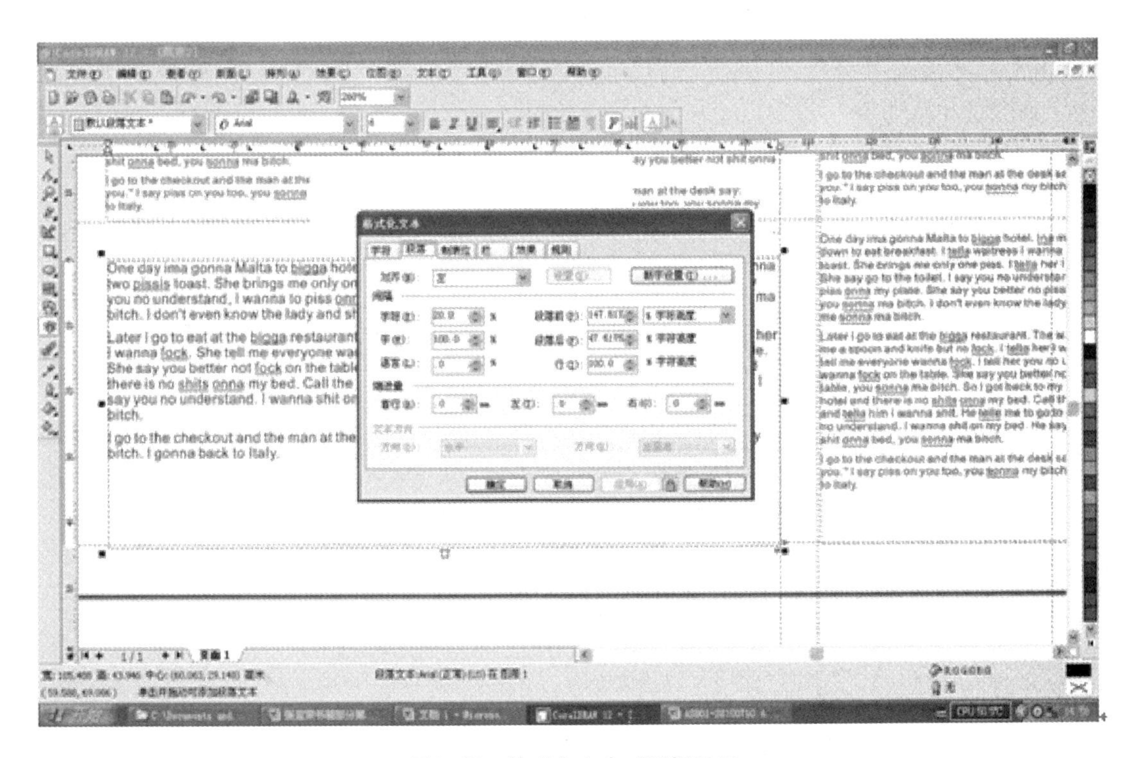

图6–35 格式化文本对话框显示

（5）在“格式化文本”对话框选择段落，对齐方式选择左对齐，间隔字符选择20%，段前段后选择150%，首行2mm，如图6–36所示。最后完成图如图6–37所示。

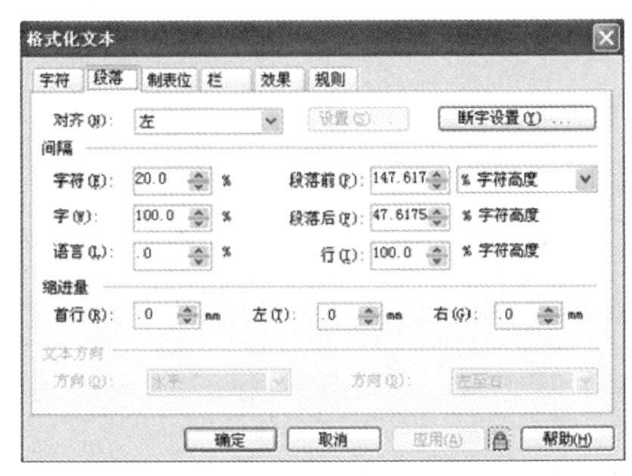

图6–36 设置格式化文本对话框

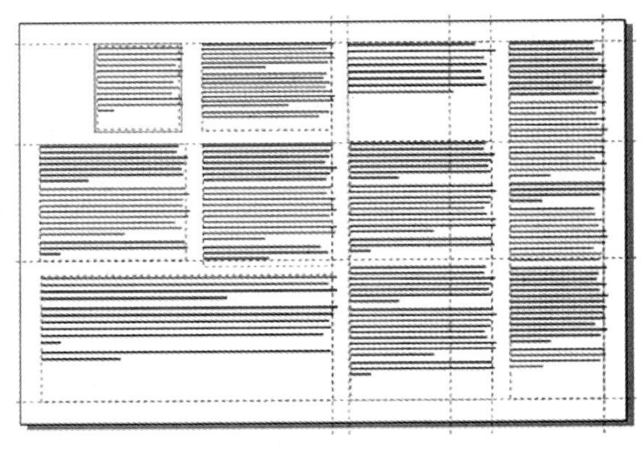

图6–37 段落排版完成图

6.3 优秀案例设计方法剖析

本案例设计的是一款时尚杂志封面，重叠的圆圈、光晕和自由的曲线等视觉元素在日常的封面视觉设计中十分常用，具有一定的代表意义。

绚烂的色彩，表达出涂鸦或是更多的潮流生活和多元化的时尚气质。背景中的都市剪影，暗示出潮流生活和都市生活息息相关，同时也表达出一种构建和谐的人与城市的需求，由于杂志具有特别独特的目标消费群体和读者，所以根据目标消费读者的特点和喜好，杂志封面除了必要的文字信息和标志，没有对本期杂志内容进行进一步的说明和解释，而是通过独特的视觉语言和鲜艳亮丽的色彩来吸引读者，可以说这种纯粹的视觉语言符号是经典的手法。本案例主要运用基本的造型命令和透明工具来完成设计方案。

6.3.1 绘制杂志封面背景

（1）运行CorelDRAW X3，按下快捷键“Ctrl+N”新建一个文件。在属性栏中设置页面大小为210mm×285mm。双击“矩形工具”，创建一个和页面相同大小的矩形，如图6−38所示。

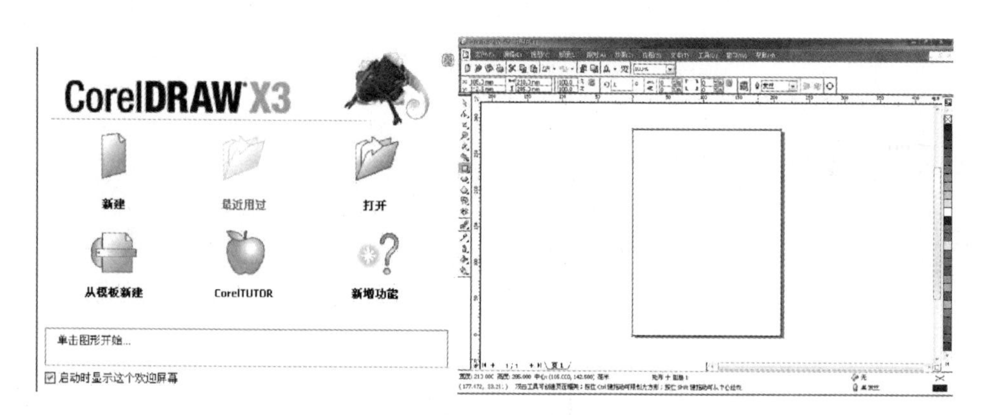

图6−38 创建页面

（2）按下快捷键F11，在弹出的“渐变填充”对话框中设置颜色参数为：0%CMYK值分别为（0，75，95，0），11%CMYK值分别为（1，58，95，0），28%CMYK值分别为（2，10，58，0），40%CMYK值分别为（0，0，0，0），100%CMYK值分别为（2，6，40，0），单击“确定”按钮，如图6−39所示。

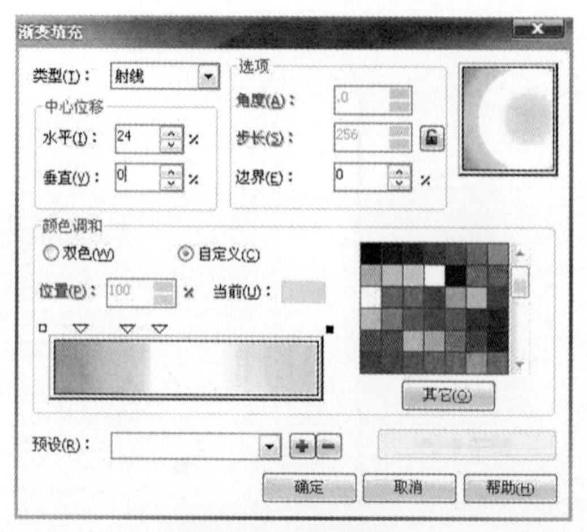

图6−39 渐变填充

(3）单击“椭圆形工具”，在图形上绘制一个椭圆形。按下快捷键“Ctrl+Q”，旋转椭圆。再单击“形状工具”，调整椭圆形状，填充颜色CMYK值分别为（48，30，90，1），去掉轮廓线，如图6−40所示。

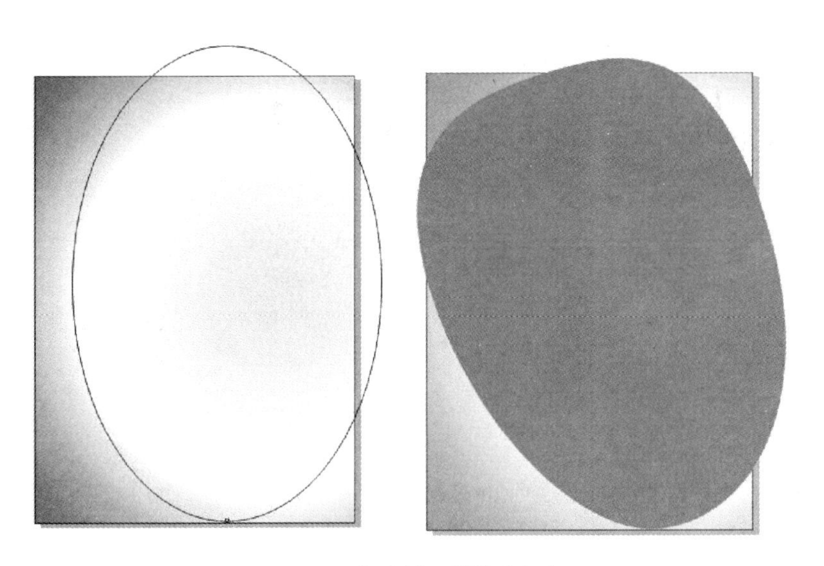

图6−40　创建椭圆并填充颜色

(4）选择图形，单击“交互式透明”在属性栏中设置参数，对图形应用白色到黑色的“线性”交互式透明，如图6−41所示。

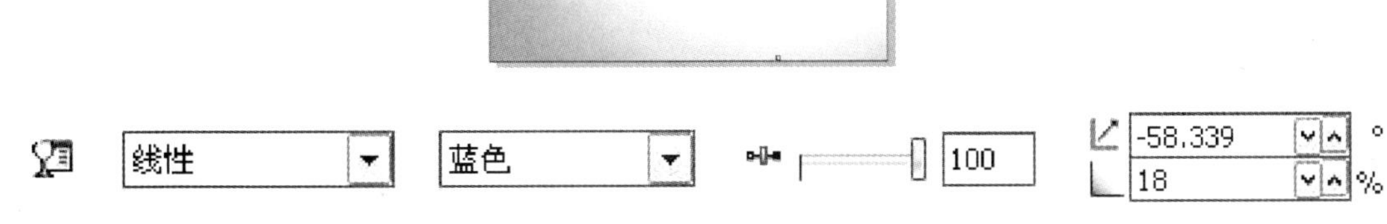

图6−41　渐变设置1

(5）单击“椭圆形工具”，绘制一个椭圆形。按下快捷键“Ctrl+Q”，旋转椭圆。再单击“形状工具”，调整椭圆形状，填充颜色CMYK值分别为（88，48，78，11），去掉轮廓线，如图6−42所示。

图6–42　创建椭圆并填充颜色

（6）选择图形，单击“交互式透明”在属性栏中设置参数，对图形应用黑色到白色的“射线”交互式透明，如图6–43所示。

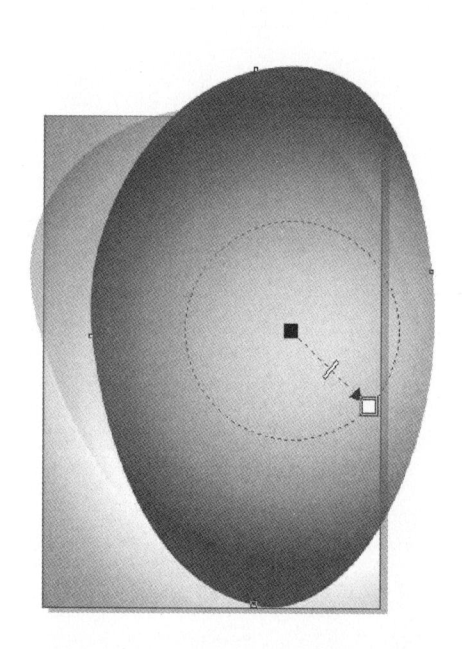

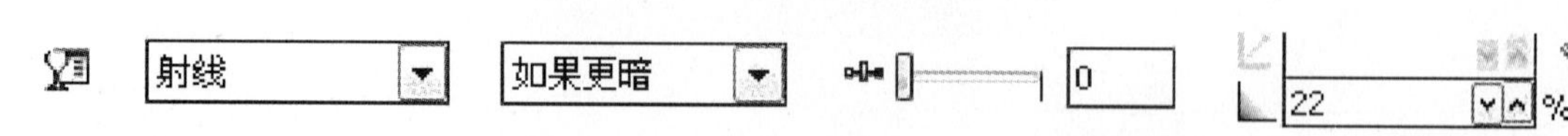

图6–43　渐变设置2

（7）选择图形，按下小键盘中的“+”键，原位复制一个图形，再将其缩小，填充颜色CMYK值分别为（38，38，85，1），单击“交互式透明”在属性栏中设置参数，如图6–44所示。

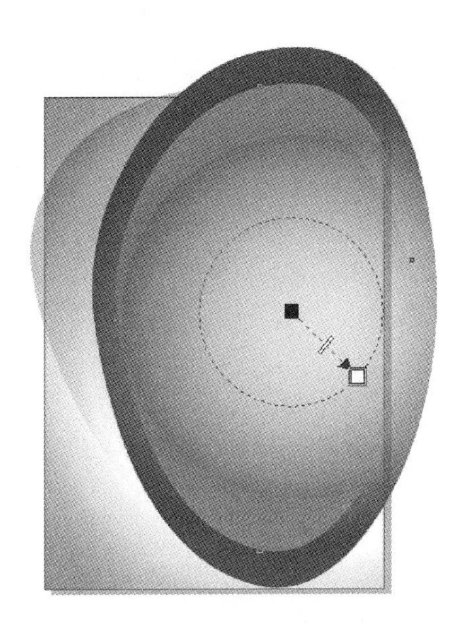

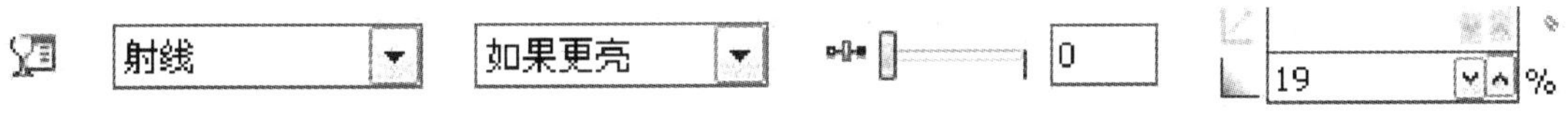

图6-44 渐变设置3

(8) 运用同样的方法，复制一个最上层的图形，再将其缩小，填充颜色CMYK值分别为(35，77，98，2)，单击“交互式透明”在属性栏中设置参数，如图6-45所示。

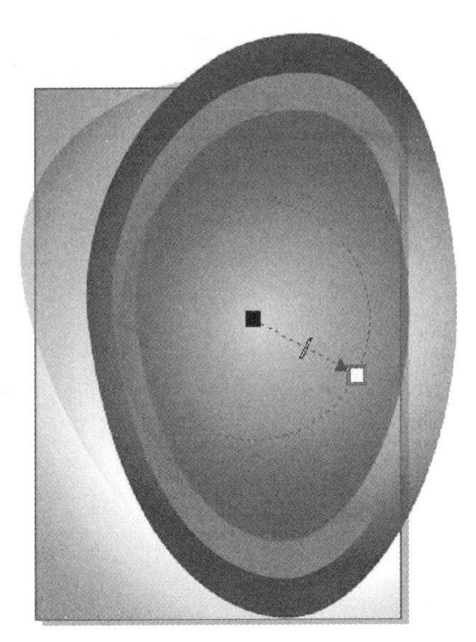

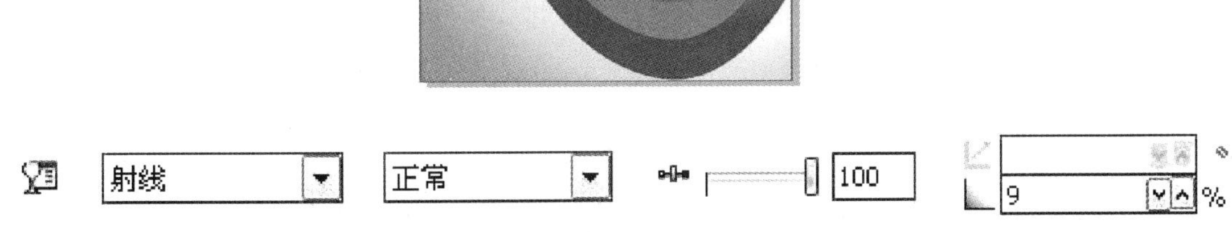

图6-45 渐变设置4

(9) 运用同样的方法，复制一个图形，再将其缩小，填充颜色CMYK值分别为(47，99，97，7)，单击“交互式透明”在属性栏中设置参数，如图6-46所示。

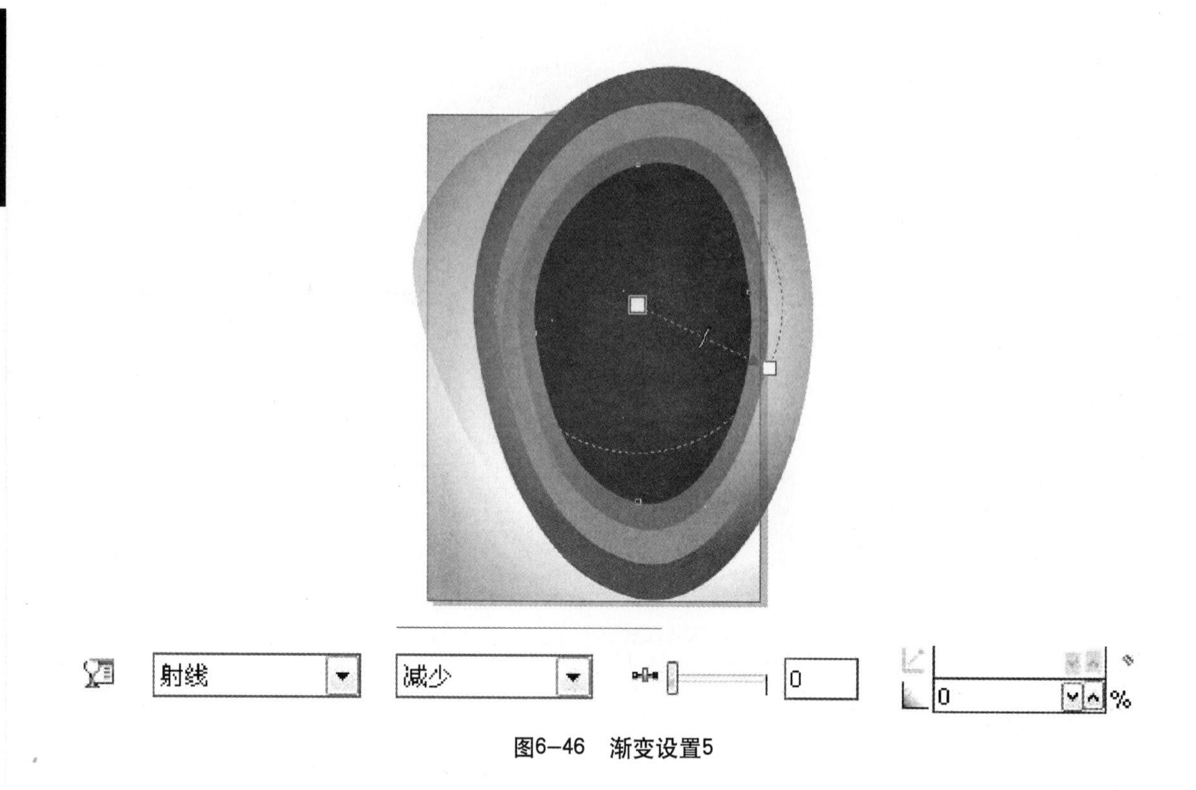

图6-46　渐变设置5

（10）运用同样的方法，复制一个图形，再将其缩小，填充颜色CMYK值分别为（47，99，97，7），单击“交互式透明”在属性栏中设置参数，如图6-47所示。

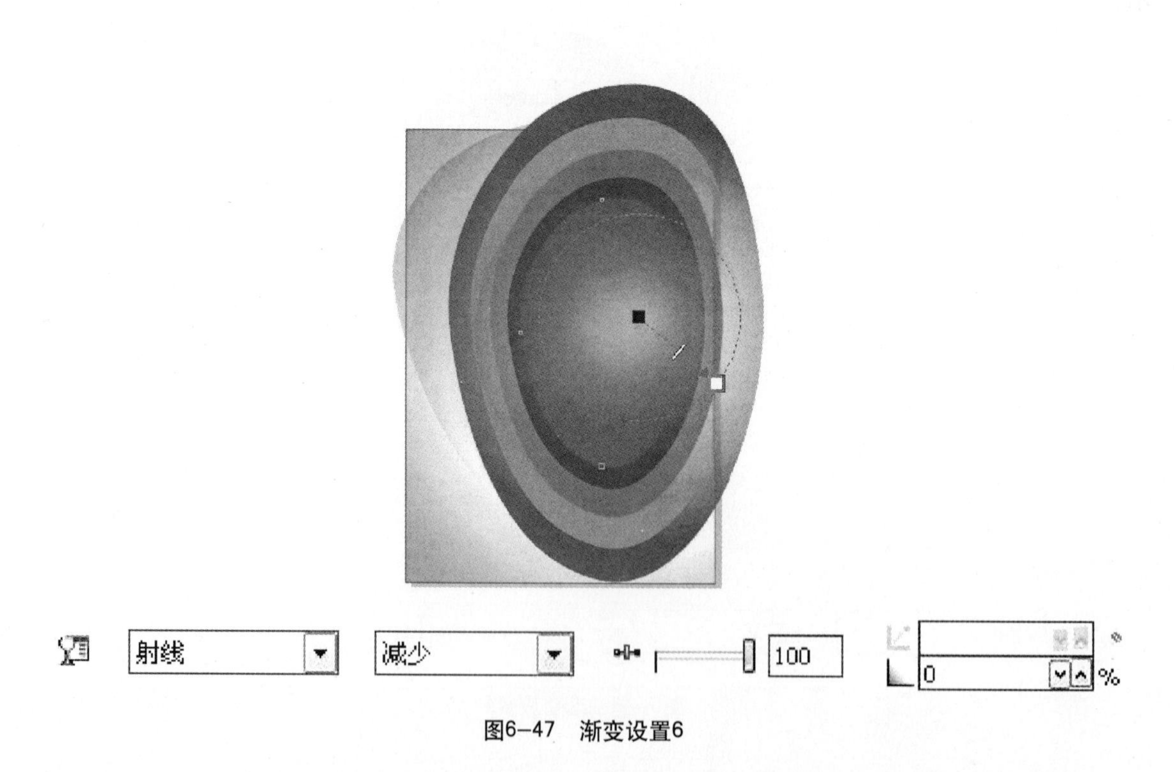

图6-47　渐变设置6

（11）运用同样的方法，复制一个图形，再将其缩小，并改变一定的角度，填充颜色CMYK值分别为（5，98，93，0），单击“交互式透明”在属性栏中设置参数，如图6-48所示。

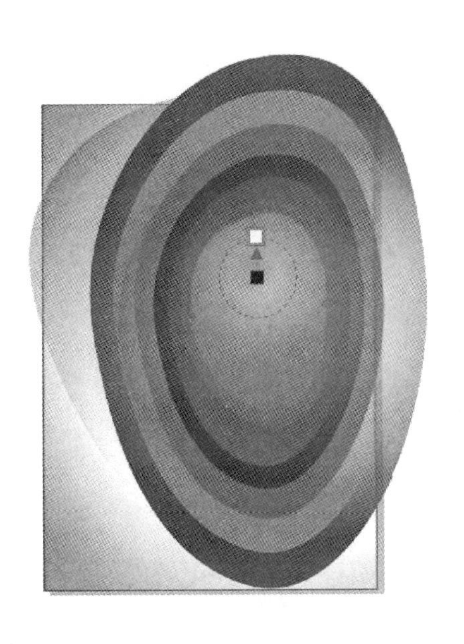

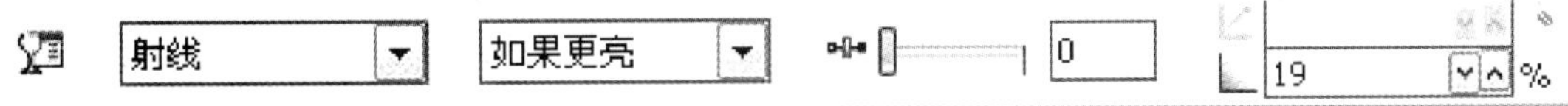

图6–48 渐变设置8

(12) 运用同样的方法，复制一个图形，再将其缩小，并改变一定的角度，填充颜色CMYK值分别为（0，98，91，0），单击“交互式透明”在属性栏中设置参数，如图6–49所示。

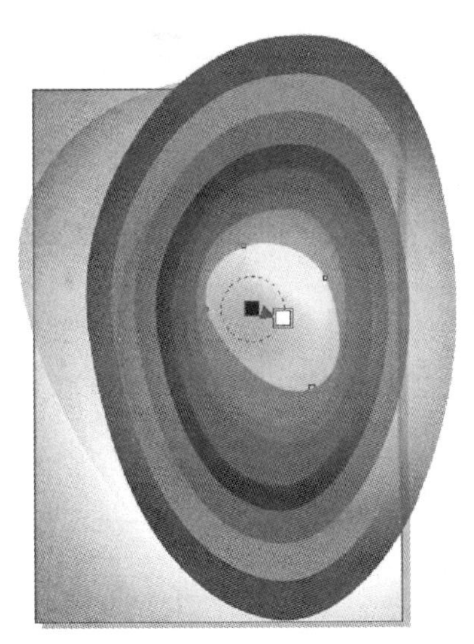

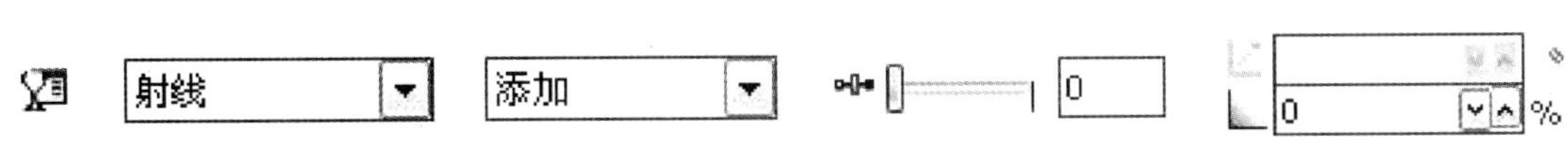

图6–49 渐变设置9

(13) 运用同样的方法，复制一个图形，再将其放大，并适当调整形状，向上移动，填充颜色CMYK值分别为（1，34，89，0），单击“交互式透明”在属性栏中设置参数，如图6–50所示。

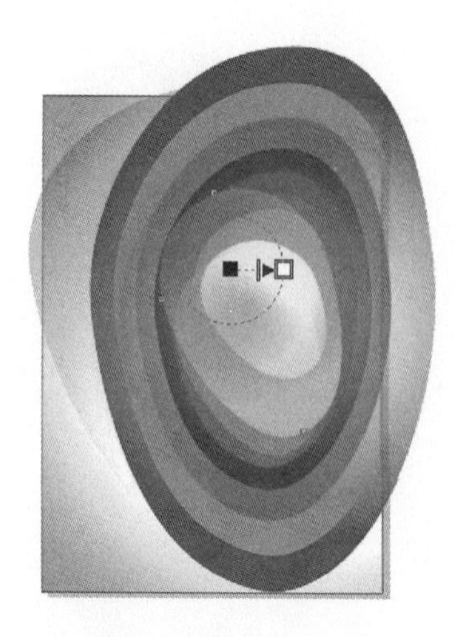

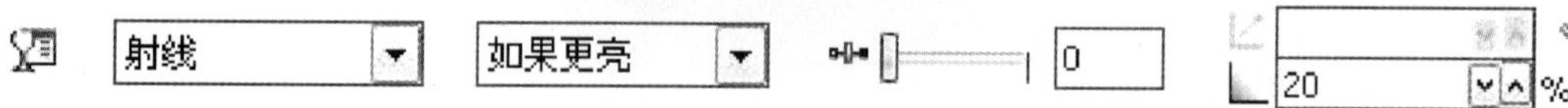

图6-50　渐变设置10

（14）运用同样的方法，复制多个图形，再将其逐步缩小，并适当调整形状和位置，向左上方旋转和移动，如图6-51所示。

（15）单击“椭圆形工具”，绘制一个椭圆形。按下快捷键“Ctrl+Q”，旋转椭圆。再单击“形状工具”，调整椭圆形状，填充一个淡黄颜色，去掉轮廓线，单击“交互式透明”在属性栏中设置参数，如图6-52所示。

（16）按下快捷键“Ctrl+I”，在弹出的“导入”对话框中选择素材文件“03\ Media\01.cdr”文件，完成后单击导入按钮，如图6-53和图6-54所示。

图6-51　复制图形

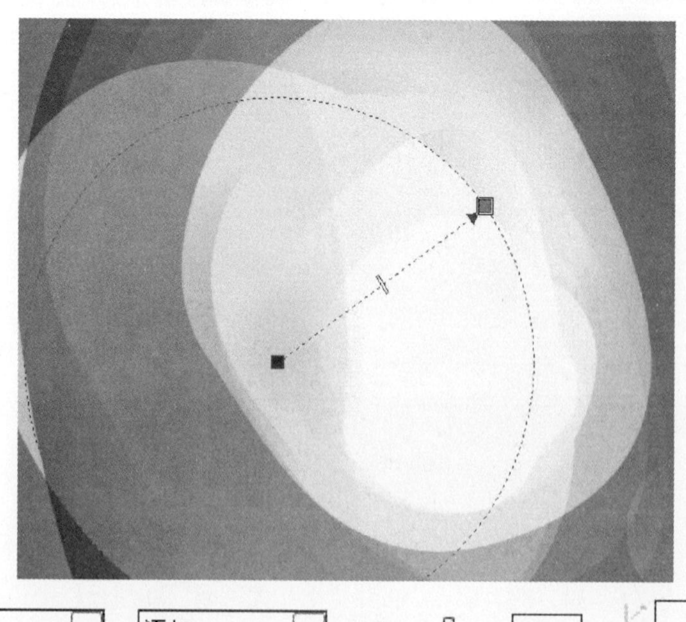

图6-52　渐变设置11

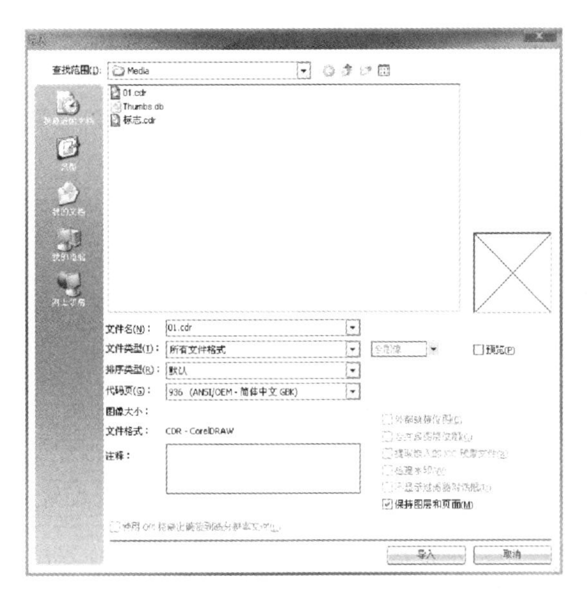

图6-53　导入素材文件

图6-54　导入文件

(17) 按下选择导入图形的城市建筑剪影图形，调整大小，移至封面下方。按下“Shift”键，依次单击图形和背景矩形，按下快捷键B，使其下对齐，如图6-55所示。

图6-55　导入图形文件

(18) 选择图形，单击“交互式透明”在属性栏中设置参数，如图6-56所示。

图6-56　透明设置

6.3.2　绘制杂志封面主题图形

(1) 导入“01.cdr”文件中的人物剪影素材移至封面中，适当改变人物大小，进行交错排列，制作一种随意和谐的效果，如图6-57和图6-58所示。

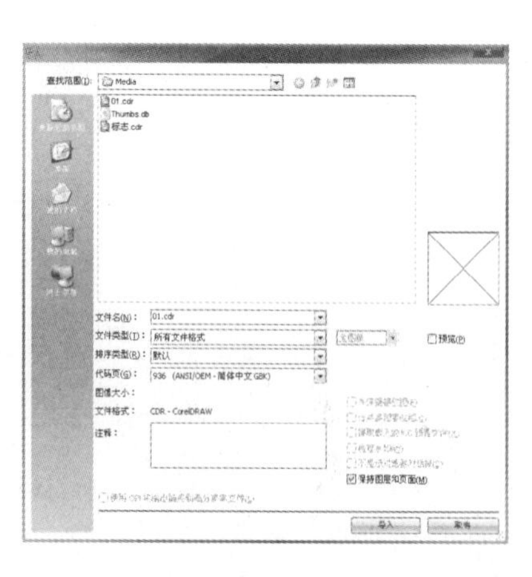

图6-57 导入图形文件

图6-58 导入人物素材

（2）按下快捷键“Ctrl+I”，在弹出的“导入”对话框中选择素材03\Media\标志.crd，将标志移至左下角的人物下，如图6-59所示。

图6-59 导入文字素材

（3）单击“贝塞尔工具”从标志右上角绘制一条曲线，不规则的曲线从标志到封面的右上角，填充为黑色，完成后继续沿曲线的形态动势绘制曲线，设置轮廓宽度为0.2mm轮廓为黑色，如图6-60所示。

（4）继续绘制曲线，最后绘制一个不规则的图形，填充为黑色，并去掉轮廓线。调整图形的位置和形状，完成后将曲线群组，如图6-61所示。

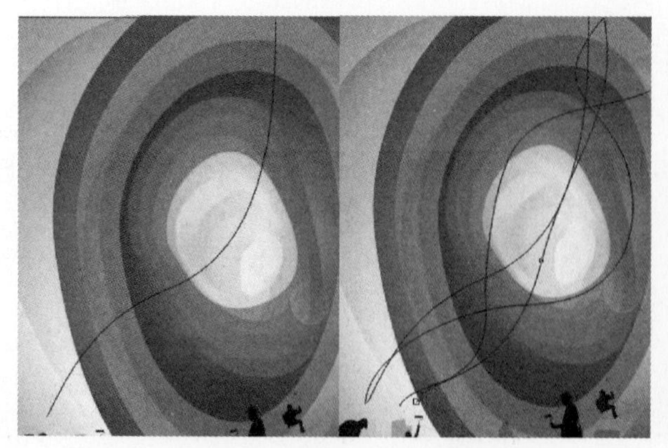

图6-60 开始绘制曲线

图6-61 绘制曲线完毕

（5）单击“椭圆形工具”，按下“Ctrl+”键的同时创建一个正圆，填充为淡黄色，并去掉轮廓线，单击“交互式透明工具”在属性栏中设置参数，对正圆应用白色到黑色，再到黑色的“射线”交互式透明，如图6−62所示。

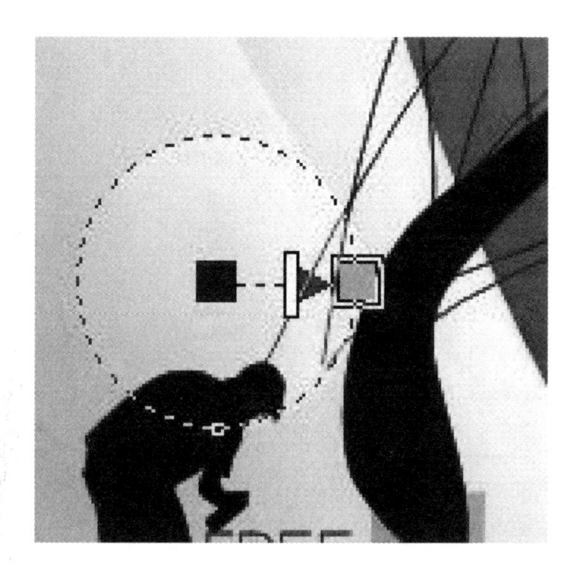

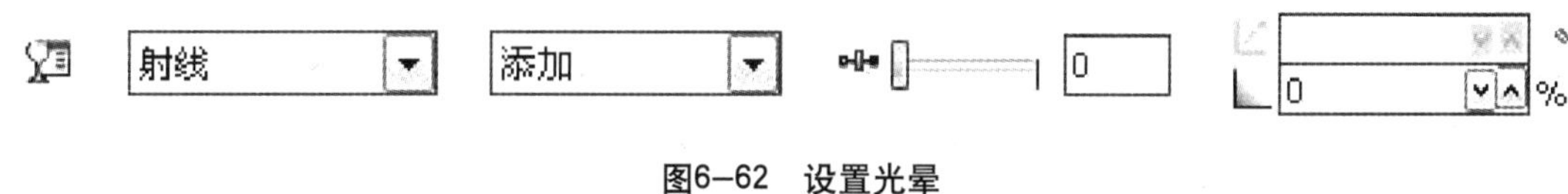

图6−62 设置光晕

（6）复制多个正圆光晕，改变其大小，在画面上零星分布，如图6−63所示。

图6−63 复制多个光晕

6.3.3 添加文字信息

（1）复制导入标志文件中的标题文字，群组后将其扩大，移至封面的左上角，同样的方法复制移动其他中英文文字，如图6−64所示。

图6−64 导入文字

（2）点击菜单栏中的【编辑】→【插入条形码】命令，在弹出的对话框中选择条码类型和数字，点击下一步，单击完成按钮，如图6–65～图6–67所示。

图6–65　选择绘制条形码

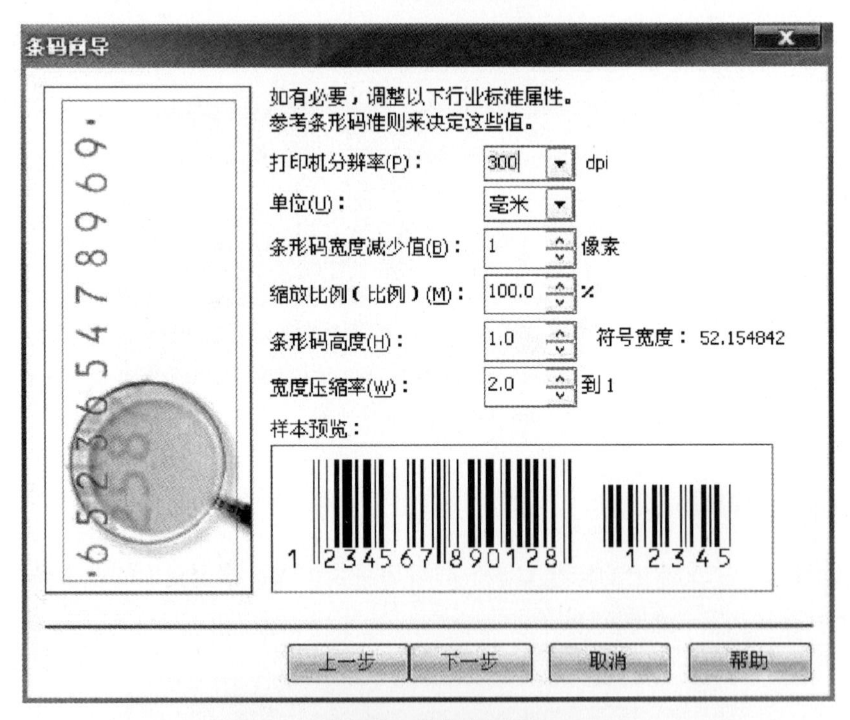

图6–66　绘制条形码

图6–67　条形码绘制完毕

（3）单击“贝塞尔工具”命令，绘制一个倾斜的矩形，完成后复制一个并修改制作出侧面，完成立体图，如图6–68所示。

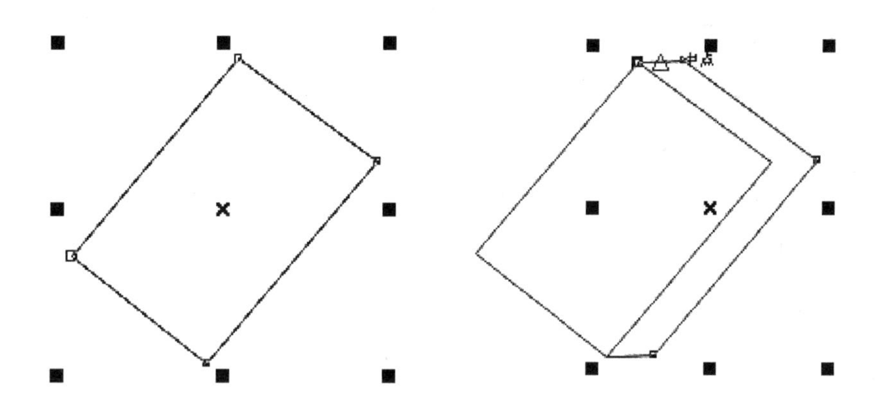

图6–68　绘制书本外形

（4）填充图形为黑色，选择两个侧面图形，按下“F12”，在弹出的“轮廓笔”对话框中设置参数，其中的为白色，如图6–69和图6–70所示。

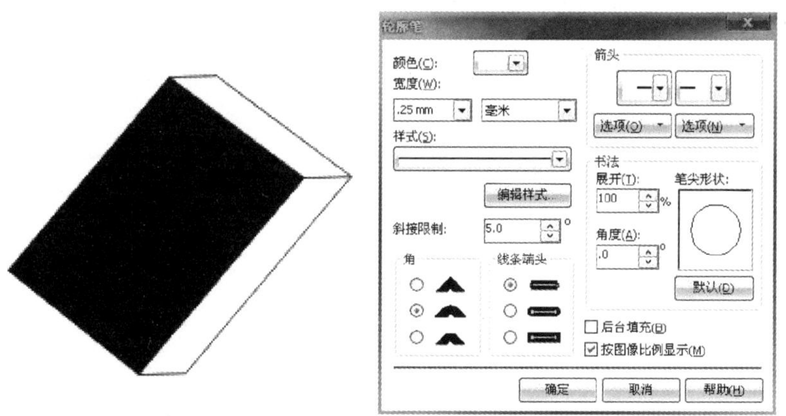

图6–69　绘制书本并填充颜色

图6–70　绘制书本外形完毕

（5）绘制两个正圆，单击属性中的“结合”，设置轮廓宽度为0.25mm。执行菜单栏中的【排列】→【将轮廓转换为对象】命令，转换轮廓为独立对象。再框选两个图形，单击“结合”按钮，结合图形，如图6–71和图6–72所示。

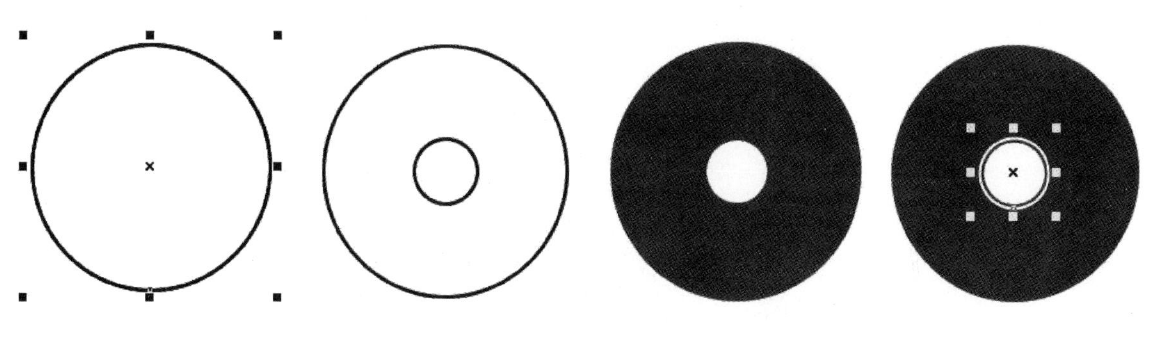

图6–71　绘制光盘外形

图6–72　绘制光盘完成

（6）绘制长条工具，并填充为黑色，去掉轮廓线，复制矩形，组合成“+”和“-”。与刚才制作的书籍和光盘图形结合。如图6-73所示。

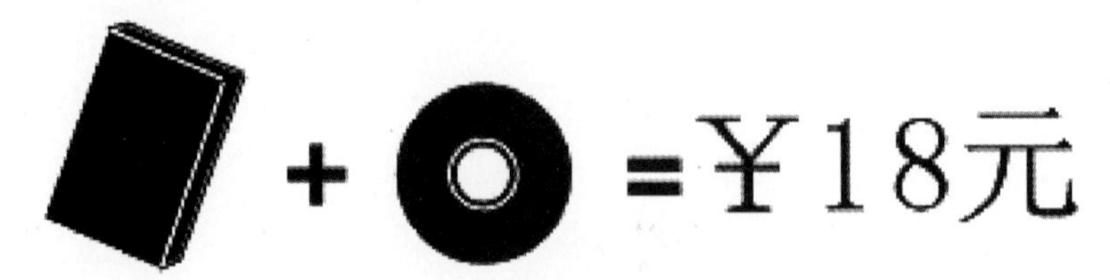

图6-73　书籍与光盘图形相结合

（7）将所有图形群组，至此封面设计制作完成，效果如图6-74所示。

图6-74　完成效果

6.4　思维拓展练习（传统符号语言的运用）

在现代版面设计中，体现中国文化和传统符号语言的案例越来越多，我们在日常练习和训练的过程中，可以有意识地去从这个角度思考。以图6-75为例，将传统元素和现代的时尚元素相结合，进行计算机辅助书籍设计。

提示：制作背景时可以用“透明式交互工具”；制作主体画面时可以结合“矩形工具”和“贝塞尔工具”来打造丰富的画面。

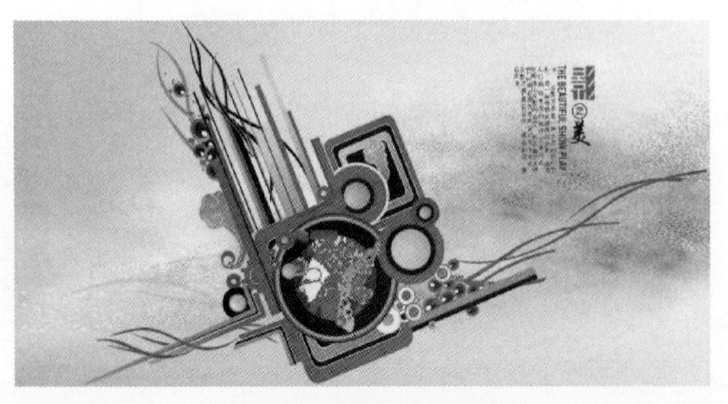

图6-75　完整的设计画面

本章小结

本章是运用计算机辅助软件进行书籍设计的内容，针对性介绍了Photoshop CS4通道工具，运用Photoshop CS4完成个性化封面设计范例，如何运用CorelDRAW X4对书籍设计的基本内容进行设计与制作，以及优秀案例分析等内容，使读者轻松运用计算机辅助软件学习书籍设计与制作。

思考题与习题

（1）在书籍设计中Photoshop CS4常用的通道工具有哪些？它们各自的作用是什么？

（2）简述运用计算机辅助软件辅助书籍设计与运用计算机辅助软件辅助标志设计的区别。

（3）使用CorelDRAW X3对书籍设计的基本内容进行设计与制作。

第7章 计算机辅助广告招贴设计

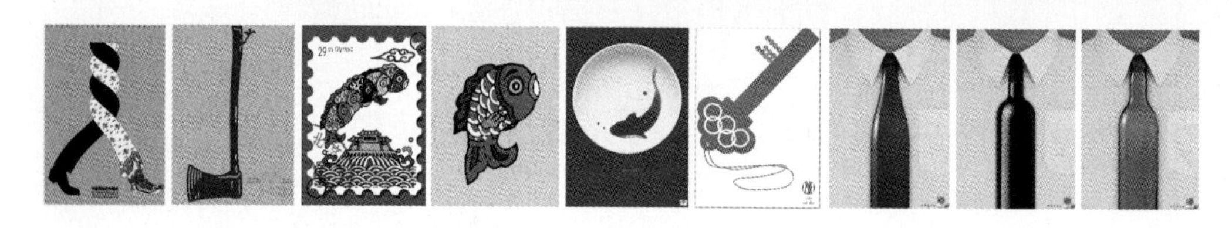

学习目标

（1）了解广告设计中常用的基础软件。

（2）了解Photoshop CS4软件在广告设计中的操作特性。

（3）掌握Photoshop CS4在广告设计中的应用技巧。

学习重点

（1）掌握Photoshop CS4软件在广告设计中的操作特性。

（2）掌握Photoshop CS4软件在广告设计中进行图片合成、修饰的操作技巧。

学习建议

（1）参观设计公司，了解平面设计软件的应用领域。

（2）参观设计公司，了解如何使用平面设计软件的工作流程，有助于前期设计和实现创意。

（3）多看、多练习、多请教。

7.1 计算机辅助广告招贴概述

7.1.1 广告招贴概述

招贴也称“海报”，是传统的广告形式之一。通常指使用单张形式、可张贴的一种印刷广告形式。优秀的招贴广告既可成为人们喜爱的艺术品，也可作为收藏品和装饰品，具有良好的传播效果，如图7-1～图7-4所示。广告招贴内容广泛，包括商业广告、文化广告、公益广告等；其表现形式丰富，包括摄影广告、绘画广告、计算机绘制广告和文字广告等。由于受张贴地点的限制，传播时空有一定的局限性。

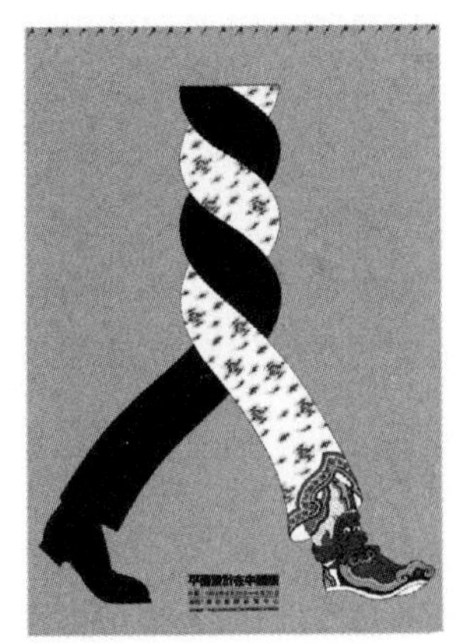

图7-1 《92平面设计在中国展》 陈绍华

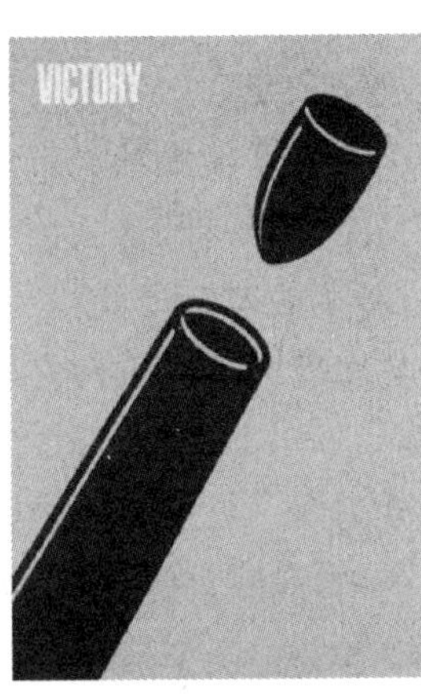

图7-2 反战招贴 福田繁雄

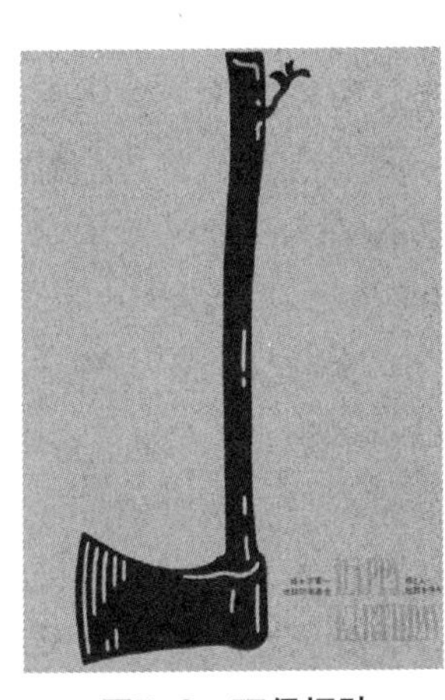

图7-3 环保招贴 福田繁雄

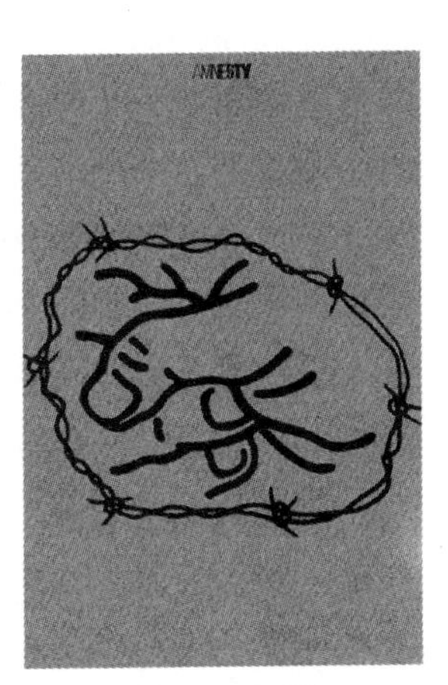

图7-4 招贴 福田繁雄

招贴可分为公益招贴和商业招贴两大类：公益招贴指以社会公益性问题为题材（如交通安全、环境与资源保护、纳税、戒烟、计生优生、文体活动宣传等）；商业招贴则以直接宣传企业形象、促销商品及商业服务，以满足消费者需求的内容为题材（如产品销售宣传、品牌形象或企业形象宣传、商业服务、产品信息和销售信息等）。

在设计创意方面，招贴的局限性较小，自由灵活度大，具备特有的艺术效果及美感。招贴具有其他媒介无法替代的众多优点——设计表现技法更广、更全面，在视觉传达的诉求效果上最容易让人产生深刻印象。

计算机辅助设计软件的开发和完善，为招贴广告设计师提供了“比以往任何时候都更引人注目的视觉表达语言”的技术平台。

7.1.2 计算机辅助广告招贴设计的基本特点

1. 计算机辅助广告招贴设计流派和风格

由于历史环境、地域差异、经济条件及传统文化观念等不同，各国在招贴广告设计方面必然会形成各自的特色。

德国广告招贴作为世界广告招贴的重要学派之一在第二次世界大战之前就已形成，以包豪斯的纳基教授“组合照片形式的招贴设计”和拜尔“利用垂直线形式的招贴构图”为代表的广告招贴，强调功能性和构成主义风格，应用象征意义的手法，使人产生新的联想和意境。

瑞士自第二次世界大战之后取得了令人瞩目的广告招贴大国的地位，其广告招贴也成为世界广告招贴的重要学派之一。瑞士广告招贴风格注重字体设计在招贴中的信息传达作用，同时也特别讲究图形符号在广告招贴画面中的合理应用。

波兰作为社会主义国家，招贴不以商业性为目的，而是作为一种社会教育形式出现。由于政府特别重视发展、群众喜欢观赏，使波兰的广告招贴得到了极大发展，其艺术表现形式丰富多彩，水准很高，也成为世界招贴的重要学派之一。从1964年开始主办，两年一度的“华沙招贴广告双年展”成为了波兰文化生活中的一件大事。

美国近几十年来一直保持着世界头号广告大国的地位，其招贴也是世界广告招贴的重要学派之一。美国人较少传统束缚，招贴设计注重商业功利性，讲求实际，追求功能第一的原则。风格多以摄影技术和现代印刷手段直接表现商品为主，但也不乏其他表现风格。

除上述四大学派外，日本、法国、英国及意大利等国的广告招贴也很有特色。如：日本广告招贴的领袖人物龟仓雄策将欧洲包豪斯构成主义系统与日本传统形式相杂交，形成了日本独特的构成画面形式，奠定了日本招贴广告发展的基础。以横尾忠则为旗手的第三代招贴设计师使日本招贴成为古代文化与现代文化、东方思想与西方思想、手工业生产与现代工业生产并存的新视觉形式的连续统一体。法国的广告招贴设计则较注重优雅和自由的表达、设计语言的探索以及美术范畴的探索，有时则注重古典主义、人文主义的表达。英国开创了一种合理主义图形设计风格，注重哲理的分析，形成理智分析和功能主义视觉特征的广告招贴表现形式。

总的看来，欧洲的广告招贴较注重人情味和文化性，美国的广告招贴较注重实用主义和商业性，日本的广告招贴较注重东、西方特点相结合。

随着历史的发展，全球广告招贴对话时代已经到来，招贴设计正超越国家界限，相互取长补短，四大学派已逐渐失去其原有的国家属性——美国随心所欲的自由设计对欧洲产生影响，欧洲纯粹几何构成及有人情味的招贴文化已渗透到各国，而亚洲特有的东方色彩、构图也被美国招贴设计师所接受。

2．招贴广告的功能特征

（1）信息传播面广　传播信息是招贴最基本、最重要的功能，无论是商业招贴还是公益类招贴都必须准确地传递信息。

（2）有利于视觉形象传达　目前，企业之间的竞争主要表现在两个方面：一是产品内在质量的竞争，二是广告宣传方面的竞争。随着科技发展，产品内在质量的差异性越来越小，企业纷纷将目光投入到广告宣传竞争方面。广告招贴既可树立企业的良好视觉形象，提高产品的知名度，又可开拓市场、促进销售、利于竞争，因而越来越受到重视。

（3）审美作用　广告招贴应以“说服”的形式，在使读者感到愉悦的前提下诱导其接受广告招贴的宣传意向。所以，现代招贴都极讲究审美效果。具体说来主要表现在三方面：首先，招贴的形式生动活泼，往往图文并茂，易引起消费者注意。其次，招贴广告语经艺术处理，一般言简意明，因而易于记忆和形成牢固印象。第三，招贴在发挥其应有说服功能时，通常是以软性感化的方式来进行，而不是用强行灌输的方式，从而，消费者易在心理上被其意念同化。

注意：广告招贴不是商品本身，它的观念价值大于物质价值。在表现形式上，应注意表现广告主题的深度和增加艺术魅力，以提升审美效果。

7.1.3　计算机辅助广告招贴的设计要点

1．招贴广告的标题设计

招贴广告通常以广告插图为主要表现手段，其标题往往起着画龙点睛的作用。故招贴广告的标题既要醒目，又要和招贴的画面风格统一，相得益彰。

2．插图的视觉语言概念

图形的视觉语言是通过形象、色彩和它们之间的组合关系来表达特定的含义的。在招贴广告插图中，设计师正是运用这些视觉要素来传达信息和意念。

图形语言像其他语言一样，有自己的一套语汇、语法结构和风格，并像所有语言（动作语言、实体语言、影视语言）一样，在不断地演变。设计师所运用的视觉语言与画家的绘画语言有着很大的区别，视觉图形语言的创造是在人的视觉经验的基础上，运用现代的科学和技术，以寻找新的表现方式来传达出现代人的思想观念和精神观念的变化为目的。

视觉语言的目的是互通信息，从广义上说，一幅图形就是视觉语言的文字。为了使图形语言更准确地传达信息，必须先了解各设计因素的潜在涵义，利用人们的“视觉直觉系统” 习惯，运用图形符号“词汇”的重新组合，从而获得有崭新创意的“语句”。

3．视觉语言的相对性——具象与抽象的对立统一

具象图形即“看得懂”的图形，是在视觉经验的基础上，对自然物象忠实的再现；抽象图形即“看不懂”的图形，是从自然物象中抽取、提炼出其本质属性，形成的脱离自然痕迹的图形。“看得懂”和“看不懂”是以个人的识别能力为转移的，没有共同的界定标准。

具象视觉语言形式表现比较客观真实，容易使观者接受，在招贴广告中常常被用于直接展现商品的特征或细部，容易从视觉上挑起人们的需求欲望，从情理上取得人们的信赖，并在心理上缩短与消费者的心理距离，产生良好的说服力，是一种被强化了的视觉语言形式。

抽象的视觉语言是逐步脱离对象的自然状态，以造型性为基点研究图形，消除某些细节，夸大某些特征以及用多视点的观察方法进行分解、提取、变形，将其解析还原为元素最基本形态后，再重组画面结构使各种形态元素有效地拼合成图形而形成的新的视觉语言，可以给观众更多的思维空间去自由发挥个人的艺术想象。

具象与抽象对立统一、相辅相成，具象图形也有抽象结构状况，抽象图形有时也是具象的一种反映。

4．视觉语言表达创意的方式

创意是一种思维过程，是对所要表达的内容进行想象、加工、组合和创造，使其潜在的真实美升华为艺术美的一种创造性劳动。视觉语言表达采用形象思维、逻辑思维、情感思维、直觉思维等思维形式，经过准备、调查；沉思、整理；酝酿、爆发；反复、求证几个阶段而成。应注意的是既要考虑表现的内容，又要考虑表现方法和表现工具。其方式大致可分为四种：

（1）联想　是从一个事物推想到另一个事物的心理过程。对视觉表述来说，联想便是从所要表达的内容推想出一种相关的事物来进行表现。具体可以分为接近联想、对比联想、因果联想、类似联想四种。

（2）比喻　把要表达的内容作为本体，通过相关联的喻体去表现内容的本质特征，喻体和本体之间要有相同的特征。这种方法常常能把抽象的概念形象地表达出来，其主要包括：明喻、暗喻、借喻等几种主要形式。

（3）象征　与比喻有些相似。象征是以一个抽象或具象事物来表现另一个具象或抽象事物；比喻是用一个具象事物比喻另一个具象事物或抽象事物。它们的区别在于：比喻的两者之间必须有本质联系，象征的两者之间事先不必有本质联系。

（4）拟人　拟人是把事物人格化的修辞方式，它能赋予对象人性的色彩。所以，拟人是这四种方式中最易被人接受的，也是被广大设计师采用最多的一种视觉表述方式。

5．招贴广告的设计与编排

所谓编排就是将文字、插画、照片、图案、记号等构成要素进行视觉统一设计，是将各构成要素的均衡、调和、动态、视线诱导、图地关系等进行组合设计。招贴的设计编排一般需注意下列顺序：一是根据广告创意决定各构成要素在招贴上的比重；二是根据广告画面来选择需要编排的内容；三是依照画面的重心关系决定主体的位置安排；四是确定文字与插图大致比例关系，并决定它们各自应占的适当位置；五是确定画面整体布局关系；六是考虑各构成要素之间的诱导关系；七是选定插图并指定位置；八是确定文字的大小写、排法、字距、行距、轮廓等。有时上述顺序内容还要根据实际需要作适当调整，灵活运用。

7.1.4 计算机辅助招贴设计制作的步骤

（1）小草图——首先准备一些与招贴画幅同一比例的缩小画纸，一般只有1／8～1／4大小。这种缩小比例的小图称之为小草图，因为其面积较小，招贴设计师或专门的编排设计师就有条件试做多幅编排方案，有时候多达20幅、30幅不等。用这些小草图试征求旁人的意见，从中选出数张较好的，依此作为进一步参考。小草图主要表现整体构图效果，而不必表现各构成要素的种种细节。

（2）设计草图——从小草图中选定二三张放大至招贴画幅原大，并注意画幅中各种细节的安排及表现手法，这种图样被称之为设计草图。它一般要表示出标题、插图等的粗略效果，正文则采用画直线的方式代表字数和段落，直线与直线之间的距离代表着字的大小。应该注意的是，设计草图虽是广告制作的实验品，但却是个重要阶段。有些小草图放大至设计草图后，效果上就有了显著变化，甚至失去了画面平衡。这时须对放大的稿子再作调整，重新安排画面各构成要素的比例、大小、位置、色彩、形态等。另外，这些设计草图虽然看上去非常潦草，但广告设计师或有经验的广告主却能够从中想象出成品广告的模样。

（3）设计正稿——从数张设计草图中选定一张作为最后方案，然后做设计正稿。随着计算机图形图像技术的发展，在招贴设计中，计算机图文制作已渐渐替代手工正稿制作。

招贴中最基本的一种尺寸是30in×20in（762mm×508mm），相当于国内对开纸大小，依照这一基本标准尺寸，按照纸张开度又发展出其他标准尺寸，如全开、四开、八开。常用的尺寸是大度的四开和对开。此外，一些超大型的招贴常用于车站的墙面广告和户外广告，有的长达数米。

招贴多数是用制版印刷方式制成，供在公共场所和商店内外张贴，DTP技术的熟练运用可以创作出精美的招贴广告。当然，也有一些出于临时性目的的招贴，不用印刷，只以手绘完成，此类招贴属POP性质，如商品临时降价优惠、有奖销售；通知展销会、交易会；时装表演或文艺演出等。这种即兴手绘式招贴，主要靠水粉颜料或记号笔等绘制，有时用即时贴代替，大多以手绘美术字为主，有时兼有插图，且较随意、快捷，它不及印刷招贴构图严谨。优点是：传播信息及时，成本费用低，制作简便。但随着计算机图文制作技术的发展，这种手绘方式也渐渐被取代。高效快捷的计算机辅助图文设计，以大幅面彩色打印机输出常常用于制作要求较高而批量较小的大型招贴广告。

7.2 运用Photoshop CS4辅助广告招贴设计

7.2.1 广告招贴的合成

很多广告招贴作品都是通过前期的策划、拍摄、素材整理、后期合成完成的。对比广告作品合成前的素材与合成后的效果，实在令人惊叹。

下面通过学习设计大师的广告招贴作品的具体制作及步骤，从而达到学习广告招贴合成的过程。实例效果如图7-5所示。

（1）打开Photoshop CS4，新建一个文件，在名称一栏上建立一个“公益海报”的名称，在预置尺寸上大小设置为A4尺寸（210mm×297mm），分辨率设置为300dpi，模式为CMYK模式，如图7-6所示。

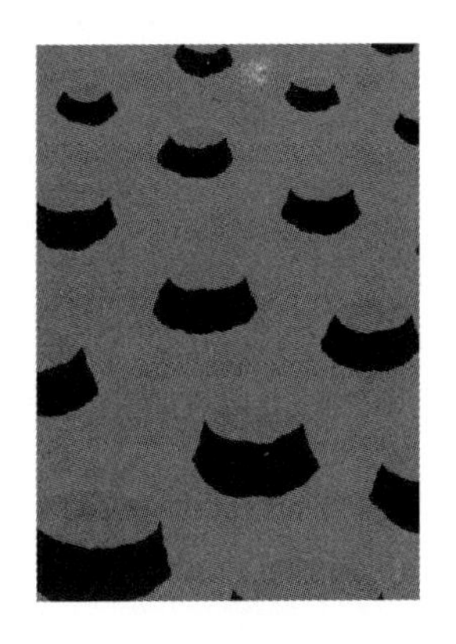

图7-5 《死树》环保公益招贴

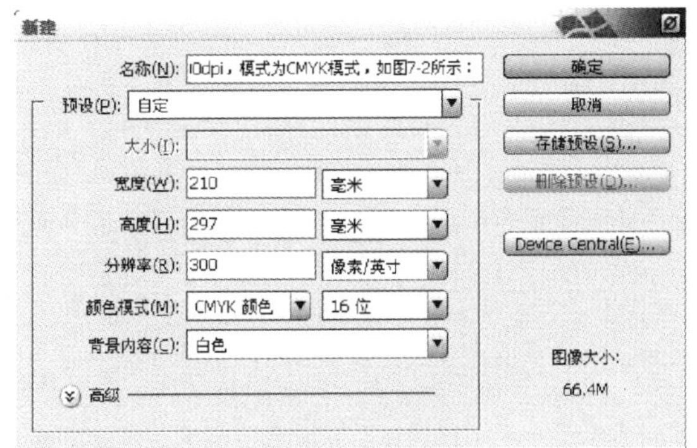

图7-6 新建项目

（2）设置画面颜色。单击工具箱中前景色面板，弹出拾色器（前景色），设置CMYK值（C:80，M：21，Y：84，K：0）。如图7-7所示。单击确定，按键盘上按“Alt+Delete”填充前景色。

（3）在图层面板右下端新建一个新图层，接着选中工具箱中“钢笔工具”，描绘好一个树墩的侧面图形并稍做调整。如图7-8所示。

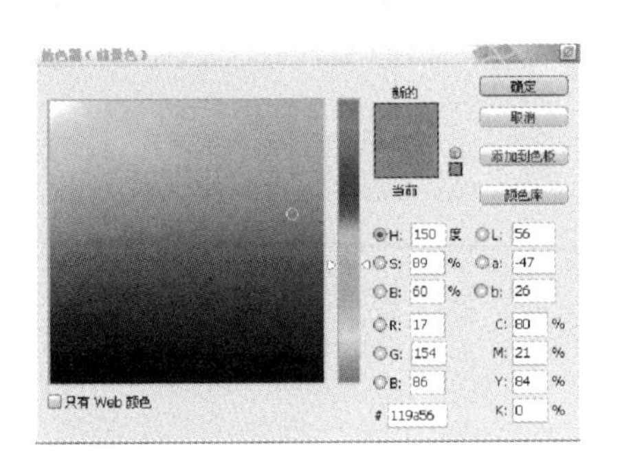

图7-7 拾色器CMYK值的设定

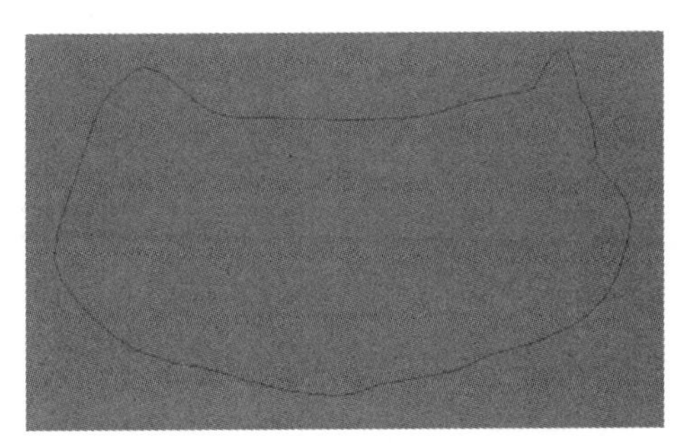

图7-8 用钢笔工具绘制树墩图

（4）回到移动工具，点选路径面板，选中工作路径，再单击下方“将路径作为选区载入”，如图7-9所示。回到图层面板，选中刚才用钢笔画的新建图层，单击工具箱中前景色面板，弹出拾色器（前景色），选取黑色，按键盘上按“Alt+Delete”填充前景黑色，按“Ctrl+D”取消选框，如图7-10所示。

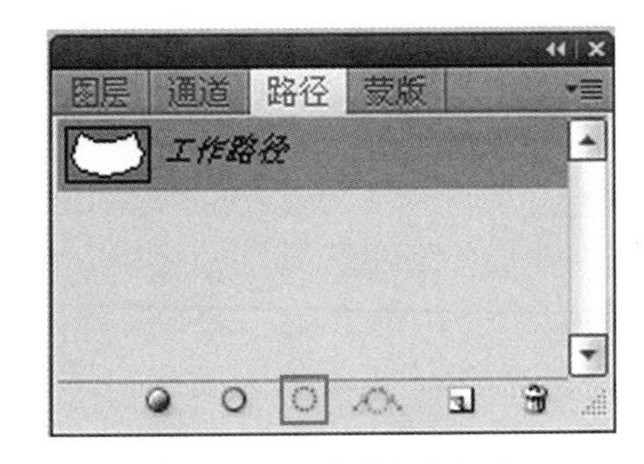

图7-9 工作路径转化选区

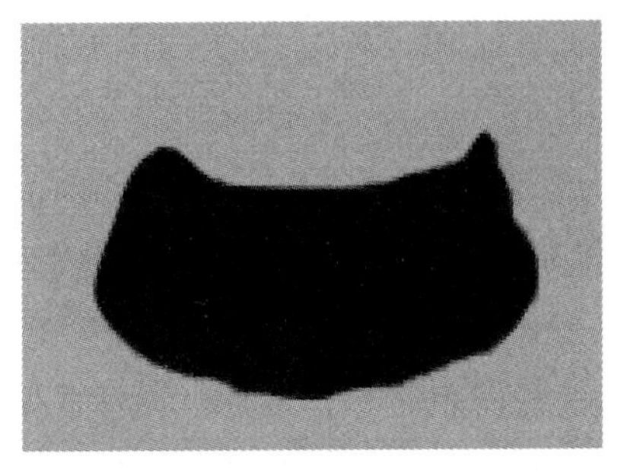

图7-10 填充黑色

（5）同上一个步骤，用钢笔绘制好一个树墩的顶部，再“将路径作为选区载入”，选取红色并填充，取消选框，并摆放到合适位置，如图7-11所示。

(6) 同上操作步骤，一次绘制出若干个树墩图形并填色，并将每个树墩底部的形状稍作改变以增加其多样性，如图7-12所示。

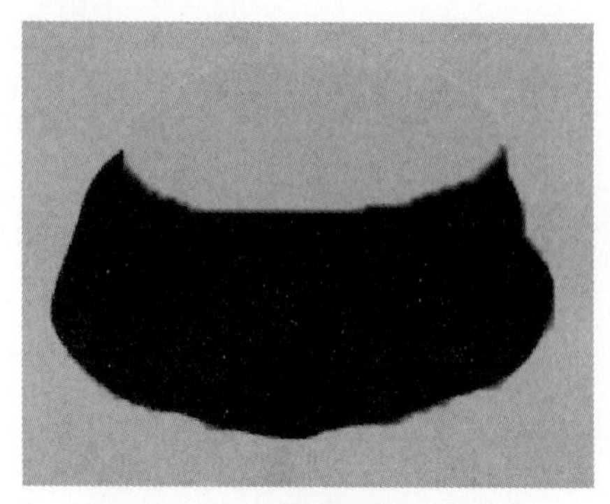

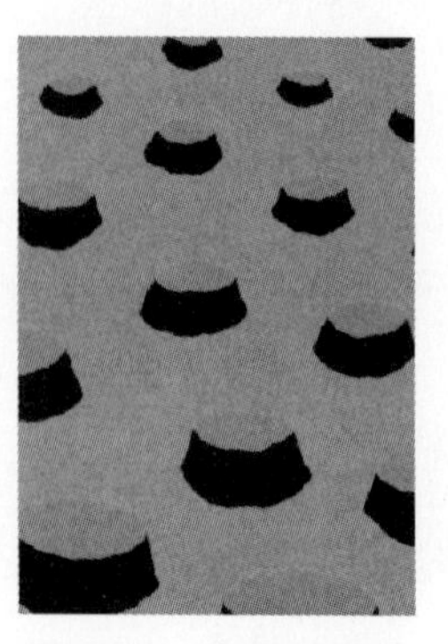

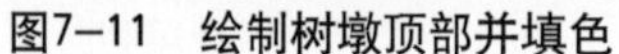

图7-11　绘制树墩顶部并填色　　图7-12　完成后效果

7.2.2　广告招贴的修饰

奥运招贴“飞跃篇”的设计制作及修饰，最终效果如图7-13所示。

图7-13　实例效果

此招贴乃是为北京2008奥运招贴设计大赛而设计制作。其主要目的是突出奥运精神“更高、更快、更强”，并把中国传统元素加以运用，利用中国古代“鲤鱼跃龙门”的典故，寓意奥运在中国北京的召开会使中国跃上一个新的台阶。

1．设计背景

“牵手五环，放飞希望”——2001年7月13日，北京市获得第29届奥林匹克运动会（“第29届奥运会”）的举办权。“举办历史上最出色的奥运会”是中国、北京向世界作出的庄严承诺，更是全体中国人民的共同心声。作为第29届奥林匹克运动会组织委员会（“奥组委”）于2003年6月举办的“奥林匹克文化节”的系列活动之一，奥组委与同济大学主办“北京2008”主题招贴设计大赛暨第五届全国大学生视觉设计大赛。大赛选取“北京2008”为主题，旨在进一步推动中国艺术设计教育的发展，通过视觉设计的手段广泛传播“更高、更快、更强”的奥运精神。

2．解决方案

利用中国古典元素为向导展开设计和想象，主要表达奥运带给人们的“更高、更快、更强”精神，同时这对于中国来说又是一个具有里程碑式意义的盛会。所以用鲤鱼跃龙门这个典故来体现，同时把其设计在邮票上面，这样就具有一种纪念意义。

色彩上底纹用明黄色，在古代这是帝王专用的颜色，代表高贵和典雅。其中5条鲤鱼的颜色，代表五大洲各国人民，意喻大家汇集在北京共同来参加这个盛会。

3．具体操作步骤如下：

（1）打开Photoshop，新建文件，在名称一栏上建立一个“奥运招贴”的名称，在预置尺寸上大小设置为A4尺寸，分辨率设置为300dpi，模式为CMYK模式，如图7–14所示。

图7–14　新建文件设置

（2）在建立好图层后先填充背景图层。背景底图颜色为：C:1　M:11　Y:93　K:0，点击前景色跳出拾色器子目录，如图7–15所示。设置好相应颜色后按确定键，设置好颜色后按“Alt＋Delete”填充，如图7–16所示。

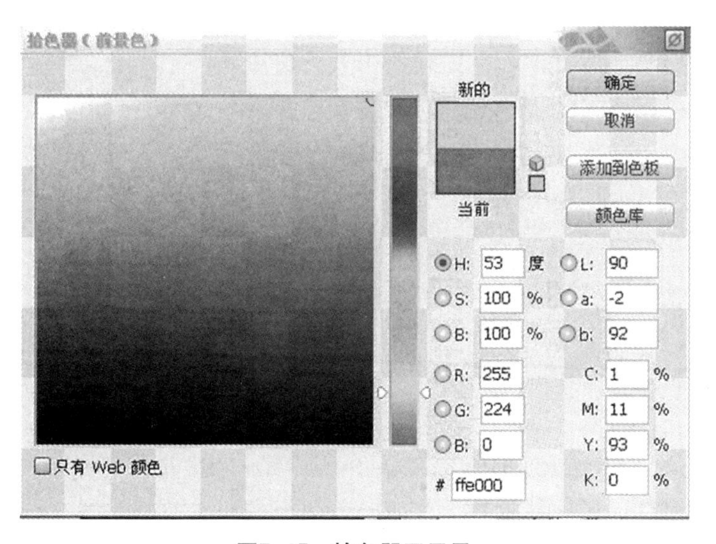

图7–15　拾色器子目录

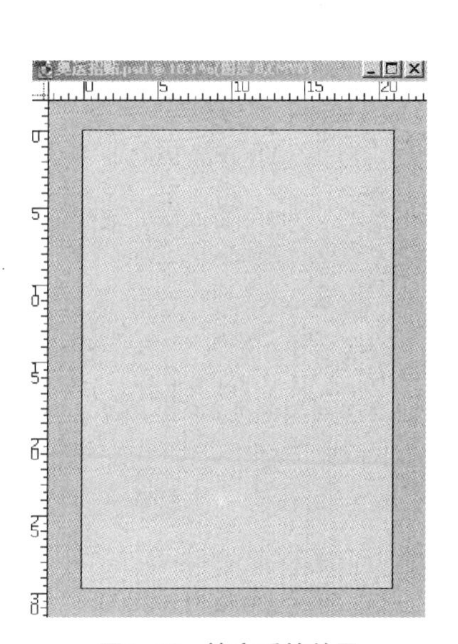

图7–16　填充后的效果

（3）在设置好颜色以后，需要先绘制邮票的形态。邮票是在进行平面设计时经常使用到的设计形态。邮票周围一圈均匀的齿孔在实际的运用中能很方便地撕开邮票，也是邮票特有的形象。但是在使用Photoshop来制作邮票效果的时候，这一圈的齿孔却成了制作的一个问题。邮票的齿孔均匀分布在邮票的周围，如果用Photoshop的路径来制作邮票齿孔，有时候四个直角部分的齿孔会有些畸形，经不住细看，如图7–17所示。在绘制时常常会用到路径进行绘制，诚然路径是一个方便快捷的手段，但是由于路径操作本身是按均匀分布来计算的，所以会引来许多意想不到的麻烦。在制作中还需要用到其他的方式达到更逼真、更准确的形象。

图7–17　通过路径绘制效果

在绘制邮票时可以重新建立一个文件，建立方式同上。为了更好的显示效果，先把背景层的颜色设为橘红色，也可以设置其他颜色，颜色以深色为宜，如图7–18所示。

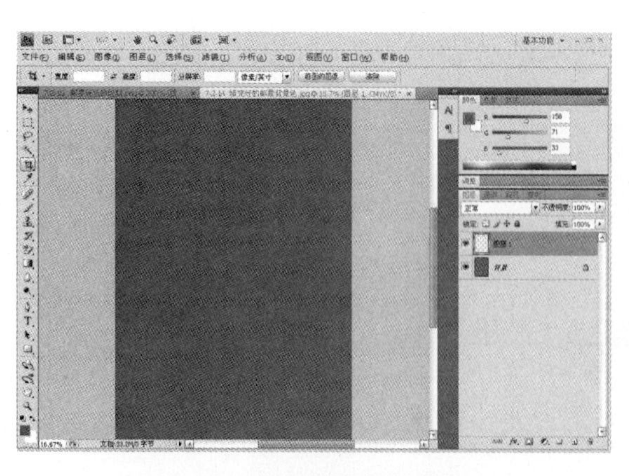

图7-18 填充好的邮票背景色

图7-19 邮票底色的绘制

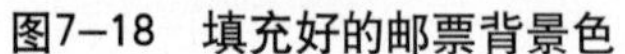

（4）由于邮票里面的图形都需要通过软件绘制，所以可以先直接复制一个图层，填充为白色做出邮票的底色，尺寸略小于图层0的大小，后期再在白色的邮票中绘制图形，如图7-19所示。

（5）下面就要进入制作齿孔的阶段，在制作之前需要先设置橡皮工具。在橡皮的画笔栏里面，可以对画笔的形状等进行设置，在这里主要是选择画笔笔尖形状，设置直径和间距。在这里设置的直径就是要作出来的齿孔的直径，直径的大小和要选取的图像是有一定比例的，太大或者太小都会使得整个图像的真实感降低。具体多大与图片的大小和像素都有关系，可以一一尝试，看看哪个直径能达到更好的视觉效果。这里选用橡皮的直径为100像素。然后是设置硬度。由于不需要变淡的效果，设置为100%即可。最后就是关键的一点——间距的设置，在这里间距设置为125%，产生的效果如图7-20所示。可以看出制作齿孔的工具已经出现了。

（6）然后需要的就是用这个橡皮擦工具放在图形的左上角位置，在绘制时需要按住“Shift”键，横向到底或者竖向到底拖动鼠标，作出第一排的齿孔。然后把鼠标的圆圈准确地放在第一个圆圈的末点的那个圆圈上。在绘制时一定要严格地对齐，否则会将最后一个齿孔破坏了。同样按住“Shift”，作出第二条边。然后依次作出第三条、第四条。当然如果这些步骤的齿孔都是严格对齐的话，第四个齿孔恰好能重合。这里要注意的就是要使齿孔严格对齐，如图7-21所示。

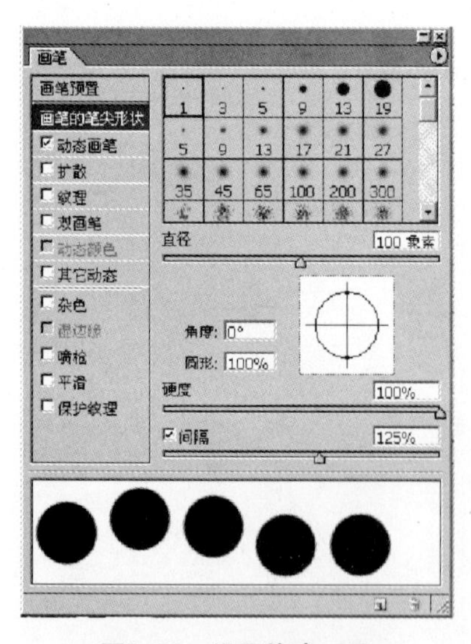

图7-20 设置橡皮工具

图7-21 橡皮绘制效果

（7）现在邮票的齿孔已经基本做成了，只需要进行最后一步对齿孔进行剪切，这时候只需要选择矩形选框工具[图标]对多余的边缘进行选择，然后点击“Delete”键进行剪切就可以了，如图7−22所示。

（8）邮票制作完成以后就可以开始对邮票内的图形进行制作。需要先寻找到适合的图形，在这里先需找到适合的鱼的形态，如图7−23所示。

图7−22 邮票齿孔完成效果

图7−23 鲤鱼素材

（9）找到适合的形态后，由于需要5条鱼寓意五环，所以还需要对每条鱼进行颜色的改变，在进行颜色的转换时只需要用魔术棒工具点击需要改变色彩的色块然后寻找相对应的颜色就可以了，红色：C：0% 、M：91%、Y：94%、K：0%，绿色：C：53%、M：12%、Y：80%、K：4%，黑色：C：63% 、M：52%、Y：51%、K：100%，黄色：C：1%、M：25%、Y：89%、K：0%，蓝色：C：99%、M：67%、Y：0%、K：0%。当5条鱼都完成后就可以进行排版——把它们重叠起来，并放到适当的位置，如图7−24所示。

（10）运用同样的方法把龙门及水云用抠图提取出来放置到合适的位置，如图7−25所示。

图7−24 将鲤鱼图形放到合适位置

图7−25 放置龙门及水云

（11）接着把祥云的图案放置进去。同样需要先寻找素材，然后进行颜色的调整，颜色同样运用到红色、蓝色和黑色。红色：C：0% 、M：91%、Y：94%、K：0%，黑色：C：63% 、M：52%、Y：51%、K：100%，蓝色：C：99% 、M：67%、Y：0%、K：0%。如果找不到合适的图形也可以自己进行绘制，绘制时主要运用钢笔工具 进行绘制，钢笔工具的绘制形式在前面的章节中有具体讲解，绘制完成后调整位置即可，如图7−26所示。

（12）在图形绘制完成后需要再进行文字的设计。选择文字工具 T. 输入需要的文字，选择字体及相关字号即可，如果没有相应的字体也可自己选择字体，如图7−27所示。

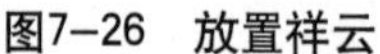

图7−26　放置祥云

图7−27　输入文字后的完成效果

（13）完成这一步邮票就制作完成了，现在需要把邮票放到最开始绘制的页面当中，也就是前面绘制的图中进行最后的设计。在导入前需要把图形合并，以方便后期的制作，只需要把相关图层锁定后点击“Ctrl+E”就可以了。图层合并后可以直接拖入到页面当中，如图7−28所示。

（14）为了能够使邮票更逼真，还需要对邮票进行投影的设计，在邮票图层上点击右键弹出子目录，点击混合选项菜单进行投影的设置即可，需要注意的是：由于像素、图片大小的不同，设置时的数据都不尽相同，可以通过调节寻找到最适合的效果后点击确定即可，如图7−29和图7−30所示。

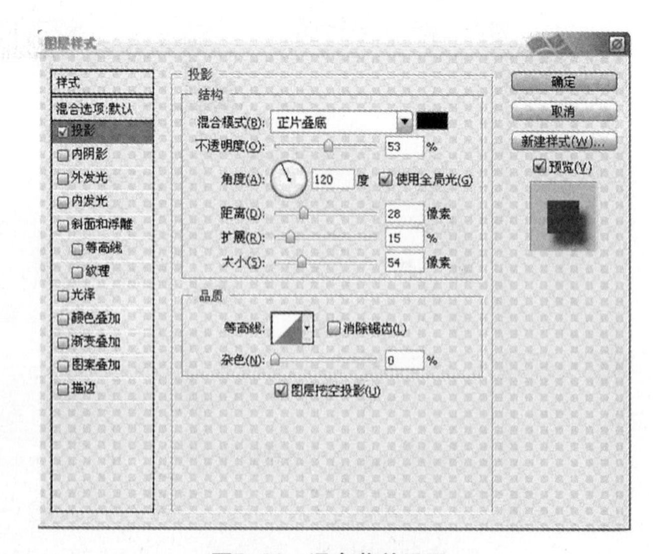

图7−28　图形完成效果

图7−29　混合菜单设置

（15）完成投影效果后运用同样的方式把文字输入进去后进行排版。点击文字工具 T. 输入文字，如图7−31所示。

图7-30　投影的效果

图7-31　图形完成效果

（16）为了让整体效果更好，还需要进行最后图形的绘制——对印章的绘制。先建立一个新的文件，运用椭圆选框工具先绘制出印章形态，填充颜色为C：33%、M：39%、Y：99%、K：31%。在未去掉选框的情况下点击选择—修改—收缩进行设置，在这个案例中选择收缩30像素，可以看到选区进行了相应的收缩，然后点击Ctrl+Delete进行删除就可以得到印章的外框。外框设定好后开始进行文字的设计，在设计文字时需要对其进行弧度的设计，在设计时可以运用到属性栏中的创建变形文本工具，但是为了效果更好，建议单个字体进行转动。文字完成后再绘制五环，五环可直接运用椭圆选框工具进行绘制，如图7-32所示。

（17）印章绘制完成后，为了能够达到更好的效果，可以运用橡皮擦工具进行调整，在调整的过程当中注意属性栏之间的设置、变化，常改变模式及透明度使其符合设计要求，完成后拖入到海报当中，排放到合适位置得到最终效果，如图7-33所示。

图7-32　印章的绘制

图7-33　最终效果

7.2.3　广告招贴的艺术效果

“反对噪声污染”公益海报，实例效果如图7-34所示（桂林电子科技大学黄军老师供稿）。

（1）打开Photoshop CS4，新建一个名称为“反对噪声污染”，A4尺寸，300dpi像素，RGB颜色模式，背景色为白色的图形文件，如图7-35所示。

图7-34 实例效果
章允举

图7-35 新建文件设置

（2）点选工具箱中文字工具，打上文字“噪”，字体为“微软简标宋”，字号“500”左右，以大小适合画面为准，回到移动工具，如图7-36所示。

（3）在图层面板上选中文字“噪”图层，右键单击弹出子目录，在其中选择栅格化文字，使其文字栅格化，如图7-37所示。

图7-36 新建文字

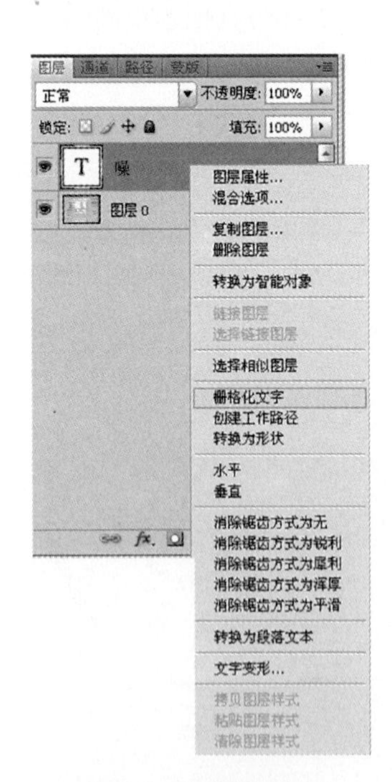

图7-37 栅格化文字

（4）选中工具箱中多边形套索工具，按快捷键“L”，选中“噪”字的三个“口”字，如图7-38所示。

（5）再选中工具箱中移动工具，按键盘上Delete键删除选中的三个“口”字，这时画面上只剩下上下结构“口”和“木”字，如图7-39所示。

图7-38 套索勾选

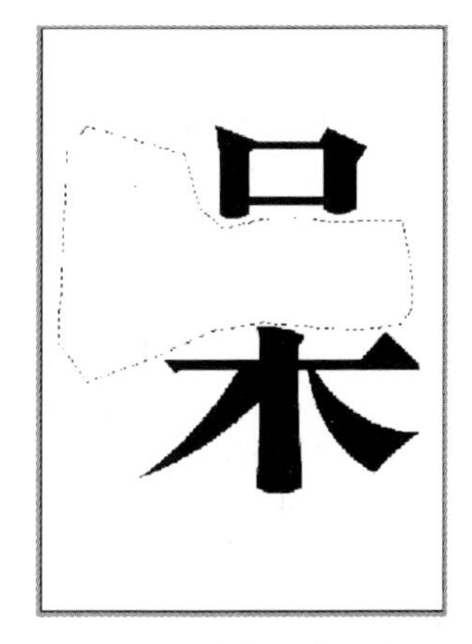

图7-39 删除选区内文字图形

（6）点选工具箱中矩形选框工具，在绘图区域栏内单击一下，取消选框。接着执行命令：【滤镜】→【模糊】→【高斯模糊】，设置数值半径为50像素，如图7-40和图7-41所示。

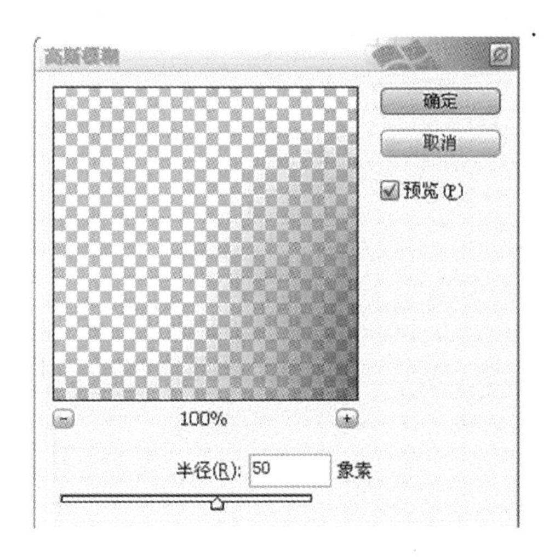

图7-40 高斯模糊面板及设置

图7-41 高斯模糊效果

（7）双击图层面板中白色背景图层，如图7-42所示。弹出对话框，名称为“图层0”，单击“确定”即可，接着将此白色背景图层“图层0”拖入到图层面板的垃圾桶中删除，将“噪”字图层成为透明图层，如图7-43所示。

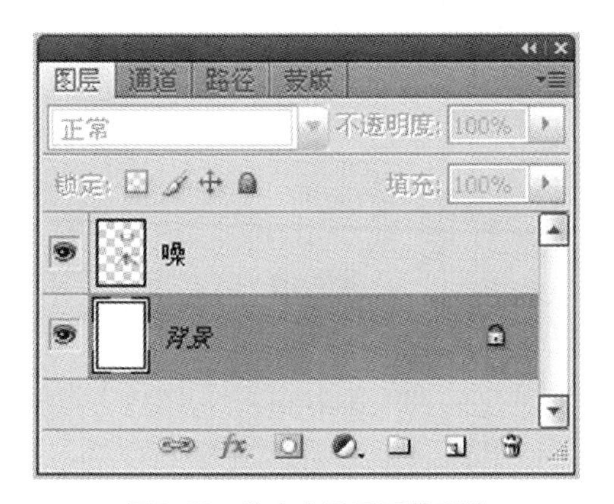

图7-42 选中背景图层并删除

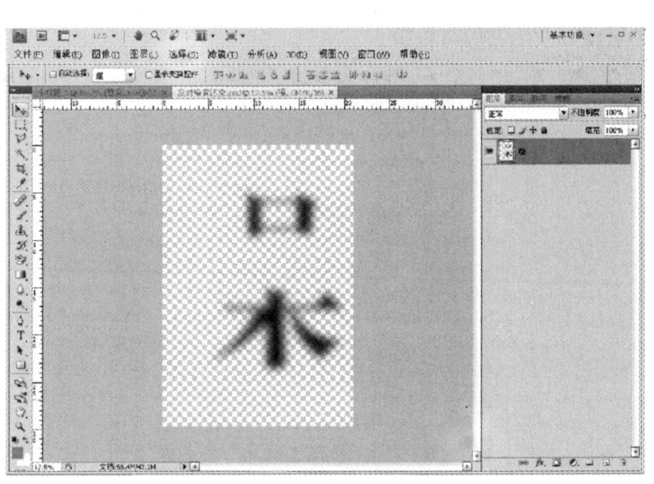

图7-43 删除背景图层后效果

（8）保存此图层为PSD文件格式到合适磁盘目录下，点击默认即可，为在CorelDRAW X3中设计招贴做准备，如图7–44所示。

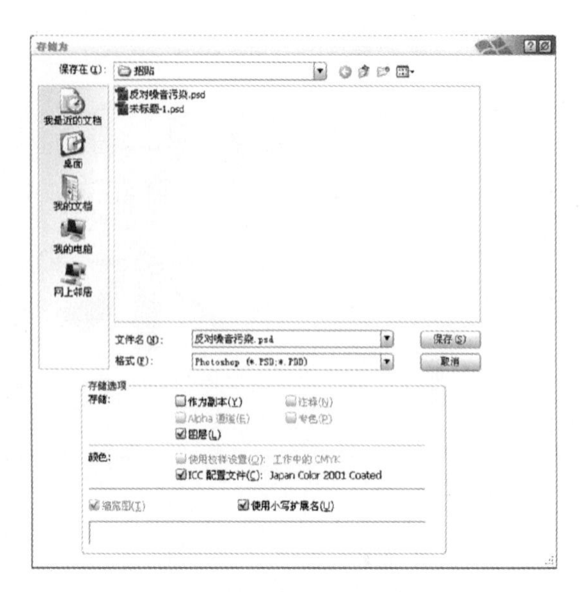

图7–44　存储格式设置

（9）打开CorelDRAW X3，新建一个A4尺寸的空白图形文件。并执行命令：【文件】→【导入】，将刚才存好的PSD文件导入到CorelDRAW X3的A4绘图区域栏内，如图7–45所示。

（10）在绘图区域栏的左边绘制两个同心圆，此时绘制的引文字母为OFF，意为关闭噪声，如图7–46所示。

（11）按“Shift”键用挑选工具选中中间一个圆形，接着再选最外面的圆形，这样就把外面和中间的两个圆形一起选中，松开“Shift”键，执行命令【排列】→【造型】→【修剪】，也可在属性栏中单击修剪命令，移开最里面的圆形，选中修建好的圆形，在CMYK调色板中鼠标右键单击无色彩显示，并在调色板中用左键选中红色单击，效果如图7–47所示。

（12）接着单击工具箱中“矩形工具”，绘制一个“F”字母，效果如图7–48所示，并在CMYK调色板中用鼠标右键单击”无色彩显示”，并在调色板中左键选中红色单击，如图7–48所示。

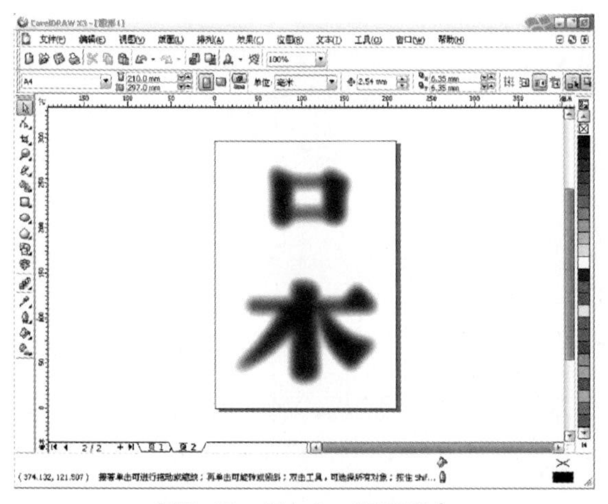

图7–45　导入CorelDRAW中

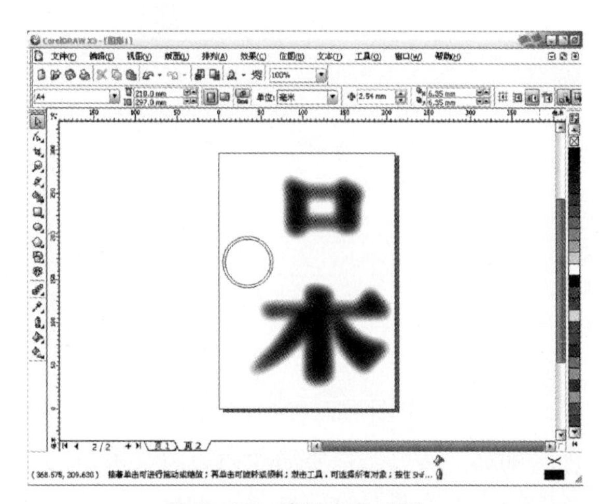

图7–46　绘制字母“O”

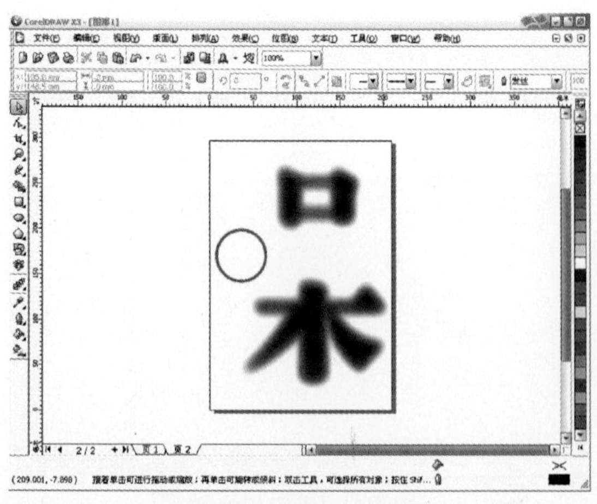

图7–47　字母“O”填色

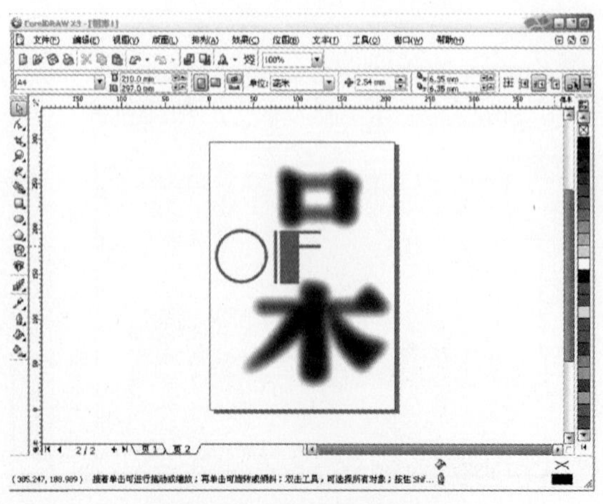

图7–48　绘制字母“F”

（13）再复制一个“F”字母过来，并将其三个字母摆放到合适位置即可，如图7-49所示。

（14）在画面左上角添加文字“改善生存环境”，在右下角添加文字“杜绝噪声污染”，文字字体为15号字体左右，接着用形状工具将其间距拉开到合适位置即可，如图7-50所示。

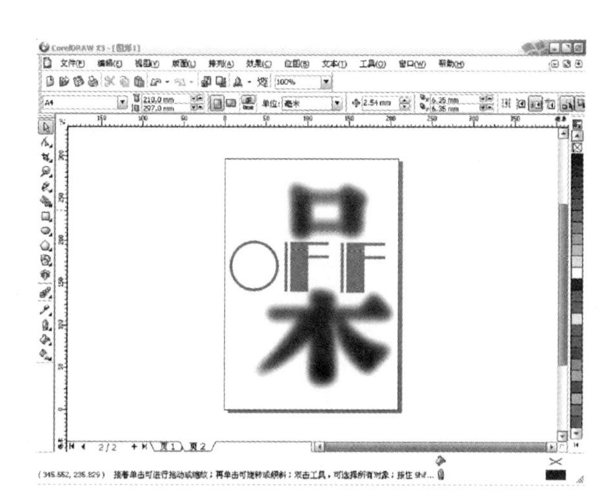

图7-49　绘制第二个字母“F”

图7-50　添加小文字

（15）为左上角文字“改善生存环境”下面添加英文“Improvenmt From Existing Environment”，为右下角文字“杜绝噪声污染”添加英文“Prevent Hamful Noise”，并用形状工具将其调整到合适位置，并导出JPEG文件格式即完成设计制作，如图7-51所示。

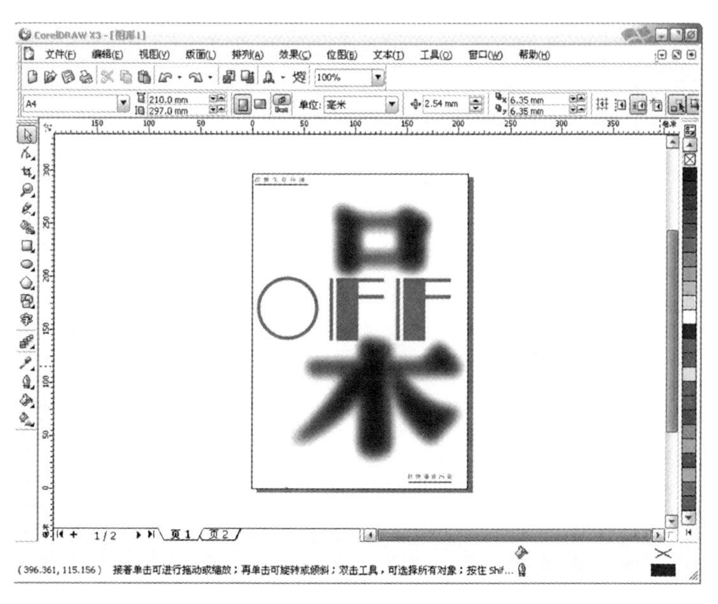

图7-51　添加英文后最终效果

7.3　优秀案例设计方法剖析

7.3.1　奥运招贴“钥匙篇”的设计及制作，最终效果如图7-52所示

此招贴乃是为针对北京2008奥运招贴设计大赛而设计制作。其主要目的是突出奥运精神“更高、更快、更强”及开启奥运和和平、绿色、现代之门，并把中国传统中国红元素加以运

用，用一把钥匙寓意奥运在中国北京的召开会使中国跃上一个新的台阶，开启绿色奥运、和平奥运、现代奥运的房门。

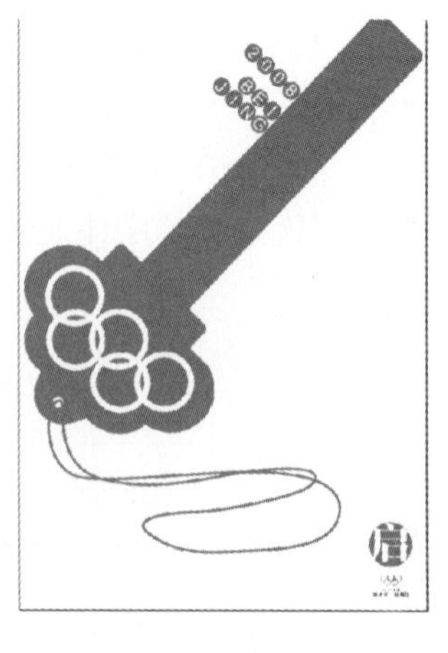

图7-52　实例效果

1．设计背景

我国为配合2008年奥运会而举办了“奥林匹克文化节”系列活动。其中，由奥组委与同济大学共同主办的“北京2008”主题招贴设计大赛暨第五届全国大学生视觉设计大赛，选取“北京2008”为主题，旨在通过视觉设计的手段广泛传播“更高、更快、更强”的奥运精神的同时进一步推动中国艺术设计教育的发展。该活动诚邀每一位热爱视觉艺术、关心奥林匹克运动的中国（包括港、澳、台地区）大学生参加本次大赛，在为奥林匹克文化的传播贡献力量的同时，向全世界人民展示中国大学生的才华与智慧！

2．解决方案

利用中国传统色彩元素——中国红为向导展开设计和想象，主要表达这届奥运会是一个绿色奥运、和平奥运、现代奥运，同时这对于中国来说又是一个具有里程碑式意义的盛会。所以用钥匙来体现，加以中国红的色彩元素，这样就具有一种开启奥运之门的纪念意义。

3．具体操作步骤如下

（1）打开CorelDRAW X3，新建一个A4大小的文件，尺寸为210mm×297mm的空白图形文件，如图7-53所示。

（2）选中工具箱中“矩形工具”，在绘图区域内绘制一个长、宽为33mm×175mm的长方形，如图7-54所示。

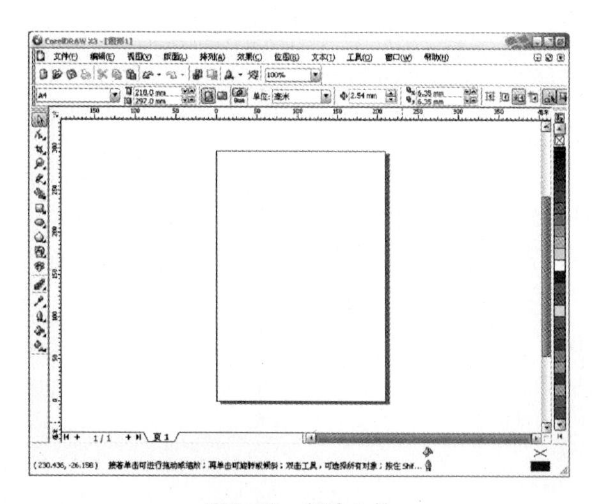

图7-53　新建文件

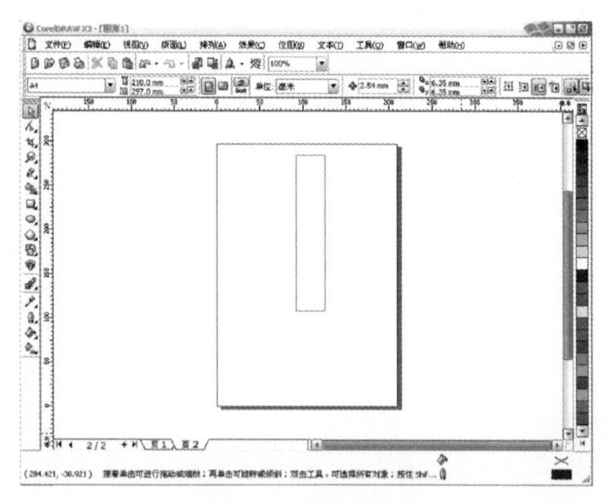

图7-54　绘制矩形

（3）利用矩形工具，在长方形下部绘制一个62mm×20mm的长方形，如图7-55所示。

（4）选中工具箱中“贝塞尔曲线工具”，在绘图区域内长方形下端绘制钥匙的底部形状，使其封口。在画的时候注意曲线的位置要适当拖动，拖动到所要呈现的图形即可，如图7-56所示。

（5）再选中工具箱中“形状工具”，使用形状工具对画好的钥匙底部图形元素进行修改，在这里要注意形状工具的用法。如果要将节点由直线转化为曲线，点选要转换的节点，再单击属性栏上的转换直线为曲线按钮，再拖动滑块即可完成操作。如要使节点平滑，点选要转换的节点、单击属性栏上的平滑节点按钮即可完成操作。

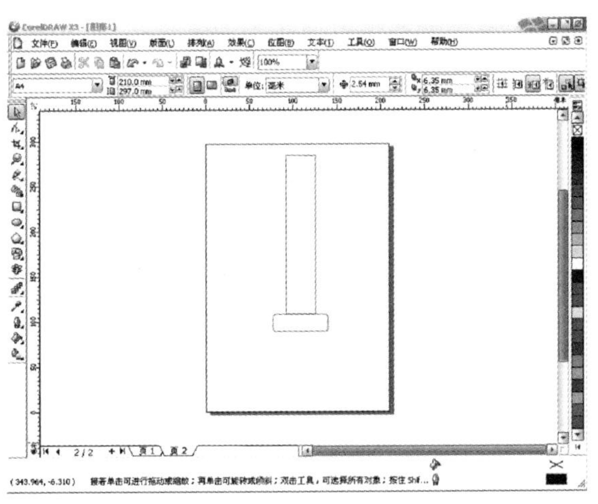

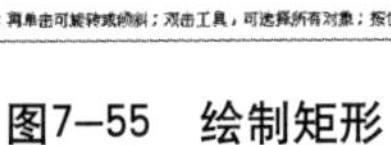

图7-55　绘制矩形

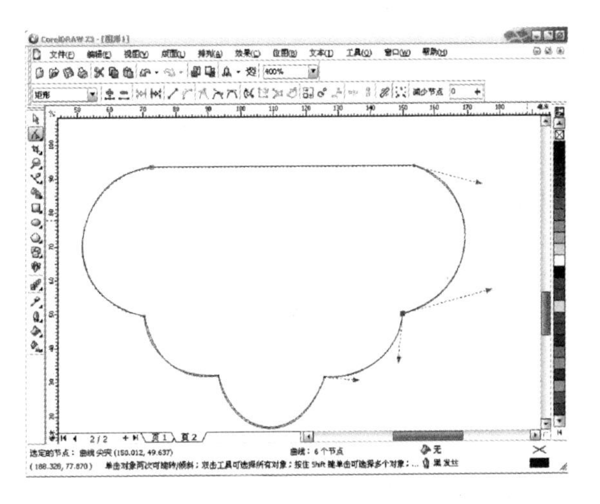

图7-56　使用贝塞尔曲线绘制钥匙底部图形

这里列出CorelDRAW贝塞尔曲线操作的快捷键供参考：在节点上双击，可以把节点变成尖角；按“C”键可以改变下一线段的切线方向；按“S”键可以改变上下两线段的切线方向；按“Alt”键且不松开左键可以移动节点；按“Ctrl”键，节点方向可以根据预设空间的限制角度值任意放置；要连续画不封闭且不连接的曲线按“Esc”键；还可以一边画一边对之前的节点进行任意移动。

修改后效果如图7-57所示。

（6）选中两个长方形元素和钥匙底部扇形元素，将其底部和两个长方形对接完成。如图7-58所示。

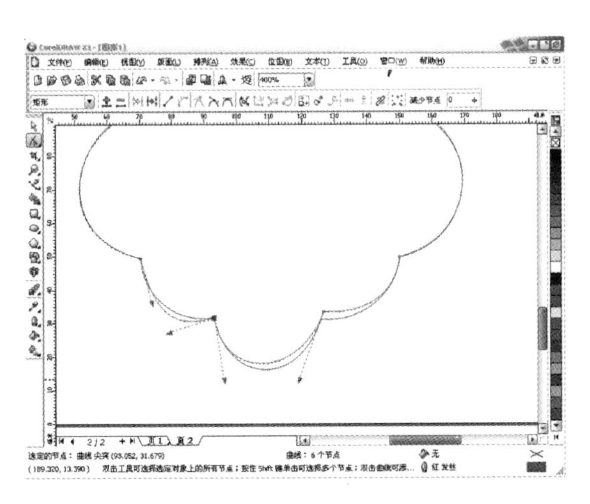

图7-57　修改底部图形

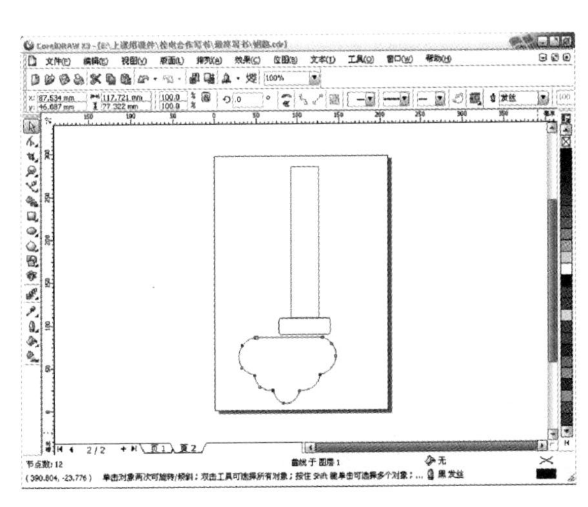

图7-58　排列图形

（7）按Shift键选中两个长方形元素和钥匙底部扇形元素，执行【排列】→【对齐和分布】→【对齐和分布】，勾选左、右的中间对齐，点击应用、关闭即可，如图7-59和图7-60所示。

（8）完成基本形状以后，为图形添加颜色。依次选中两个长方形元素和钥匙底部扇形元素，接着单击工具箱中填充工具中的填充对话框，弹出均匀填充选框，更改数值C：0、M：100、Y：100、K：0，如图7-61和图7-62所示。

（9）选中工具箱中形状工具，利用形状工具对长方形的交角处进行圆滑处理。处理圆滑度到合适为止，如图7-63所示。

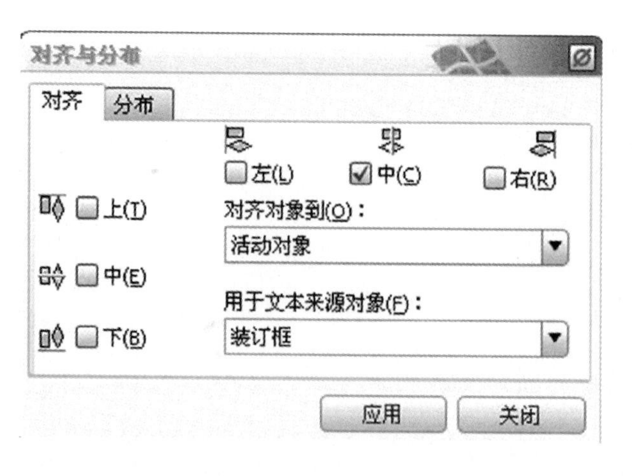

图7–59　对齐与分布

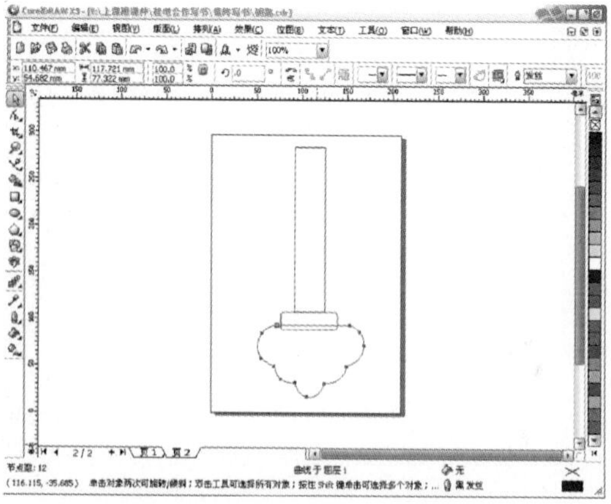

图7–60　对齐和分布后效果

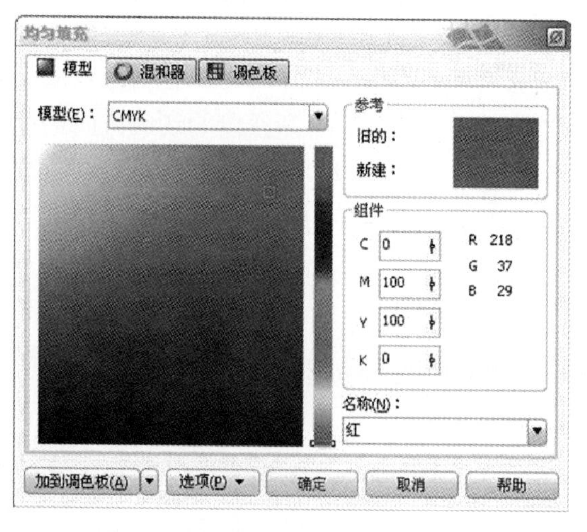

图7–61　填充对话框

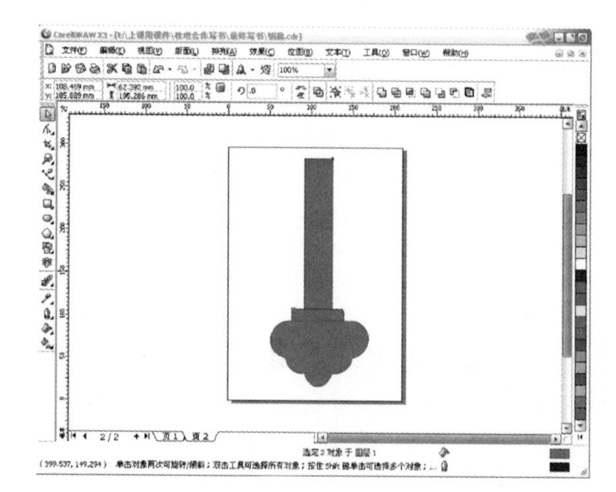

图7–62　填充后效果

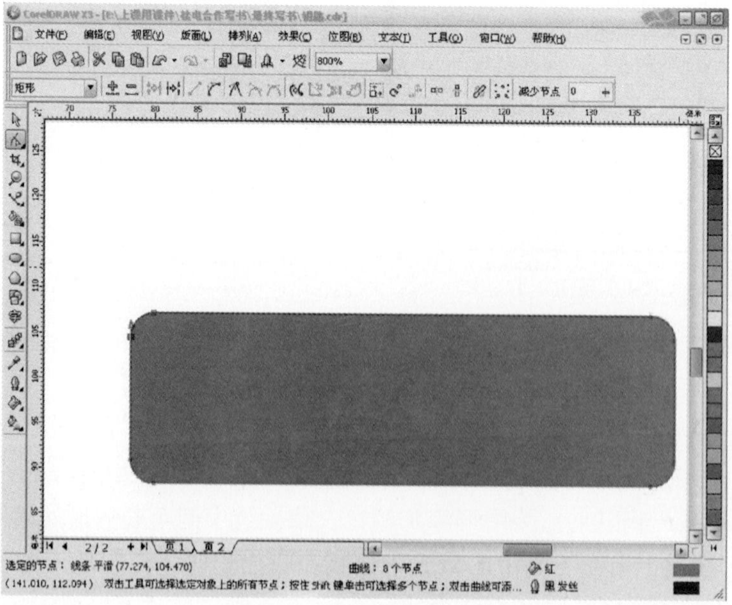

图7–63　边缘处理

（10）此时图形外框有一个黑色的边框，选中全部图形元素，在CMYK调色板中鼠标右键单击无色彩显示☒，得到最终效果如图7–64所示。

（11）在钥匙底部图形上画上奥运五环标志及画上底部钥匙圈。在页面绘图区域内绘制一个直径30mm的正圆。按住“Ctrl”键后接着按住鼠标左键向所想的方向拖动，到达所需的状态后松开左键和“Ctrl”键即可绘制正圆，接着在属性栏中的对象大小中设置水平和垂直各为30mm，再在默认CMYK调色板中单击白色，使其填充为白色。

按“Shift”键移动指针到圆形右上角的控制点上呈✕形状时，按下左键向内拖动到适当的位置时右击，复制一个等比缩小的圆，接着在属性栏中的对象大小中设置水平和垂直各为24mm，在默认CMYK调色板中单击40%的黑色，如图7-65所示。

图7-64　边缘无色彩显示

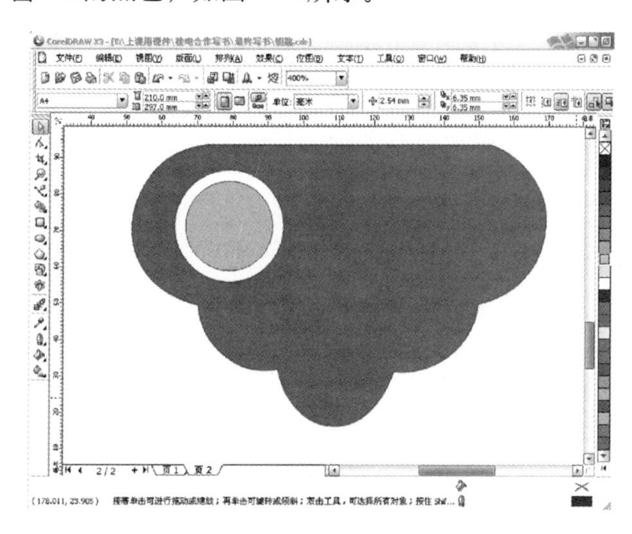

图7-65　绘制底部五环钥匙圈

（12）按“Shift”键挑选工具，选中中间一个圆形，接着再选最外面的圆形，这样就把外面和中间的两个圆形一起选中，松开“Shift”键，执行命令【排列】→【造型】→【修剪】，也可在属性栏中单击修剪命令，移开最里面的圆形，选中修建好的圆形，在CMYK调色板中鼠标右键单击无色彩显示☒，效果如图7-66所示。

注意：一般选择的顺序是第一个选中的图形减去第二个选中的图形。在属性栏里一般有一排这样的图标，分别是焊接、修剪、相交、简化、前减后、后减前、创建围绕选定对象的新对象、对齐与分布这些命令，可以对两个矢量图形进行不同的操作。

（13）依次复制几个修建好的圆形，排列到合适位置，使其适合奥运五环标志的剪影图形，再在最底部画上圆形的钥匙圈，大小自定，同样使其边框黑线无彩色显示，如图7-67所示。

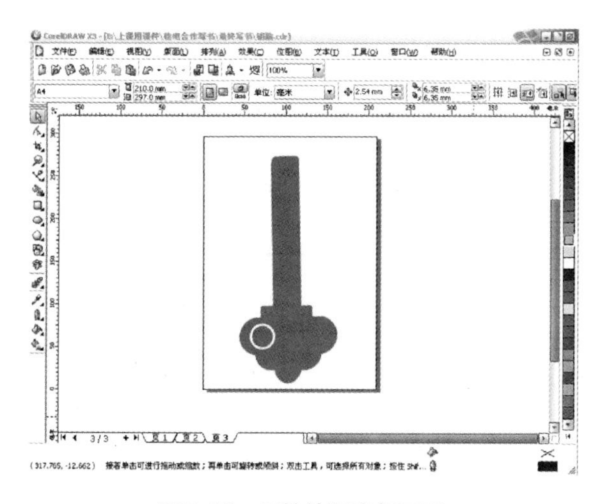

图7-66　开始绘制底部五环

图7-67　绘制底部五环放大图

（14）选中工具箱中“椭圆形工具”为画好的钥匙添加上圆形齿轮，呈3组排列，每组的圆圈个数为4个、3个、4个，为后面在圆圈上添加文字做准备，如图7-68所示。

图7-68 绘制钥匙齿形

（15）在每组圆圈上写上文字，从上到下依次为“2008BEIJING”。颜色为白色，字体为黑体，如图7-69所示。

（16）可以看到文字没有和圆很好地融合，设计的效果是每一个单个文字对应一个单个圆，选中工具箱中“形状工具”，再选中文字，这时就会出现一个向下和向左的拉伸条，选择向左拉伸条，适当拉伸文字，使其间距变宽到合适位置。同上操作为“BEIJING”拉伸到适合圆形的合适位置即可，如图7-70和图7-71所示。

（17）最终效果如图7-72所示。

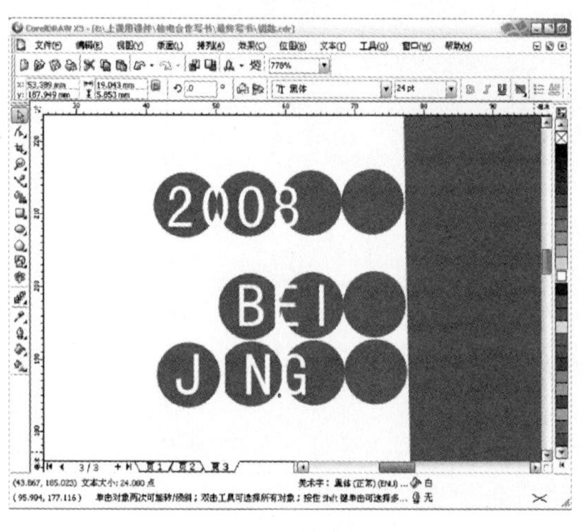

图7-69 圆和文字的排列

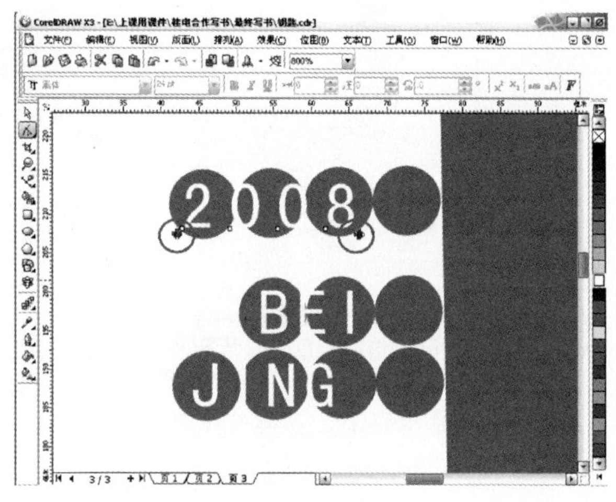

图7-70 文字的拉伸

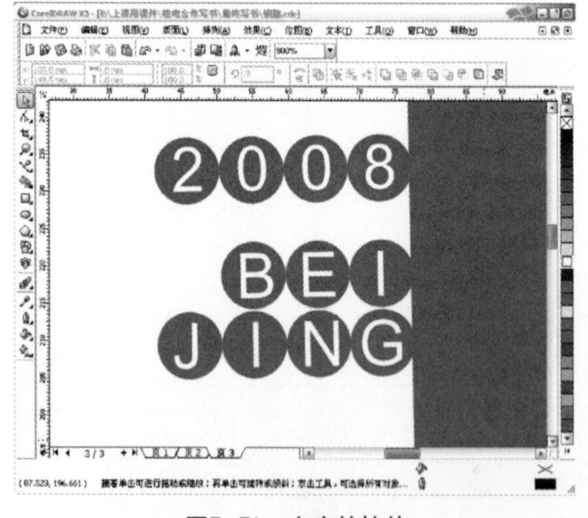

图7-71 文字的拉伸

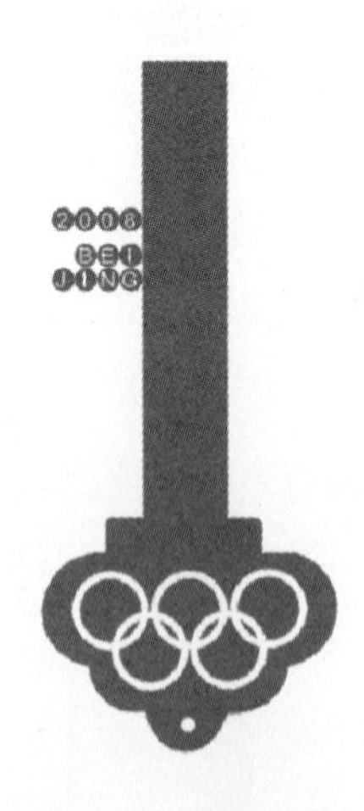

图7-72 最终效果

（18）选中所有图形及文字元素，执行群组命令。再双击旋转该图形到合适位置，如图7-73所示。

（19）单击工具箱中矩形选框工具，画一个长方形，按“Shift”键挑选工具，选中钥匙形状的长方形，接着再选刚画好的长方形，这样就把两个长方形一起选中，松开“Shift”键，执行命令【排列】→【造型】→【修剪】，也可在属性栏中单击修剪命令。修剪掉钥匙上面多出去的一小块，如图7－74所示。

（20）接着选中工具箱中贝塞尔曲线工具为钥匙底部画上一根绳子，并用形状工具修改其圆滑度到合适位置即可，如图7－75所示。

图7－73　旋转后效果

图7－74　修剪

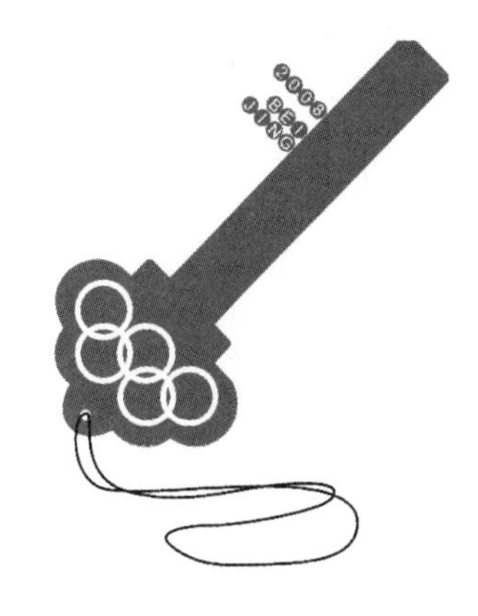

图7－75　绘制钥匙链

（21）回到挑选工具选中刚画好的绳子，接着单击工具箱中【轮廓工具】→【轮廓画笔】对话框，在弹出的轮廓笔选项中颜色设为红色（C：0、M：100、Y：100、K：0），宽度为1.4毫米，如图7－76和图7－77所示。

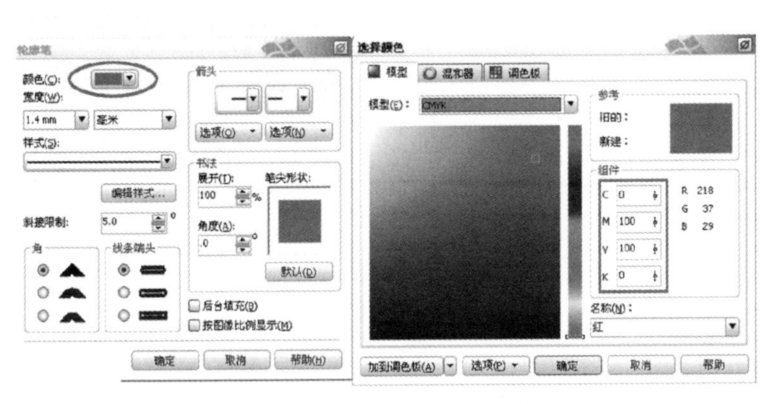

图7－76　为钥匙链增加宽度及填色

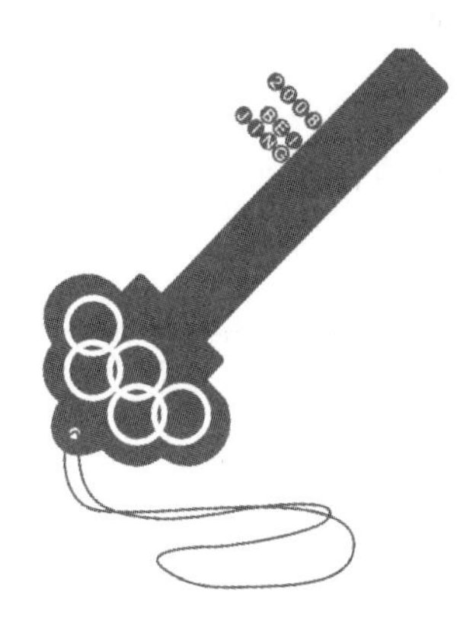

图7－77　效果

（22）在绘图区域内的右下角画大小合适的一个圆，颜色设置为红色，使其边框黑线无彩色显示，再写一个文字“启”，字体为“长城特粗宋体”，色彩为白色。将文字“启”移动到圆的合适位置，如图7－78所示。

（23）在右下角“启”字下面贴上奥运标志即完成整个设计与制作，如图7－79所示。

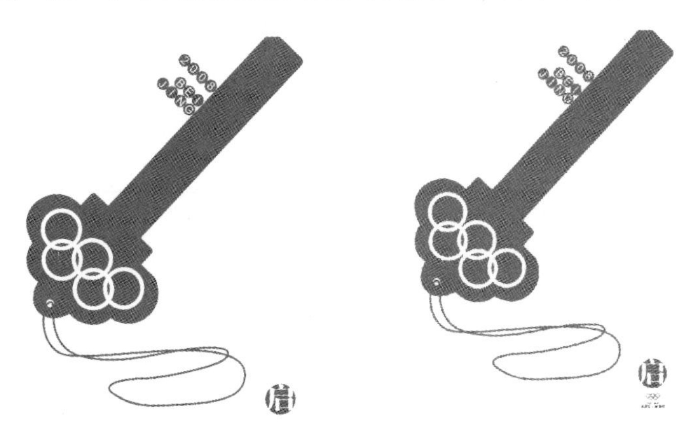

图7－78　添加文字效果

图7－79　最终效果

7.4 思维拓展练习

这一章学习了如何用Photoshop CS4的操作特性和在广告设计中的应用技巧来展开图片合成、修饰等等。下面来看几个案例，分析一下这些广告是如何用之前运用的方法制作出来的。

图7-80是加加酱油广告，作品把创意与图形完美地结合到一起，通过活灵活现的鱼的形态暗示了加加酱油的鲜香美味及功效。该广告采用了多种制作手法进行制作：一是在底色表现时直接运用渐变填充工具，在属性栏中选择径向渐变。二是在表现盘子时可以通过实物拍摄后再进行加工处理；也可以直接进行绘制。绘制时只需运用到椭圆选框工具或钢笔工具绘制出形态，再运用渐变工具进行填充即可。三是对盘中鱼的表现，颜色的填充同样可以运用渐变填充工具，如果修改色彩则可以运用到加深、减淡工具进行细部调节，形态绘制则需要用到钢笔工具。

图7-81作品，颜色相对比较单一，底色表现只需运用油漆桶工具进行填充就可以了；文字的设计需要先运用矩形工具进行单个笔画的绘制；也可结合钢笔工具或直接运用钢笔工具绘制，之后再进行位置调节即可。

用这一章学到的内容，几乎可以制作任何广告设计。图7-82是2007年获得“全国大学生广告艺术大赛”二等奖的作品，其设计构思新颖别致，其实制作方法很简单，都是运用本章节介绍的方法制作出来的，实践中可以举一反三。

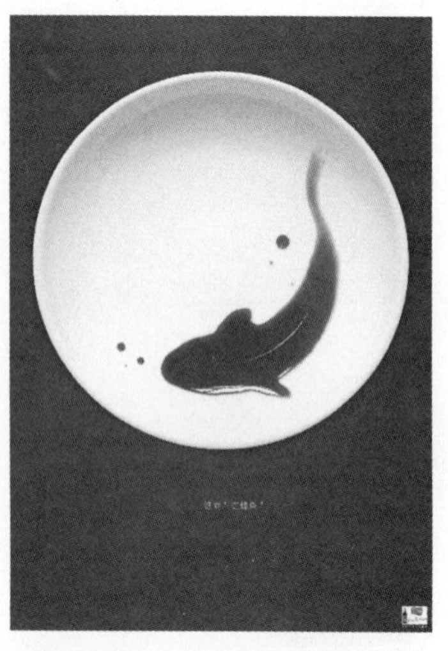

图7-80 加加酱油广告 孔喧

图7-81 汉字空间主题海报 杨洪勇

图7-82 “啤酒、葡萄酒、洋酒”篇海报设计 曾章柏

本章小结

（1）在运用计算机进行招贴设计时，通常是通过小草图→设计草图后才真正进入计算机中进行后期的设计。

（2）招贴最基本的尺寸为30in×20in（762mm×508mm），最常用尺寸为四开和对开。

（3）使用Photoshop CS4中文字进行设计时需要转化为图形形态，需栅格化文字如图7-37所示。

（4）Photoshop CS4中滤镜高斯模糊面板设置如图7-40所示。

思考题与习题

设计一个有关节约水资源的公益海报，用Photoshop CS4和CorelDRAW X3联合制作完成。

第8章 计算机辅助印刷设计

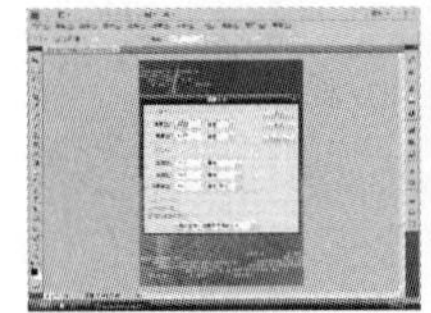

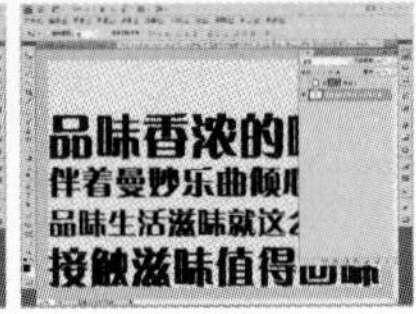

学习目标

（1）了解计算机辅助印刷设计原则。

（2）了解印刷流程及各种印刷方式的特点及应用范围。

（3）了解印刷纸张和后期加工工艺。

（4）掌握Photoshop CS4和CorelDRAW X3等软件在设计中的规范应用。

学习重点

（1）Photoshop CS4和CorelDRAW X3等软件在设计中的规范应用。

（2）印刷纸张的开度和胶版纸、铜版纸、特种纸的印刷特性。

学习建议

（1）参观输出公司，了解输出对设计的技术要求，直观了解分色、网线与菲林。

（2）参观印刷厂，了解拼版、制版、印刷等工序，有助于理解印刷工艺要求。

（3）参观后期加工工厂，了解各种后期加工设备和方法，有助于前期设计和实现创意。

8.1 计算机辅助印刷设计概述

8.1.1 印刷概述

印刷术起源于中国，由具有中国特色的印章文化中拓石和盖印两种方法合成演变而来，是我国古代四大发明之一。

什么是印刷?《辞源》的定义是："依一定的方法作文字和其他之形状，制成印版，用色墨压印之，同时可成为多数之本。"《辞海》的解释为："按文字或图画原稿制成印刷品的技术。"《印刷技术术语标准》则是："使用印版或其他方式，将原稿上的图文信息转移到承印物上的工艺技术。"鉴于上述定义，我们可以这样理解：印刷就是用特定的方法，将印刷品快速大量复制的工业化的生产过程。生产方式是将图像和文字制成印版，施以油墨，使印版信息转移到纸张或其他载体上，并达到快速大量复制的目的。

我国印刷术的发展大致经历了三个时期：

（1）古代时期（约公元636～19世纪中叶），主要有雕版印刷和活字印刷两种形式。雕版印刷最早发明于我国，是受印章和拓石的启发，将所需图文信息雕于一块整版上，再涂上油墨，施加压力转移到纸张或其他承印物上。据史料记载，唐贞观十年（公元636年），唐太宗下令"梓行"长孙皇后的遗著《女则》，"梓行"即刻版印行，这是我国现今发现的最早的印本。雕版印刷从唐末到五代开始盛行，宋、元时期由于大力推广文化教育，思潮流派众多，各种读本、资料成为学习、交流的便利工具，印刷业受到中央政府和地方机构的高度重视，大量印品的需求把雕版印刷推向了鼎盛时期；明末、清初，由于文化禁锢，闭关锁国，压制了文化和思想的发展，印品需求不足导致印刷业的衰退，西方印刷技术传入中国后，雕版印刷虽然印工精美、无与伦比，但印刷成本高、制版周期长，只能退守于精美画稿等的印制。活字印刷术发明于北宋庆历年间（1041～1048年），当时科学家沈括的《梦溪笔谈》中对此已有明确记载，北宋布衣毕昇用胶泥做成一个个规格统一的单字，并加火烧制成陶活字。印刷前，将陶活字按内容拼好，固定在一个铁板上，平整版型后，即可施墨印刷。活字印刷省去了大量雕版所耗费的人力、物力，避免了大量重复劳动和资源浪费，大大提高了印刷效率，但是，他的发明并未受到当时统治者和社会的重视。毕昇死后，活字印刷术仍然没有得到推广，直至400年后活字印刷术传至欧洲，才得以完善和发展。1965年在浙江温州白象塔内发现的刊本《佛说观无量寿佛经》，经鉴定为北宋元符至崇宁（1100～1103）年活字本，这是毕昇活字印刷技术的最早历史见证。

（2）近代时期（从19世纪中叶～1949年），印刷术在我国进入关键的转折期，当时清朝政府软弱无能，西方列强用枪炮打开了大清国门后，为长期割据中国，除控制和干预清朝的政治、经济外，思想同化也是他们首要的长期侵略手段之一。他们在中国创办报刊，使西方的宗教、文化迅速充斥全国各地，各种宗教书籍、文化报刊等读本被译成中文，大量印制，在民间传播。在洋人大量开办印刷厂的同时，德国人古登堡在1450年发明的金属活字印刷术被首次引入中国，加上压印机械和平版石印刷等先进技术的应用，满足了印品大量快速复制的需求，同时有效地降低了印刷成本，凸印、平印、凹印、珂版等印刷技术和设备在此时已见雏形，推动我国印刷技术走向变革。在中华人民共和国成立前，我国已有大量的私营铅印书刊印刷业、装订业、铅印零件业、铸字铜模业、照相制版业、胶石彩印业及纸制品业，其中铸字铜模业的发展尤为突出。出于书刻名家陶子麟、韩佑之、丁辅之、高云塍等人之手的宋体、仿宋体、正楷活字，字形考究、精美，风行全国，印品品质得到了很大提升。

（3）现代时期（1949年至今）。建国初期，我国非常重视印刷业的发展，发展铸字制造、仿制国外制版、印刷器材和设备、改进造纸技术等，实现了以铅印为主的机械设备的独立制造。从1949年起历经30年，我国虽无国际性的发明与创新，但建立起完整的印刷工业体系，为以后的发展变革奠定了坚实的基础。改革开放后，国家制定了“激光照排，电子分色，胶印印刷，装订联动”16字方针，为印刷业发展制定了方向。1979年～1987年，我国迎来印刷史上又一次技术、观念变革，也为世界印刷史翻开了新的一页。北京大学王选教授自主研发出汉字信息处理与激光照排系统，并成功研制出第四代激光照排机，使我国排版技术一步跨过国外一、二、三代照排机用40年才走完的现代化历程，被公认为是毕昇发明活字印刷术后中国印刷技术的第二次革命，被评为1985年和1995年中国十大科技成就之一，1987年和1995年分别获国家科技进步一等奖。1987年，激光照排机开始走向市场并在国内新闻出版印刷业得以迅速推广应用，到1993年，来华研制和销售照排系统的欧美和日本著名厂商已全部退出中国市场，几乎国内所有的报社和书刊印刷厂都采用了国产系统。随后，CCD计算机数字化分色得到推广应用，实现了图像、文字全数字化排版，引发了桌面彩色出版技术的革命。继激光照排系统后，印刷全过程数字化又为印刷引领了新的方向，CTP制版、数码印刷都已实现全程无人干预数字化完成。

8.1.2 计算机辅助印刷的设计原则

平面设计师的作品一半以上以印刷品形式体现，这就意味着他们不仅要有深厚的艺术修养和表现力，而且要了解印刷流程和印制工艺，在充分考虑印刷形式、后期工艺、纸张规格和性能等因素后完成设计作品。因此，平面设计师在设计时应该遵循以下的设计原则：

1. 按照输出的要求进行设计

早期的设计实践中，设计师考虑更多的是画面效果，就好像纯绘画作品一样，它们都是唯一的，一件作品从起稿到完成都是独立作业，不需要与他人合作。而应用于印刷的设计作品是实用美术的范畴，要能满足大量复制，规模加工的特点，对设计还会有特定的技术要求，比如在设计中不仅要有完美的创意，更要考虑各平面设计软件Photoshop、Illustrator、CorelDRAW、InDesign等在印前设计过程中都分担什么角色，完成什么任务。如图像的处理、设计排版和输出等任务都由哪个软件来完成，软件间的协作合理顺畅对完成设计至关重要。

2. 按照印刷设备特点、印制流程和后期制作工艺进行设计

在学习期间，学生应至少有两次印刷厂参观或实习经历，第一次作为专业导入课做一般了解，初步认识印刷与设计的紧密相关；第二次作为就业指导课，整合所有专业课程，结合印刷要求，目的明确地深入学习和实践，了解制版的过程，可以对设计中存在的有问题的菲林做部分补救，如：什么情况下可以将部分图文信息在制版中去掉、怎样做双晒、如何拼自翻版等；还可以根据印刷品的不同合理选用相应的印刷机，如：双色、四色、五色、八开、对开机等。这些都直接影响着印刷成本，处理得好可以大大降低印刷费用。了解后期制作，充分认识印刷设备的特点和局限性，避免凭空想象、闭门造车，出现“矛盾空间”、只能看不能做的尴尬局面，合理完成印刷流程。

3. 按照印刷纸张的特点和特性进行设计

除应熟知国际、国内的纸张规格外，印刷效果的好坏还与不同纸张的吸墨特性密切相关，如：新闻纸质地疏松、非常吸墨，但墨色还原差，只能用于报纸印刷；铜版纸又分有光铜和无光铜两种，印刷效果都很精美，但由于质地和光泽不同，表现出的气质、氛围、品味有很大不同。一个有丰富经验的设计师，会利用纸张的不同特性，设计出相应艺术感受的作品。

4. 按照印刷形式进行设计

当今时代，印刷业飞速发展，新的印刷方式不断出现，设计师要了解自己的设计作品将用

何种形式印刷，从而做出相应的设计。以数字印刷为例，数字印刷对设计要求不像传统印刷对图片、颜色、分辨率等因素那么严格，它的特点是“一张起印”，虽然单张印制成本较高，但是立等可取，适合极少数量甚至一张印刷，效果与传统印刷相差无几。设计师只有了解各种印刷形式，面对不同的需求才能应对自如。

5. 本着合理、节约、环保的原则进行设计

合理设计可以有效节约印材，降低成本，设计时尽量按照纸张的不同开度进行设计。随意的尺寸，表面上看来只是浪费了一条纸，无所谓，但是几千个印张下来将是几千条纸、多少公斤的纸张浪费？所以设计时要么满足开度尺寸，要么同时对“浪费”部分做出巧妙设计和利用，在不增加任何成本的基础上，使纸张得到最大程度的利用。同时，在设计和创意中要主动传播环保理念，例如，覆膜会造成较大的环境污染，那么为了保护画面可以采用过油的方式，而特种纸设计或无印刷设计（只用后期的起凸、镂空等效果）既能避免环境污染，又能突出设计效果。这需要设计师具有较高的艺术修养和丰富的实践经验，非一朝一夕所能为。

以上要求，需要设计师勤于学习和思考，在实践中把相关知识融会贯通，积累经验，最终成长为出色的设计师。

8.2 印刷品的制作流程

一件普通印刷品的制作，大致可分为三个阶段：印前阶段、印刷阶段、后期加工阶段。

8.2.1 印前阶段

印前阶段，主要是指印刷品前期的图文处理、设计、输出的过程。具体来讲有以下内容：

（1）客户委托设计项目并提供相关图文素材。

（2）再搜集、整理素材。

（3）设计创作。

（4）按印刷要求处理图文信息。

（5）组合应用软件完稿。

（6）输出打样。

（7）客户签样。

现代设计、输出的全过程都是借助计算机来完成，所涉及的相关设备和软件及工作情况大致如下：

1. 相关设备

计算机、扫描仪、数码相机、电分机、激光照排机和冲印机等。设计者通过扫描仪、数码相机、电分机等设备，将客户提供的照片、证书、绘画作品、实物样品、电子图片等内容，转化成所需要的电子图片，并通过计算机加工、设计排版，输出至激光照排机和冲印机，将电子文件转化为可供制版的菲林胶片。

2. 相关软件

Office办公软件、Photoshop图像处理软件、CorelDRAW、Illustrator、InDesign、QuarkX-press等专业排版软件和Rap发排软件。设计者用Office办公软件录入文字内容，并保存为方便使用的电子文档；用Photoshop对图像的大小、颜色模式、存储格式及其他的细节进行处理，以保证图片的印刷效果和质量；再用CorelDRAW、Illustrator、InDesign、QuarkX-press等专业排版软件，进行图文混排设计；最后，用RIP发排软件完成拼版、设置印刷标记、分色、输出等工作。

8.2.2 印刷阶段

印刷就是用特定的方法，将印刷品快速大量复制的工业化的生产过程。生产方式是将图像和文字制成印版，施以油墨，使印版信息转移到纸张或其他承印物上。印刷大致流程为：将印刷用纸上切纸机开料、将菲林片附在PS版上晒版、送入冲印机显影、定影、修版、制版完成上机印刷等。

1. 现代印刷的分类

现代印刷分为传统印刷和数字印刷。传统印刷又可分为：凸版印刷、平版印刷、凹版印刷、孔板印刷四种印刷方式。

（1）凸版印刷　凸版印刷是人类最古老的印刷方法。我国早期的雕版印刷就属于这种类型。它的印刷部分表面凸起，空白部分凹陷，印刷时，油墨涂在凸起的图文表面，然后加压印到纸张上，铅版印刷、柔版印刷、照相凸版印刷都属于凸版印刷。

凸版印刷的特点：

1）单色版、平涂底色版、套色线条版都是实地印刷（刷色），单色及三色网目版的网点均为实心，以网点大小表现层次和深浅，网点均匀、规则。

2）凸版印制的印品，图文层次少，由于印时加压，纸面有压痕，墨色陷入纸面，颜色相对饱和、色彩鲜艳。但如果压力过重，常可见油墨被挤压外溢的现象，印刷有失精美。适合印刷以文字为主的书刊、杂志等。

3）印刷成本低廉。

（2）柔版印刷　作为凸版印刷的一种，以其印刷效果好、承印物广泛而日益受到重视。由于印版表面高于空白区域，它具有凸版印刷的某些特点。但在印版、油墨及其传递装置上有其独特之处。柔性版印刷主要应用于包装、瓦楞纸、塑料薄膜、玻璃纸、墙纸、不干胶、铝膜、复合纸等领域，成为仅次于胶版印刷的第二大印刷方式。

柔版印刷具有如下特点：

1）印版采用光敏苯胺版，版材可弯曲，柔软且富有弹性，材质也比一般铝、塑料等凸版版材好，对油墨的传递性能好，尤其对于以醇类为溶剂的苯胺油墨传递更好，这对不同承印物所能承受的不同压力有很好的调节作用。

2）油墨富于挥发性，柔版油墨的溶剂主要是醇类，易于挥发，干燥速度快，可以适应高速印刷的要求。油墨可以是油性的也可以是水性的，对环境无污染，是非常有前景的印刷方式。

3）供墨系统紧凑，避免了柔版油墨的溶剂在高速墨辊上挥发得很快，未能到达版面就已部分干固的问题。

4）柔版印刷自动化程度非常高，计算机控制可以完成8种颜色的印刷，又由于油墨干固快，正背套印可以一次完成，柔版印刷还整合了压线、开缝、切角、模切、折页、覆膜等大部分后期工序，使印刷与后期可在一条流水线上完成，极大地提高了生产效率。

5）柔版印刷具各种印刷之所长，175线的高精度印刷具有平版印刷的柔和、层次丰富的特点，轮廓清晰如凸版印刷，还有凹版印刷和孔板印刷的墨层厚实、色彩艳丽等特色。

（3）平版印刷　平版印刷是我国目前最主要的印刷方式之一，有石印、胶印、珂式印三种。其中以胶印应用最为普遍，它利用油水相斥的原理，在表面高度几乎相同情况下，分别在空白处施水，再在图文部分施墨，通过专用的橡皮布加压转印在承印物上。平版印刷主要由供水系统、供墨辊、印版滚筒、橡皮滚筒、压印滚筒等部件组成。其印刷流程如下：压印滚筒与橡皮滚筒接触，供水辊和供墨辊也开始与印版滚筒上的印版表面接触。印版上的油墨和水先转移到橡皮布上，然后再转移到纸张上。同时，印刷机的给纸机构开始给纸，让纸张依次通过每一个印刷机，直到收纸机构，完成一次印刷。

平版印刷的特点：

1）制版简单，PS版价格较低廉，最大可印全开画面。

2）平版印刷套色精准，层次丰富、色调柔和，图片质量好，适用于画册、招贴、包装等。

3）平版印刷制版网线通常在133～200Lpi，针对新闻纸、胶版纸、铜版纸、特种纸等不同纸可选择不同的网线印刷。

4）平版印刷由于印刷部分与空白部分同处一个平面，再由橡皮布转印，致使印刷品墨色较薄，大约只有70%～80%，色彩饱和度一般。

（4）凹版印刷　凹版印刷又称雕刻凹印，图文相对于空白部分向下凹陷，色彩的层次由凹陷的深度决定，色彩饱和浓重的地方凹陷就深，色彩淡、薄的凹陷相对较浅，印刷时，印版筒全版施墨，再由刮板刮去空白处油墨，再覆纸加压，使油墨转印至纸张，形成印迹。蚀刻、针刻和照相凹版都属于凹版印刷。凹版印刷墨层厚实、色彩艳丽、层次丰富细腻，被广泛应用于邮票、货币、有价证券、精美画册等领域。

凹版印刷的特点：

1）由于印刷图文部分凹陷，印刷品墨层厚实、手触有突起感。

2）凹版印刷层次丰富有别于平版印刷，平版印刷凭借网点的大小和疏密表现层次，而凹版是靠凹陷的深浅反应层次，墨色连续、无网点，表现更为细腻。

3）凹版印刷可以选择不同附着性质的油墨，在塑料、金属、玻璃等承印物上印刷。

4）尽管现代制版可以选用照相、电子雕刻等方式，但是制版周期长，成本高，一直对凹版印刷有影响。

（5）孔板印刷　孔版印刷包括誊写版、镂孔花版、喷花和丝网印刷等。孔板印刷的印版可以用绢、尼龙、聚酯纤维、棉织品、不锈钢、铜等材料制成，只要上面具有可供油墨通过的规则的一定数目的网眼即可，制版时，在网面上涂上感光胶，充分曝光后，感光部分的胶固化凝结、图文部分的胶不变，用水洗去，即可获得所需印版，印刷时，需要施加一定的压力，使油墨透过孔眼转移到承印物上。在孔版印刷中，应用最广泛的是丝网印刷。

孔板印刷的特点：

1）孔板印刷可在多种材质表面上进行印刷，如各种纸张、塑料、木器、玻璃、纺织品、陶瓷制品、金属、毛皮和其他合成材料等。

2）它还可以用于多种造型上印刷，如平面、曲面和各种不规则形状物体，大多数工业产品表面的印刷都采用这种方式。

3）印刷墨色浓厚，有立体感，由于印刷网点较粗，一般在30～100 Lpi，丝网印刷最高可达到175 Lpi，对色块的印刷效果好，但色彩层次表现较弱。

4）孔板印刷设备较为简单，大部分工序尚未实现机械化，仍需手工操作，生产效率低，印版耐印力差，不适合大批量印刷。

2. 印刷机类型

印刷机有几种分类方法：

（1）按印刷方式分　凸版印刷包括：铅版印刷机、柔版印刷机等；平版印刷包括：胶版印刷机、石版印刷机、珂罗式印刷机；凹版印刷包括：移动印刷机等；孔板印刷包括：丝网印刷机、滚动印刷机、誊写版印刷机等。

（2）按印刷尺寸分　双全开印刷机、全开印刷机、对开印刷机、四开印刷机、六开印刷机、八开印刷机、名片机等。

（3）按印刷色数分　单色印刷机、多色印刷机（双色、四色、五色、六色、八色印刷机等）。

（4）按纸张形式分　单张纸印刷机、卷筒纸印刷机等。

（5）按印刷面分　单面印刷机、双面印刷机。

（6）按印刷过程施加压力的形式分　平压平型印刷机、圆压平型印刷机、圆压圆型印刷机。

3．印刷油墨

（1）印刷油墨是在印刷过程中被转移到承印物上的成像物质，一般由色料、连结料、填充料与助剂组成，具有一定的流动性和粘性。

（2）油墨按印版结构分类　主要有凸印油墨、胶印油墨、凹印油墨和特种印刷油墨。

（3）按不同的干燥方式分类　氧化结膜干燥型油墨、渗透干燥型油墨、挥发干燥型油墨、辐射干燥型油墨、湿凝固干燥型油墨、冷凝干燥型油墨、沉淀干燥型油墨、双组分反应干燥型油墨、胶化干燥型油墨、过滤干燥型油墨、多种方法结合的干燥类型油墨。

（4）按印刷过程进行分类　平版印刷油墨、凸版印刷油墨、柔版印刷油墨、凹版印刷油墨、孔版印刷油墨。

（5）按不同用途分类　热固型油墨、快干油墨、亮光油墨、蜡质油墨、韧性油墨、水气凝固油墨、紫外光凝固油墨、环保油墨。

（6）油墨按其颜色分类　四色叠印油墨（CMYK）、Pantone专色等。

4．印刷纸张

（1）印刷纸张的分类　充分了解印刷纸张的特点和性能，恰到好处地利用各种纸张特有的表现力是设计成功的重要因素。常用的印刷用纸有：

1）凸版印刷纸：凸版印刷纸主要供凸版印刷使用，主要用于书刊、报纸的印刷。凸版纸质地平整均匀、较吸墨、略有弹性、抗水性能及白度优于新闻纸用纸。图像加网线数一般在100～133Lpi。

2）新闻纸：新闻纸俗称白报纸，主要用于报纸印刷。新闻纸纸质松软，具有可压缩性，吸墨性能强，油墨干燥快。新闻纸表面平滑，不透明度好，抗水性能及白度较差，印刷时图像加网线数要求较低，多在100～133Lpi之间，图像和色彩表现力较差，图案虽较清晰，不糊版，但要控制版面水分。新闻纸存放时间短，发黄变脆的特点不宜用作重要文献和书籍印刷和保存。卷筒纸抗张强度较好，适用于高速轮转印刷机。

3）胶版纸：胶版纸主要供胶版印刷机使用，胶版纸质地均匀、白度好，紧度、抗张力、耐折度都明显优于前两者。印刷时不掉毛、不掉粉、不透印，印品层次较丰富，墨色沉稳、无光泽、色彩还原较好。印刷图像加网线数在133～175Lpi之间，可以用于印制较高级彩色印刷品，如高档书刊、插图、标签、图片等。

4）铜版纸：分光面和哑光（哑粉）两种，是在原纸表面涂布白色涂料，经加压加工而成的印刷用纸，纸张白度高，表面平滑、质地细腻，抗张力、耐水性、耐折度好，二甲苯吸收性好，印刷图像墨色均匀、层次丰富、色彩艳丽，有光泽，被广泛应用于包装和各种高级美术书刊、画册、精致的样本、目录等印刷使用。印刷图像加网线数在175～300Lpi之间，由于印刷机的性能局限，常用175～200Lpi输出制版。

5）白板纸：白板纸是一种高级的包装用纸，主要用于各种商品包装，如：食品、化妆品、药品、文化用品等包装纸盒。白板纸有表面涂布加工和非涂布加工两种，纸张白、质地均匀平滑，挺度大、耐折力好，厚度超过1mm，具有良好的印刷性能，墨色和图像的表现力与铜版纸基本相同，用于柔版印刷会优于平版印刷。印刷图像加网线数在175～300Lpi之间，常用175～200Lpi输出制版。

6）凹版印刷纸：凹版印刷纸主要供凹版印刷使用，纸质亮白坚挺、平滑度和耐水性都很好，图像色彩饱和、鲜亮、墨色均匀、层次丰富，特别适用于高档画册的印刷和美术作品的再现。凹版印刷纸还有钞票纸和邮票纸等专用纸，制作工艺特殊不易仿造。

7）特种纸：特种纸由特殊的纸张加工设备和工艺加工而成，这种纸张抗张力、耐水性、耐折度都很好，并且具有独特的纹理和丰富的色彩。如：皮纹纸、条纹纸、彩岩纸、描图纸、滑面纸等，现已普遍应用于精美的封面、环衬、请柬、贺卡和高档包装用纸。

（2）纸张的规格　纸张一般分为“平板”和“卷筒”两种规格：

1）平板纸张：正度纸（中国特有规格）：787mm×1092mm；大度纸（国际标准规格）：889mm×1194mm。

2）卷筒纸门幅一般有787mm、889mm、1092mm、1575mm，长度为6000～8000m等。

（3）纸张的厚度　纸张的厚度一般是以基重或定量来表示。我国通用的是“克”重，即：每平方米的纸张质量，以克为单位，用g/m^2表示。常用的纸张厚度有：60g、70g、80g、100g、105g、120g、128g、157g、200g、250g、300g、350g等。

（4）纸张的开度　把全开纸等分切成几份就是几开，用K表示，如：把全开纸等分裁切成8份，就是8K。用大度纸开出来8K叫大8K，用正度纸开出来的纸是正度8K。熟悉纸张规格和开度，有助于合理拼版、印刷，避免造成浪费。常用的纸张开度尺寸及印刷成品尺寸见表8-1。

表8-1　常用纸张开度尺寸及印刷成品尺寸　（单位：mm）

开　度	大度开切毛尺寸	印刷成品净尺寸	正度毛尺寸	印刷成品净尺寸
全开	1194×889	1160×860	1092×787	1060×760
对开	889×597	860×580	787×546	760×530
长对开	1194×444.5	1160×430	1092×393.5	1060×375
三开	889×398	860×350	787×364	760×345
丁字三开	749.5×444.5	720×430	698.5×393.5	680×375
四开	597×444.5	580×430	546×393.5	530×375
长四开	298.5×88.9	285×860	787×273	760×260
五开	380×480	355×460	330×450	305×430
六开	398×444.5	370×430	364×393.5	345×375
八开	444.5×298.5	430×285	393.5×273	375×260
九开	296.3×398	280×390	262.3×364	240×350
十二开	298.5×296.3	285×280	273×262.3	260×250
十六开	298.5×222.25	285×210	273×196.75	260×185
十八开	199×296.3	180×280	182×262.3	160×250
二十开	222.5×238	270×160	273×157.4	260×40
二十四开	222.5×199	210×185	196.75×182	185×170
二十八开	298.5×127	280×110	273×112.4	1260×100
三十二开	222.5×149.25	210×140	196.75×136.5	185×130
六十四开	149.25×111.12	130×100	136.5×98.37	120×80

纸张开度示意图，如图8-1所示。

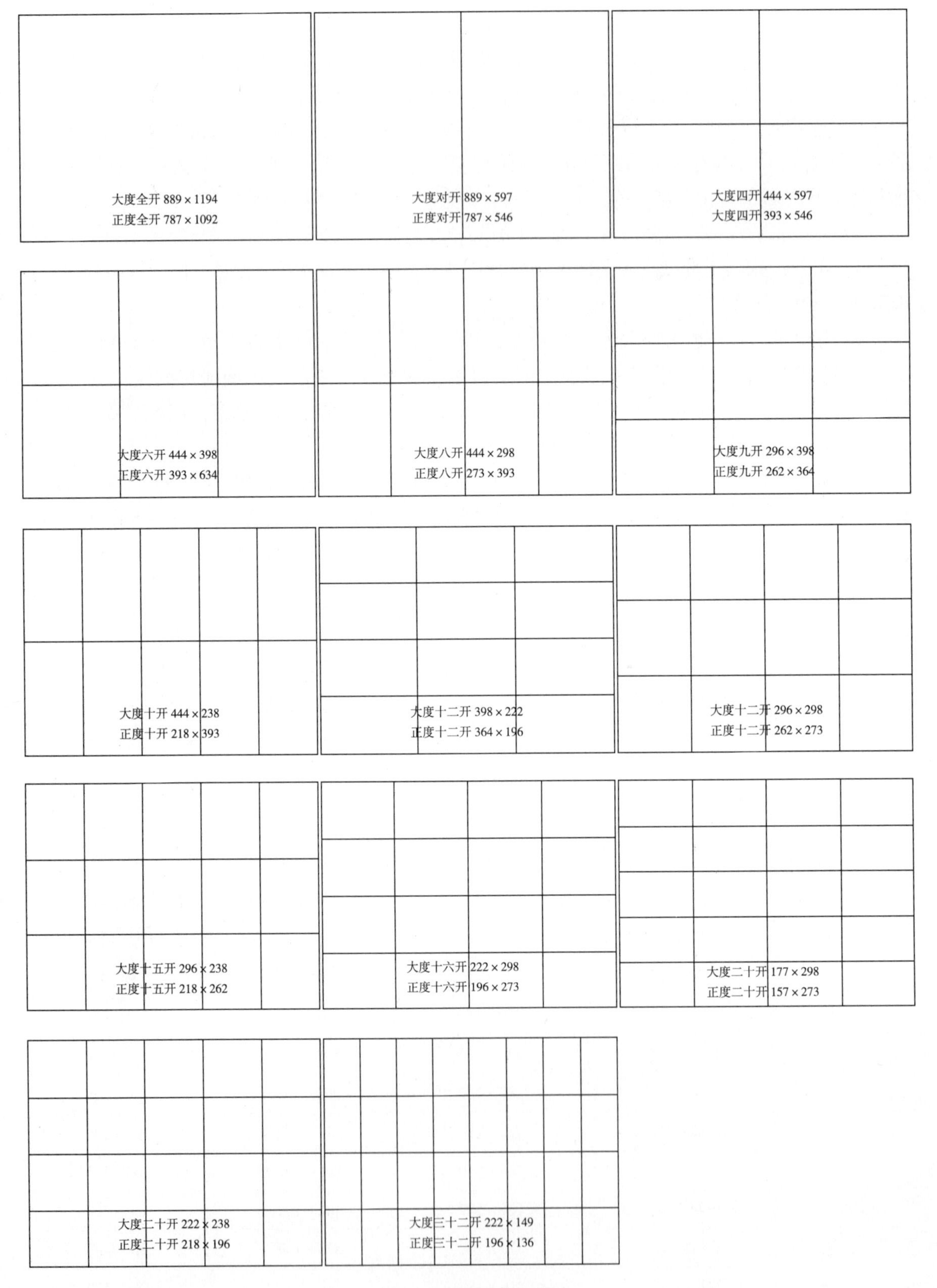

图8-1　纸张开度示意图

8.2.3　后期加工阶段

印刷品的后期加工是指在印刷完成后，去除印刷标记，或通过其他工艺使形式美观且方便使用，进入后期加工阶段，整个印刷过程已接近尾声，但这是印刷品制作过程中必不可少的重要环节。主要工艺有上光与上蜡、覆膜、压印与烫印、钔切与压痕、折页、装订和裱糊等。

1. 上光与上蜡

上光是在印刷品上喷涂或印上一层透明无色的上光油，使之表面形成一层光膜，既可增加色泽纯度和光亮程度，又起到保护印品的作用。此项工艺可以借助印刷机上光或上光机上光完成。上蜡则是在印品表面涂热熔蜡，使色泽鲜亮的同时还能起到防潮、防油、防锈、防变质等作用。主要用于一次性水杯和其他食品包装。

2. 覆膜

在印品表面用热压的形式覆上一层塑料薄膜，以保护印品画面油墨不被磨损，又有防潮、防油、不易撕裂的作用。常用的是光膜和哑膜两种。书籍封面、包装、手提袋等设计使用较多。

3. 压印与烫印

压印是将图文部分制成凸版，施压后使印品表面产生凸起或凹陷的压痕的工艺。烫印以金属光泽的电化铝箔为媒介，通过一定温度和压力，用预先制好的凸版，将电化铝箔转印到印刷品上的工艺。电化铝箔的颜色有金、银、红、蓝、镭射等，这种方法可以使主体形象更为醒目和突出，并具有特别的装饰作用。压印和烫印可同时进行，适用于纸张、皮革、纺织品、木制品、塑胶等其他材料。广泛用于销售和礼品包装、高档精装画册等。

4. 钔切与压痕

钔切又称模切。当印品需要特殊成型的时候，可由钔切实现。方法是先按图文外形制作刀模，再将刀模版固定在磨切机上，通过加压，一次性裁压完成。刀模制作时可以深浅结合，深度地方一次裁断，浅的地方刀模可钝些或换成钢线，只为在纸张上压出痕迹或槽痕，以便于折叠成型，这就是压痕。钔切和压痕可以同时进行，是提高效率的有效方法。这种工艺主要用于包装、贺卡、封套、POP广告等设计当中。

5. 裱糊

裱糊将印品通过黏合方法加工成所需形态的工艺。常用于信封、手提袋、封套、精装书、裱糊盒等加工。

6. 折页

折页是将印张按照页码顺序折叠成成品开本的小书帖，以便装订和裁切的工艺，常用于书刊中拉页或其他宣传资料。折页方式还有二折、三折、四折、五折等。

7. 装订

装订是印刷品从印张加工成册的工艺的总称。常用的装订形式有：骑马钉、胶装、环订、精装等形式。

（1）骑马钉　又叫铁丝平订，是将封面和书帖套贴配页，沿其书脊折痕打铁丝钉，将书页装订在一起的方法，是最为普遍的装订形式之一。骑马钉操作简单、速度快、成本低，适宜期刊、样本、手册的装订。设计时页码设为4的倍数方可装订，且成品厚度不宜超过4mm。

（2）胶装　分锁线胶装和无线胶状两种。锁线胶装是将书册按页码分成若干折手，用线订成书芯，书脊处上胶再配封面的装订形式。装订效果好，但加工周期长，成本较高。设计时页码最好为4的倍数，以便于装订，适用于成品厚度4mm以上的书籍。无线胶装是将书册按页码顺序套贴配页，书脊上胶再配封面的装订形式，装订效果美观，成本较低，周期较短。

（3）环装　将书册按页码顺序排好，一侧打孔，装环成册的装订方法，环有塑料和铁丝两种。方便翻阅，耐用，但成本较高，常见于台历和手册的装订。

（4）精装　是书籍装订形式中最为精美的一种装订形式，通常以纸板为书壳，覆以特种纸张、布、皮革等材料，裱糊成册。适于高档书籍、精美画册等，适宜长期保存。

8.3 计算机辅助设计的技术要求

8.3.1 运用Photoshop CS4处理图像

在设计过程中，为了保证印刷质量（制作的规范、通用及输出的支持、准确）和印刷效果，通常需要各软件分工协作，以各软件的优势组合来完成设计。例如：Photoshop CS4最强大的功能是图片处理功能，在图片的色彩、特效、合成等方面无与伦比，但是它存储时为位图属性，在图文混排时得到的并不一定是最好的输出效果（图形、文字被像素化，印刷后文字不够清晰光滑）。而如果用它处理图片后，再用CorelDRAW X3或InDesign等软件排版，可以得到标准的输出文件，使图片和文字各具特色的同时，又能保证输出的正确与规范。下面就介绍一下运用Photoshop CS4处理图像的技术要求。

1. 检查图片颜色模式

首先打开要使用的图片文件，在显示文件名称处可以看到图片的颜色模式和存储格式，如果颜色模式为RGB时，需要在图像菜单下选择模式，将其修改为CMYK模式。关于RGB和CMYK色彩模式的区别，我们已在前面章节介绍过，需要特别强调的是CMYK四色对应的是印刷油墨的四色，这是图片色彩再现的关键所在。

2. 检查、修改图片大小

颜色模式修改完成后，在图像菜单下选择图像大小，检查或修改图片。首先检查文档大小中宽度、高度和分辨率中数值，方法是：选中约束比例选项，将这三个数字成组，修改宽度或高度为实际需要的尺寸（如果有出血设计，需在相应宽度和高度上加3mm），同时可以看到文件的分辨率，如果高于300像素/in没有问题；低于300像素/in高于250像素/in的话，勉强可以使用；但低于250像素/in，图片印刷后会出现明显的马赛克，严重影响印品质量，属于不合格图片，不适于印刷。这里需要提醒的是：修改图片宽度、高度尺寸的依据是印刷成品中图片的实际尺寸。

3. 存储文件

修改完成后，还需要正确地存储文件。JPG、BMP和GIF等常用格式不适于用作印刷输出，因为后期输出系统不支持这些格式，会造成无法输出或错误输出的问题。常用的存储格式有两种：TIFF格式和EPS格式。这两种格式在前面章节中已经讲过，在此不再赘述。这里推荐使用TIFF格式，因为它可以实现无损压缩，文件较小，显示效果直观。如果后续还将在CorelDRAW X3中使用，要将多余通道合并后存储。

8.3.2 运用CorelDRAW X3进行排版

CorelDRAW X3是优秀的图形处理和排版软件，用它进行版面编排、支持输出十分规范便捷。下面讲解如何运用CorelDRAW X3进行排版和规范设置。

1. 新建文件

在版面菜单的页面设置对话框内选择单位，填写文件尺寸，并将出血设置为3mm；按照预先订好的设计样稿置入已编辑好的图片，如果图片有出血设计，需将其最外边框排在所在文档边框外3mm处。CorelDRAW X3支持多种图片格式，如TIFF、PSD、EPS、AI、PDF等，但推荐使用TIFF格式，PSD由于变化过于复杂，经常会导致发排错误或死机的现象。在多页面排版中，如果图片过多，可暂时选用链接图片，这样可以控制文件大小，保证运算、刷新和保存的速度。

2. 选文本工具插入文字内容，并进行版式编排

文字是发排中容易出现问题的环节，建议将文字全部转成曲线（排列-转换为曲线），防止在输出时出现丢失字体的情况，但是有些字体如楷体_GB2312、仿宋_GB2312、汉鼎特黑简、汉鼎美黑简等，转曲后有时会出现露白现象，不建议使用。如果文字量很大，建议存储时嵌入字体（【文件】→【保存】→使用TrueDoc【嵌入字体】）。

3. 设计完成后，为顺利输出进行检查

首先需要检查文档属性（【文件】→【文档属性】），查看文档信息、分辨率、图片状态以及颜色状态，再分别对以下关键内容进行检查：

（1）出血设置。

（2）文本转曲。

（3）图片转图，建议在CorelDRAW X3中所作效果，转图输出（位图-转换为位图）。

（4）选择所有链接图片，在位图菜单下选解析图片，使原来只用于屏显的小图片还原成高质量图片。

（5）手动添加的角线应为CMYK四色，且均为100%，如有专色还需再加专色角线。

（6）图片和带阴影的图片在施加了旋转、镜像或倾斜的动作后需再转位图。

4. 保存方法

输出系统支持CorelDRAW X3存储的CDR、EPS、PDF、AI等文件格式。推荐将文件存储为EPS格式，这是各软件间通用格式，并且可以直接通过RIP发排，将文件导出。

8.3.3 输出

交付输出中心时，还会涉及很多相关输出信息，下面按照图8-2表格逐一讲解。

上传文件		文件格式	软件名称	版本	长度	宽度	尺寸	C	M	Y	K	专色	网线	药膜方向	阴阳片	打样方式	打样纸	其他要求
C:\Docume	浏览...	PC	CorelDraw	X4	210	285	16开	☑	☑	☑	☑	无	175	向下	阳片	四色打样	157克双铜	无
	浏览...																	
	浏览...																	

附言：注：鼠标移至「文件选择框」处可查看文件路径

你好，本文件采用骑马钉，请帮助将文件作对开拼版，谢谢！

图8-2 输出表格

1. 上传文件

上传文件是指所需上传的文件地址和名称。

2. 文件格式

文件格式有PC和MAC两种，由于CorelDRAW没有MAC版本，所以选PC。

3. 长度、宽度

长度、宽度为文件设置的尺寸，即成品尺寸。

4. 尺寸

尺寸是指该文档大致的开度。

5. C、M、Y、K

C、M、Y、K分别指的是青、品、黄、黑四色文件，如制作的是单黑色文件，则只输出K一色菲林片，两色就输出对应的两色菲林片。

6. 专色

专色不是通过C，M，Y，K四色印刷合成的颜色，而是专门用一种特定的油墨来印刷

的颜色。输出时不能混在C，M，Y，K四色片中，需要设定专门的颜色通道单独输出。专色印刷效果鲜亮、纯净，颜色稳定，在国外应用十分广泛，但成本较高，目前在我国还应用较少。

7. 网线

网线就是印刷的清晰度，用每英寸加网的线数（Lpi）表示，连续调和半色调图像都是由网点的疏密来进行调整表现的。给图像加网，网线目数越大，网数越多，网点就越密集，层次表现力就越丰富。通过将CMYK四色的网点混合，则可以表现出无穷多的颜色。一般胶印加网线数在175～200Lpi之间，恰当的选择网线数非常重要，太高或太低都会影响印刷效果。

8. 药膜方向

药膜方向有向上和向下两种，阴阳片也有阴片和阳片的选择，这里选择的是药膜向下、阳片，意思是：在看菲林片时，附载图像信息的药膜在反面，图形图像为正像显示。胶印中常用这种药膜向下、阳片组合出片。

9. 打样的目的

打样有两个目的，一是校稿，便于检查菲林问题；二是看实际印刷效果。这是制作过程中必不可少的程序，客户签样通常也以此为依据。打样方式有四色打样、单色打样、专色打样、四色+专色打样、数码打样五种。前四种通常是指上传统印刷机打样，由于机器工作原理及使用油墨都与印刷厂相同，所以打样表现出的即是最终的印刷效果。传统打样还可以对除铜版纸之外的胶版纸和大部分特种纸进行打样，特别适合高档印刷品的印刷校色。数码打样是将数码文件处理后，用数码打样机（大幅面打印机）直接输出打样的方式，它能模拟各种印刷效果，如：丝网印刷、数码印刷等，并具有快速、准确、成本低等特点，受到普通印刷者的喜爱。

10. 打样纸

打样纸是针对传统打样而言的，一般用纸为175g铜版纸，用其他克重或特种纸打样，都算特种纸打样，印前需标明用常规纸张还是自带特种纸。数码打样用的是专用打印纸，效果接近铜版纸，但不能打印不同克重的纸张和特种纸张。

11. 其他要求和附言

指在输出中需要注意的或帮助的信息。比如：文件一共有16P，需要做对开拼版，可以在附言中注明，输出人员会按要求在软件中帮助拼版并设置角线和其他印刷信息。再如：需要骑马钉或无线胶装时，须跟输出人员说明，因为两种装订的拼版方式完全不同。

8.4 优秀案例设计方法剖析

通过上述讲解，应该对基本的设计原则和方法已有了解，但要真正做到活学活用，唯有通过实践才能实现。下面，以一个画册封面为例，分步再现每一步制作过程。

8.4.1 启动Photoshop CS4应用程序，进行图片处理

（1）打开所需图片素材，对图片进行基本选项的查看或修改。首先，在图像菜单下选择模式将文件的颜色模式改为CMYK四色模式，如图8-3所示。

（2）选择图像菜单，点击图像大小，调出基本参数对话框，检查文档大小中宽度和高度，是否在保证300dpi的情况下满足成品尺寸（*W*：216mm、*H*：291mm，含各边加3mm出血）。如果文件小于250dpi，为保证印刷质量，建议更换高分辨率图片；如果超出成品要求可对图像大小适当降低。如图8-4所示。

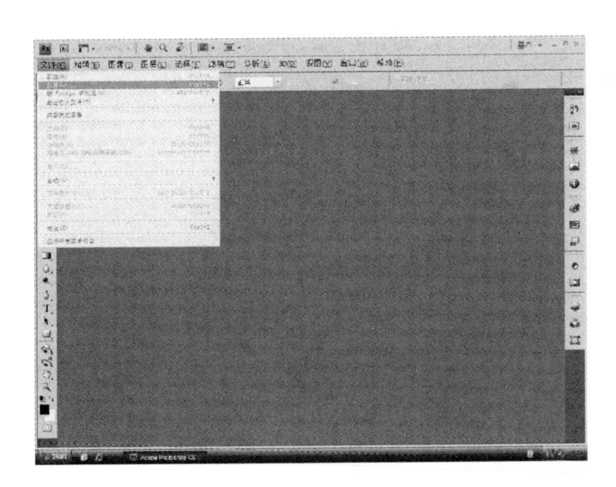

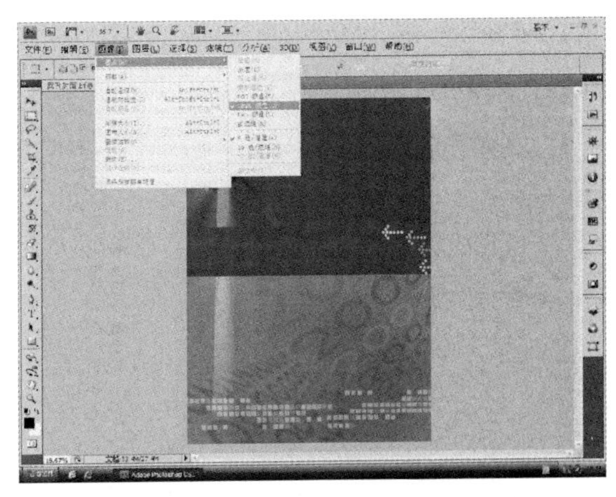

图8-3　打开并设置颜色模式

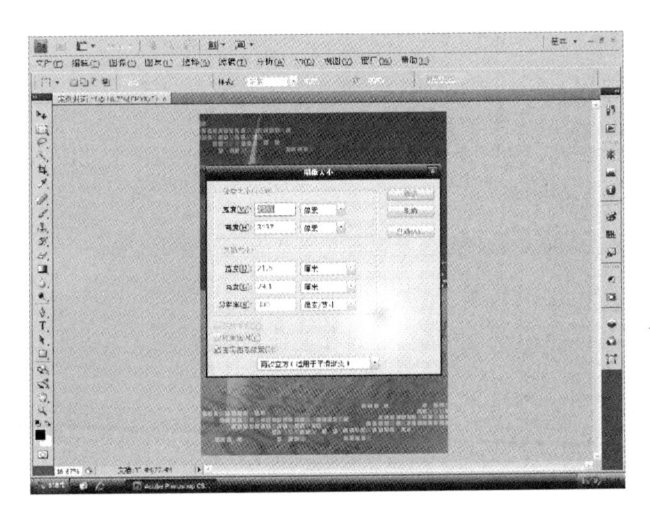

图8-4　设定文件属性

（3）修改完成后点文件选存储为，输入正确的文件名称，在格式下拉菜单中选择TIFF格式，如图8-5所示。弹出对话框中选项如图8-6所示，确定完成图片编辑工作，退出Photoshop。

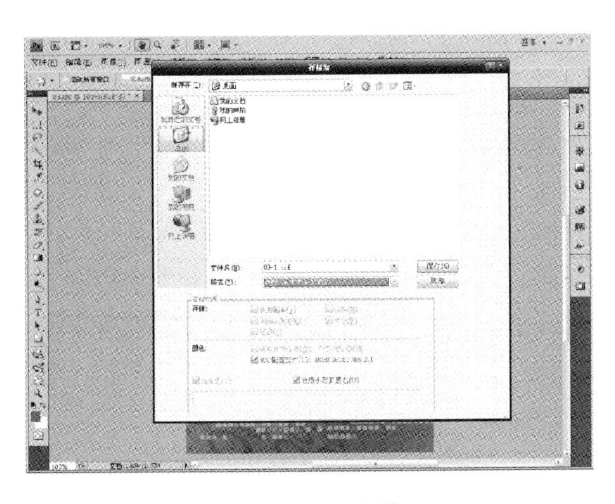

图8-5　正确存储

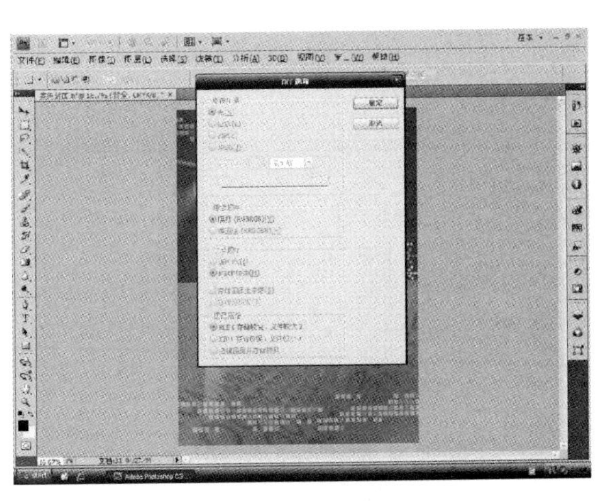

图8-6　确定退出Photoshop CS4

8.4.2 打开CorelDRAW X3应用程序，完成排版，然后存储或导出

（1）新建文档，在版面/页面设置处设置文件属性，如图8–7和图8–8所示。成品尺寸为宽度：210mm，高度：285mm，出血：3mm，点选确定。效果如图8–9所示。

（2）文件/导入，将编辑好的图片导入画面，按Enter使图片居中摆放，如图8–10所示。

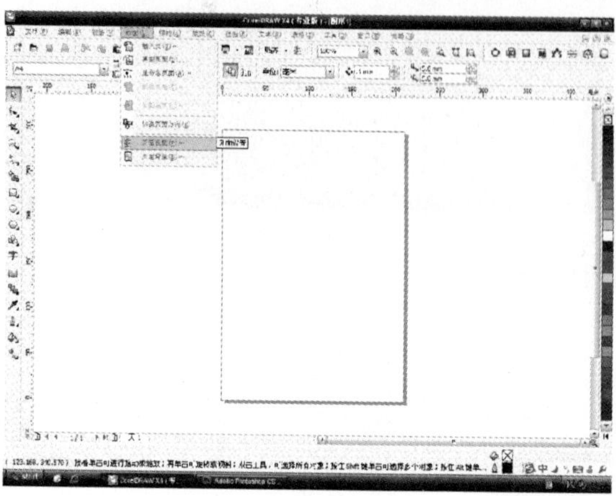

图8–7 设置文件属性1

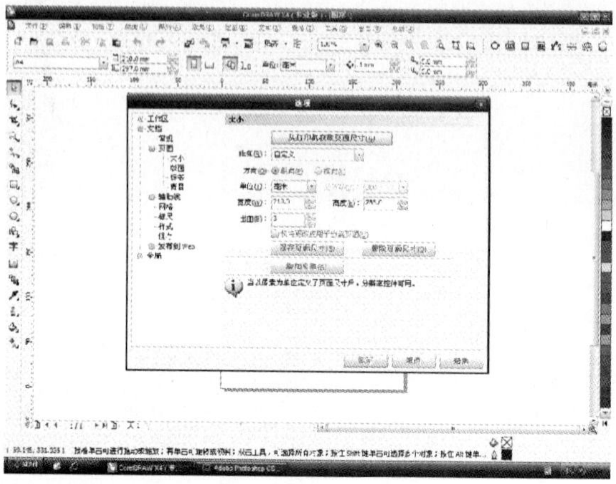

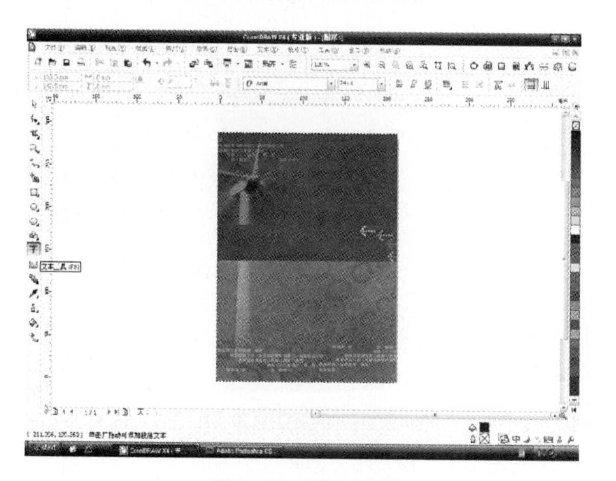

图8–8 设置文件属性2

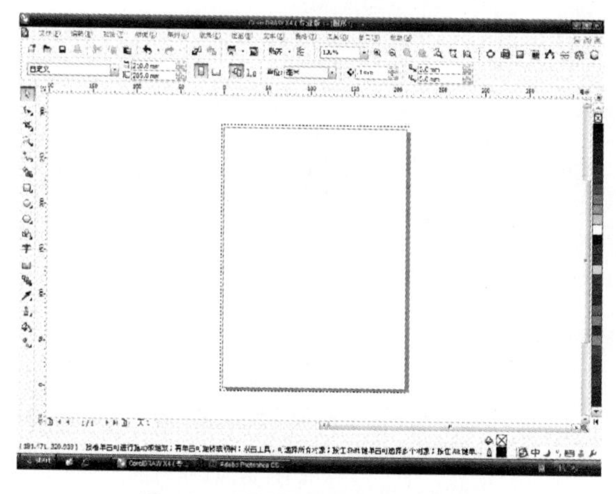

图8–9 属性设置后文档效果图

图8–10 导入图片

（3）在工具箱中选文本工具，录入手册名称，并如图8–11摆放，再选文本菜单，调出字符格式化面板，选择字体“迷你简平黑”，设置字号：中文36pt，英文24pt，如图8–11和图8–12所示。

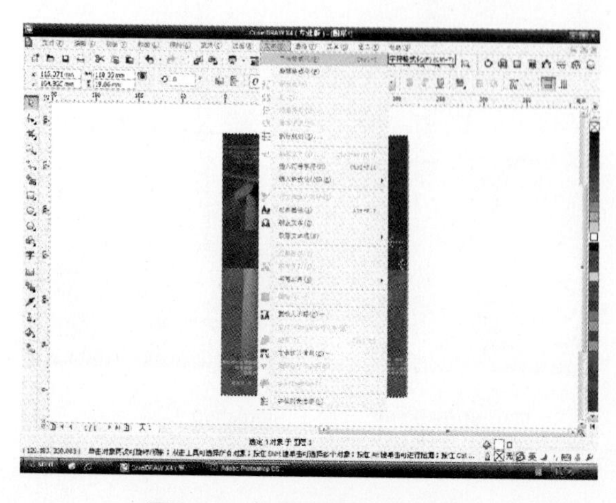

图8–11 打开字符格式化面板

图8–12 设置字体、字号

（4）键入“风”字，如上步操作选方正黄草简体，字号：80pt，颜色为橘黄色，如图8-13摆放。

（5）文件/导入，选择风能大会标志，置于页面右上角，如图8-14所示。

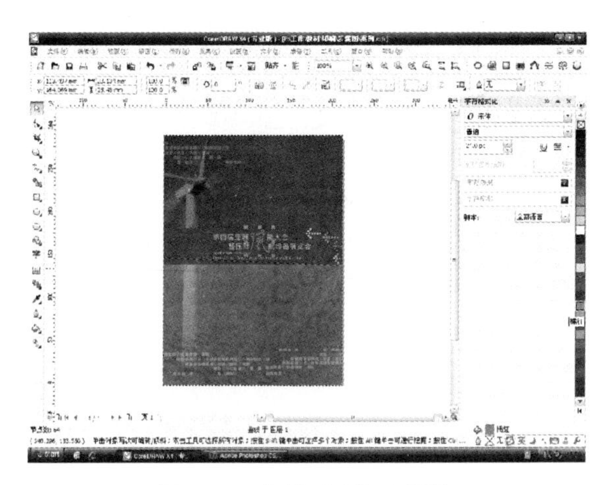

图8-13 设计“风”字属性

图8-14 放置图标

（6）设计完成点选保存。存成CorelDRAW自身文件格式CDR。

（7）输出。

输出常用CDR、AI、PDF和EPS等格式。CDR和AI格式可以直接输出，但如果为其他公司提供文件或在国外输出，常会出现不兼容或无法正常浏览等情况。EPS格式较为通用，但由于文字转曲、嵌入图片等操作常使文件变大，修改和运算速度变慢。为此，PDF格式可以说是最好的选择。PDF格式是非常流行的国际通用格式，无论普通用户用于阅读浏览还是专业用户用于输出，都有不凡的表现，它可以轻松嵌入字体或转曲线、设置出血、制作印刷标记、自定义输出质量、设置分色打印等，突破了各软件的局限，实现全球输出标准化。具体操作为在文件菜单下选发布至PDF选项，点击设置选项，调出对话框，分别检查常规、对象等7个部分，选择相应选项如图8-15～图8-17所示，确定/保存。如图8-18所示。

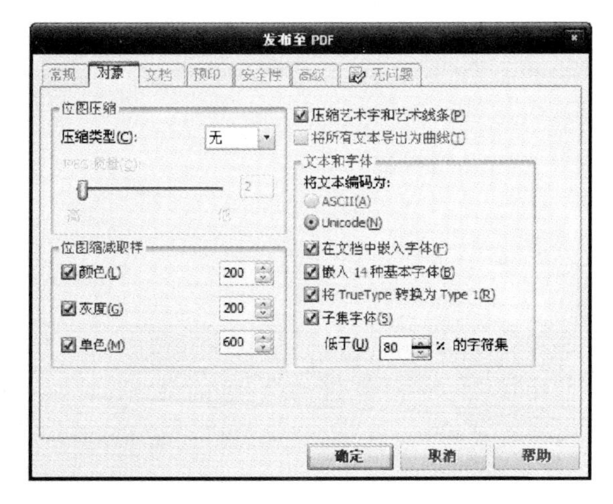

图8-15 输出PDF格式属性页面

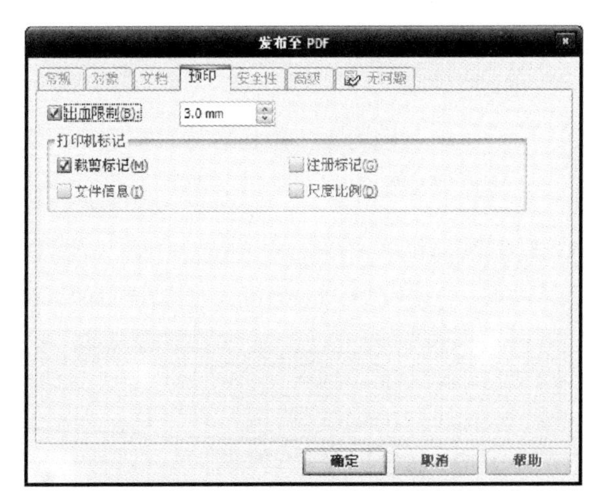

图8-16 输出PDF格式属性设置

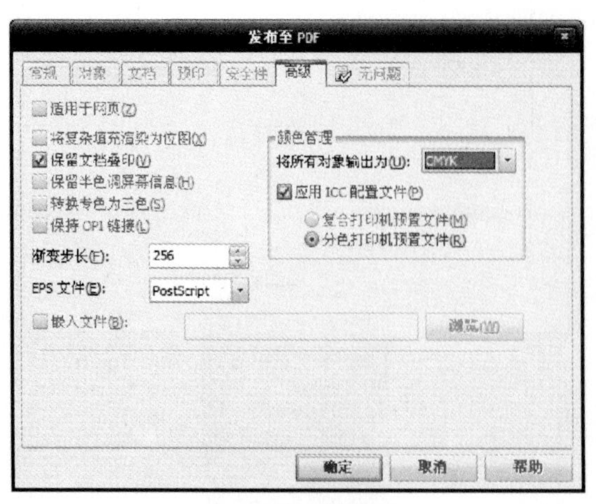

图8-17 输出PDF

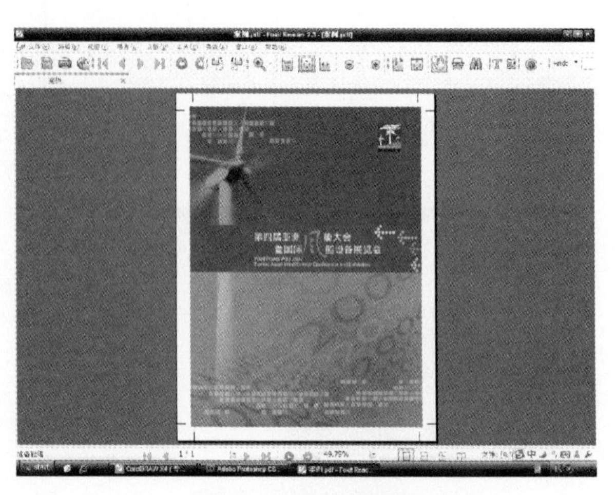

图8-18 保存后图示

8.5 思维拓展练习

上一节学习了在印前设计中如何处理图片、排版、存储、输出等内容，对设计要求有了浅显的认识，而在实际工作中，设计作品形式繁多，制作手法也不尽相同，不可一概而论。这里，再通过对优秀案例研究，深刻领悟设计者的手法和技巧，以更好地掌握所学知识点。

温馨提示：

（1）新建文档，制作一张蓝色发光背景图，如图8-19所示。再打开文件咖啡杯，用钢笔工具将咖啡杯选出并粘入背景图，做蒙版使杯子下部和碟子隐于背景图，如图8-20和图8-21所示。

（2）新建图层，录入文字，并将文字栅格化，如图8-22所示。在自定义图形工具中，选形状为网格，将网格与文字同时选中，转换为智能对象，变换/变形，使文字外形适合于隐去的咖啡杯造型，并做文字投影，如图8-23所示。

（3）新建香气图层，用钢笔画出香气图形，用喷笔画出香气升腾的效果，如图8-24所示。

（4）置入咖啡厅图片，制作蒙版和图层效果，使图片与背景自然融合，如图8-25所示。

（5）整体版式，如图8-26所示。将文件转为CMYK颜色模式，并存储为TIFF格式。

（6）打开CorelDRAW，导入Photoshop中合成的咖啡图片，设计摆放图标和文字，如图8-27所示。

（7）绘制模切版，用任意专色描边，保证模切版为单独色版，保存，如图8-28所示。

（8）完成制作，成品效果如图8-29所示。

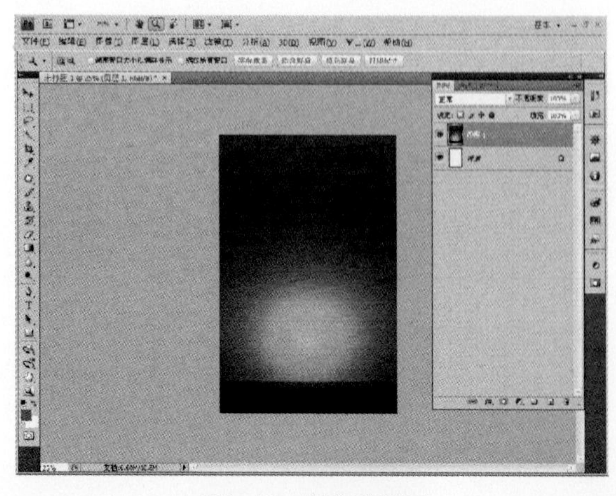

图8-19 制作背景图

图8-20 制作咖啡杯

图8-21　将杯子下部隐于背景图

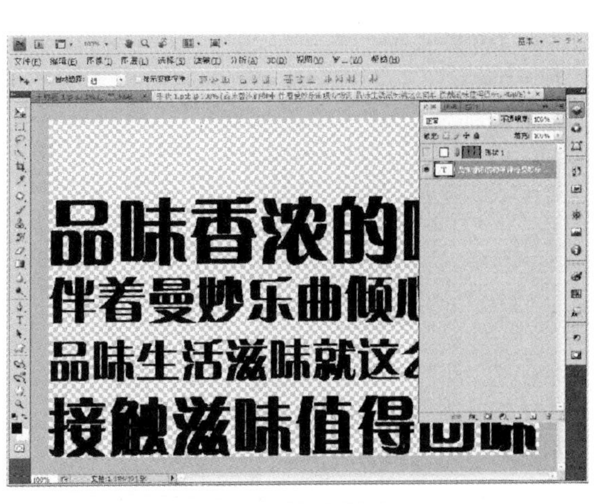

图8-22　录入文字如图处理

图8-23　利用智能对象将文字适合咖啡杯造型

图8-24　制作香气效果

图8-25　置入咖啡厅图片效果图

图8-26　转换模式并存储

图8–27　编排图标和文字

图8–28　绘制模切版

图8–29　成品效果图

本章小结

本章系统地讲授了印刷流程及工艺要求，并对Photoshop CS4和CorelDRAW X3等软件在辅助印刷设计中的规范操作有了初步的掌握，其实，做好印前设计远没有上述内容这么简单，制作过程中，选用不同的印刷方式、纸张、后期工艺都会呈现截然不同的成品效果，这需要大量的实践和不断地总结，才可达到随心所欲地达到设计的最高境界。

思考题与习题

任选一种商品为其设计包装，要求基本设计元素完整，形式美观，印刷、裁切标志设置正确。

参考文献

[1] 吕村，王景丽，岳俊杰．Photoshop CS4完全学习手册［M］．北京：清华大学出版社，2009．

[2] 张瑞娟，黄春霞．CorelDRAW X3完全学习手册［M］．北京：清华大学出版社，2008．

[3] 新知互动．CorelDRAW X4平面广告创意108招［M］．北京：中国铁道出版社，2010．

[4] 锐艺视觉．CorelDRAW X4完全学习手册［M］．北京：中国青年出版社，2008．

[5] 滕学祥.印前设计［M］．济南：山东美术出版社，2004．

[6] 张苏.计算机印前技术完全手册［M］．2版.北京：人民邮电出版社，2010．

教材使用调查问卷

尊敬的老师：

您好！欢迎您使用机械工业出版社出版的“全国高等院校设计艺术类专业创新教育规划教材”，为了进一步提高我社教材的出版质量，更好地为我国教育发展服务，欢迎您对我社的教材多提宝贵的意见和建议。敬请您留下您的联系方式，我们将向您提供周到的服务，向您赠阅我们最新出版的教学用书、电子教案及相关图书资料。

本调查问卷复印有效，请您通过以下方式返回：

邮寄：北京市西城区百万庄大街22号机械工业出版社建筑分社（100037）
宋晓磊　（收）

传真：010-68994437（宋晓磊收）　E-mail：bianjixinxiang@126.com，814416493@qq.com

一、基本信息

姓名：__________职称：__________________职务：____________________________

所在单位：____

任教课程：____

邮编：_______________地址：____

电话：_______________电子邮件：____

二、关于教材

1．贵校开设艺术设计类哪些专业或专业方向？

□环境艺术设计　□平面设计　□产品设计　□服装设计

□视觉传达设计　□ 新媒体设计　□其他 ____________________________

2．您使用的教学手段：□传统板书　□多媒体教学　□网络教学

3．您认为还应开发哪些教材或教辅用书？____________________________________

4．您是否愿意在机械工业出版社出版图书？您擅长哪些方面图书的编写？

选题名称：____

内容简介：____

5．您选用教材比较看重以下哪些内容？

□作者背景　□教材内容及形式　□有案例教学　□配有多媒体课件

□其他 ____

三、您对本书的意见和建议（欢迎您指出本书的疏误之处）________________________________

____

____

____

四、您对我们的其他意见和建议 ____

____

____

请与我们联系：

100037　北京百万庄大街22号

机械工业出版社•建筑分社　宋晓磊　收

Tel：010—88379775（O），68994437（Fax）

E-mail：bianjixinxiang@126.com，814416493@qq.com

http://www.cmpedu.com（机械工业出版社•教材服务网）

http://www.cmpbook.com（机械工业出版社•门户网）

http://www.golden-book.com(中国科技金书网•机械工业出版社旗下网站)